Best wishes for the future of your work with animation students

Gary Mairs

祝愿动画学生的作品拥有美好的未来！

盖瑞·梅尔斯

盖瑞·梅尔斯（Gary Mairs）

美国籍。美国加州艺术学院电影学院院长、电影导演工作坊创办人之一。在电影界有多年的创作经验。曾导演和监制电影短片《醒梦》(2007)、《说出它》(2008)、《海明威的夜晚》(2009)，担任官方纪录片《出神入化：电影剪辑的魔力》(2004)的艺术指导。在线上专业杂志包括《摄影机的低架》、《烂番茄》。发表多篇专业论文，著作有《被控对称性：詹姆斯·班宁的风景电影》。

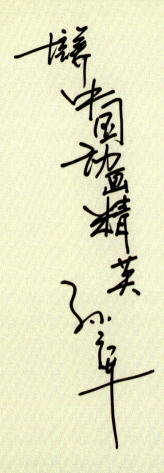

振兴中国动画精英

孙立军

孙立军

北京电影学院动画学院院长、教授。

现任国家扶持动漫产业专家组原创组负责人、中国动画学会副会长、中国电视艺术家协会卡通艺术委员会常务理事、中国成人教育协会培训中心动漫游培训基地专家委员会主任委员、中国软件学会游戏分会副会长、中国东方文化研究会漫画分会理事长、国际动画教育联盟主席、微软亚洲研究院客座研究员、北京电影学院动画艺术研究所所长。

主要作品有：漫画《风》，动画短片《小螺号》、《好邻居》，动画系列片《三只小狐狸》、《越野赛》、《浑元》、《西西瓜瓜历险记》，动画电影《小兵张嘎》、《欢笑满屋》等。

曾担任中国中央电视台少儿频道动画片、"金童奖"、"金鹰奖"、"华表奖"、汉城国际动画电影节、2008奥运吉祥物设计、世界漫画大会"学院奖"等奖项的评委。曾获中国政府华表奖优秀动画片奖、中国电影金鸡奖最佳美术片奖提名等奖项。

with head and
hands ...
all the best to
Animation Students
Keep animating!
Robi Engler

祝愿所有学习动画的学生，用你们的
头脑和双手，创作出优秀的作品！

罗比·恩格勒

瑞士籍。1975年创办"想象动画工作室"，致力于动画电视与影院长片创作，并热衷动画教育，于欧、亚、非三洲客座教学数年。著有《动画电影工作室》一书，并被翻译成四国语言。

罗比·恩格勒（Robi Engler）

THE FUTURE OF
ANIMATION IN CHINA
IS IN THE HANDS
OF YOUNG TALENT
LIKE YOURSELVES.
TOMORROW'S LEGENDS
ARE BORN TODAY!
CHEERS,

KEVIN GEIGER
WALT DISNEY
ANIMATION

中国动画的未来掌握在年轻人手中，就如同你们自己。今天的你们必将成为明天的传奇！

凯文·盖格

美国籍。现任北京电影学院客座教授。曾担任迪斯尼动画电影公司电脑动画以及技术总监、加州艺术学院电影学院实验动画系副教授。在好莱坞动画和特效产业有将近15年的技术、艺术和组织方面的经验，并担任Animation Options动画专业咨询公司总裁、Simplistic Pictures动画制作公司得奖动画的制片人、非营利组织"Animation Co-op"的导演。

凯文·盖格（Kevin Geiger）

二维手绘到 CG动画

［美］安琪·琼斯 ［美］杰米·奥利夫　　著

宋佳佳 译 孙立军 审 译

中国科学技术出版社

·北京·

图书在版编目(CIP)数据

二维手绘到CG动画/（美）琼斯，（美）奥利夫著；宋佳佳译.
—北京：中国科学技术出版社，2011

（优秀动漫游系列教材）

ISBN 978-7-5046-4971-3

Ⅰ.二 Ⅱ.①琼...②奥...③宋... Ⅲ.①二维–动画–图形软件–教材
Ⅳ.①TP391.41

中国版本图书馆CIP数据核字（2011）第042033号

作　者　[美]安琪·琼斯 [美]杰米·奥利夫
译　者　宋佳佳

策划编辑　肖　叶
责任编辑　肖　叶　邓　文
封面设计　阳　光
责任校对　张林娜
责任印制　马宇晨
法律顾问　宋润君

中国科学技术出版社出版

北京市海淀区中关村南大街16号　邮政编码:100081
电话:010-62173865　传真:010-62179148
http://www.cspbooks.com.cn
科学普及出版社发行部发行
北京盛通印刷股份有限公司印刷

*

开本:700毫米×1000毫米 1/16 印张:21 字数:430千字
2011年5月第1版 2011年5月第1次印刷
ISBN 978-7-5046-4971-3/TP·382
印数:1－4500册 定价:89.00元

谨以此书献给我们所有的动画界前辈们。
因为我们仅仅是站在巨人
肩膀上的跳蚤。

动画的魔力

当我在影院里摸索着座位时四周是一片漆黑。我紧紧抓住母亲的手，因为我看不到眼前的任何东西。在我们就座以后，我开始抬起头注视耀眼的银幕，于是我看见了我永远不会忘记的一幕。这不是一部普通的电影，银幕上的图像明显不是真实的事物。然而它们用另一种独特的方式表达着"超真实"。那天下午放映的这部电影是沃尔特·迪斯尼的《小鹿斑比》，它也是我今生所看到的第一部活动起来的卡通片。我记得，那是20世纪40年代，电视还未进入我们的生活。当时唯一能够看到动画片的途径就是在电影院里。

弗洛伊德·诺曼
（动画师、编剧）

我虽然还是个小孩子，但已经明白我观看的影像是由上了颜色的图画组成的。这些令人吃惊的图画好像有了生命一般地运动着，里面的角色有着个性，还能清楚地说出对话。我多想知道这到底是一种什么样的魔法啊？但不管它究竟是什么，它都是我想去做的东西，也是我必须去做的。这种希望把我的生命投入手绘动画中去的念头再也没有离开过我。从初中时代第一次让自己画的草图动起来，到在迪斯尼工作室观看我的早期试验片，我始终保持着对这种动起来的图画的敬畏。

这些年来，我一直和最优秀的人共事并向他们学习。我像一个孩子般地喜欢这些前辈们的作品，而他们也慷慨地愿意和我分享他们多年的经验。然而知识能够来自最让你意想不到的地方，所以无论是孩子还是老人，我都会不失时机地向他们学习。这是因为我们都拥有共同的激情和梦想，并不断地为了提高我们自己而探索着艺术的道路。

这本书延续了这种探索，你会发现你将因此成为一个更加优秀的动画家。在你的拷贝桌上的那些空白动画纸不再会造成恐惧和颤抖，而会成为令人难以置信的挑战。这是一个让你去创造"魔法"的机会——再没有比这更好的词来形容它了。

——弗洛伊德·诺曼

这本书由两位才华卓越的动画师以亲切的口吻创作出来，他们热爱自己的工作，并认识到了解历史、艺术和动画技术是多么富有价值。

理查德·泰勒（导演、设计师、CG先驱）

杰米和安琪总结了很多真正富有才华的专业人员提供的信息，这些信息帮助他们将当代科技、艺术、训练和热情如何结合起来的现状传达给画家、动画家、历史学家或业余爱好者，并引领当代动画师们走向成功。

这个时代是多么让人难以置信：动画和电影正处于变革演化中，每天我们都被人类所创造出的最复杂的视觉图像包围着，它们出现在印刷品、电影、电视、游戏、网络等等各种媒介上。我们的生活被各种充满无限复杂性的图像狂轰滥炸着。今天几乎任何一个电影制作者所能想象到的画面都能实现。没错，一些想法的实现不止需要这些，但实际情况是，现有的设备允许画家、动画家和电影人去制作出照片般真实的幻想和想象中的角色，诞生出让我们为之惊叹的电影，像《泰坦尼克号》、《超人总动员》、《怪物史莱克》、《侏罗纪公园》、《金刚》、《指环王》、《哈利·波特》、《黑客帝国》、《异形》、《终结者》、《银翼杀手》、《星球大战》、《电子世界争霸战》等等。每年都会从摄影棚里涌现出大量充满视觉特效的电影，而电视节目则是每周都有出品。用以生产这些影片的高科技设备呈对数增长着，每年它们都会变得更加高效、性能更强、价格也更低廉。

这里我想提提《电子世界争霸战》。这部电影于1982年上映，我当时是这部电影的联合视觉特效监督。《电子世界争霸战》是一部介绍世人开始认识电脑成像技术的电影，所以我自从电脑动画刚刚运用到电影领域时就有所涉足。我见证了艺术和技术融合在一起，产生出人类历史上最强大、无所不能的视觉手段这一历程。电脑合成图像（Computer-generated imaging，简称CGI）现在是用来制造视觉特效和动画影片的最基本的手段。如果说这些年来我学到了一件事情，那么这就是电脑和软件并不能创造出这些奇异的画面。一台电脑就类似一架钢琴，它仅是一件工具，是艺术家操作了工具才赋予它生命。

那么一个人怎样才能成为一名既了解最新科技动态，又仍能像创作传统手绘动画那样进行热情、自由的创作的动画家？这本书探讨了这个问题，并将给你全面的回答。

首先，团队设计师、导演、动画师和其他在电影工业里的技师们，有着共同的几个特征。他们知道怎么绘画，他们学习艺术和动画史，他们和团队一起工作，他们是客观的，并且每一天都努力去学习新事物。然而他们共有的最本质的东西是自我探索。从事绘画、摄影、音乐、舞蹈或者动画的成功的艺术家们，都无一例外地加入到和他们的艺术形式之间无止境的"跳舞"中去。他们将精力投入每天的创作过程中，而作为回报，也将获得一些新的东西。你在一个艺术创作过程中钻研得越多，它就能教会你越多。这是个能让错误变得快乐的舞蹈，它将带领你找到不可思议的新发现。

对那些热爱动画艺术并想终生从事动画行业的人来说，这本书将展示一些基本的技巧和理论，倾向于绘制2D动画。手绘动画的特性是允许动画师去夸大弹性以及角色的个性。手绘产生的韵律感和流动性是3D动画所难以完成的。通过绘画，动画师们身上所具备的人类情感、个性和情绪得以体现。敏感的动师家们观察着身边的世界：他们坚持不懈地观察着物体运动的方式；他们分析人的身体语言，知道特定的姿势传达着特定的感觉和情绪。一个真正的动画师不仅仅能描绘出具有人形的角色，他们还能够将生命、个性、幽默或者情感赋予任何物体，无论它是一个茶壶、一棵树、一盏灯，还是一把椅子。

绘画，我相信，它对于所有类别的美术形式来说都是最本质的，特别是动画艺术。建筑结构、设计、取景构图、角色动作、拍摄角度、外景拍摄场地、布景以及道具最初也都是从绘画中产生的。概念性绘画、故事板框架、角色研究，这些设计似乎常常都是从一张草图上开始的，因为一个艺术家需要在某个想法消失不见之前将其快速勾画出来。我敢肯定你听到过这种说法，"一张画胜过千言万语"。在电影和游戏制作中，成千上万的金钱差不多都投在这里。

技术总是影响着艺术。科技的发展制约着艺术家们的创作源泉，所以不可避免地，新的想法、新的画面和新的动画使图像开始了进一步的演变——对于这种新图像，我喜欢告诉人们："注意那些你从未见过的事物吧。"

如果你真的想成为一名动画师，那么首先马上阅读这本书吧。从这一刻起，开始学习和练习动画的基础技能并解读生命体动作的魔力吧。

——理查德·泰勒

致 谢

就像许多的CG作品一样，这本书也需要大量的创作人员。首先，我们想诚挚感谢每一位抽出他的时间来与我们进行关于这本书的对话的艺术

> "欢迎任何一个想画几千张画来组成一百英尺*的胶片的傻瓜加入我们的行列。"
> ——温瑟·麦凯

家。这本书完全是合作的成果，没有这些做出贡献的创作者们，这本书就不可能存在，他们是：亨利·安德森、伯尔尼·安格勒、卡洛斯·巴埃纳、克里斯·贝利、托尼·班克劳夫特、马克·贝姆、大卫·布鲁斯特、汤姆·卡皮齐、布莱恩·多利克、科里·弗罗利蒙特、丹·福勒、安琪·格洛克、埃里克·高德伯格、伊多·龚德尔曼、埃文·戈尔、斯科特·霍尔姆斯、凯思琳·海德尔格-泊尔瓦尼、埃德·胡克斯、维克托·黄、伊桑·赫德、马克·科特斯尔、伯特·克莱因、基思·朗戈、劳拉·麦克里利、戴林·麦高恩、卡梅伦·宫崎、迈克·墨菲、弗洛伊德·诺曼、埃迪·皮特曼、迈克·泊尔瓦尼、弗烈德·拉蒙迪、尼克·拉涅利、利·雷恩斯、基思·罗伯茨、特洛伊·萨里巴、乔·斯科特、汤姆·斯托、大卫·史密斯、罗伯托·史密斯、贾维尔·索尔索纳、迈克·萨里、理查德·泰勒、阿尔弗雷德·尤拉提亚、康拉德·弗农、罗杰·维萨德、唐·沃勒、拉里·温伯格、保罗·伍德、比尔·怀特和大卫·沙伯斯基。

我们同样要感激丹·帕特森为本书的吉祥物小丑"里德"创建了模型。可爱的丹，不仅建立了模型，还为我们的小丑添加了毛发和肌理。丹是个很有耐心的人，在我们"吹毛求疵"地调整他的模型的过程当中，他显示出了无比的耐性。感谢保罗·唐纳对面部的雕琢并让模型在电脑生成的动画中平稳顺利地工作着。向伟大的克里斯多夫·"优雅"·克里斯曼致意，感谢你用宝贵时间来为"里德"打上光效。我们也始终对贾维尔·索尔索纳怀着感激，谢谢你为小丑安装上装配。贾维尔，在过去的岁月里，你一直是我们最重要的朋友，我们也希望在这里为了你曾投入在这异常灵活而强大的配备上的辛勤劳动说一声"多谢"。

有一个人，我们对她怀着无比感激的心情，那就是我们的编辑，凯思琳·斯奈德，如果没有她所有的努力和付出，这本书就不会这么出色，这种心情也同样给凯文·哈雷德，感谢他对我们的所有协助和鼓励。比尔·哈特曼是版面总设计师，他那令人赞叹的工作包括本书所有的图表和详尽的时间线。对于史蒂夫·魏斯，我们对他深怀感激，是他信任这个计划并促成我们成为第一次写出此类著作的作者。同史蒂夫一样，奥黛丽·多伊尔也是我们在最初编辑阶段的一

*1英尺=0.3048米

位强有力的资助者。还有哈里特·"牛头犬"·贝克——没有你的话我们怎么能写出它呢？到目前为止，你是动画家能拥有的最好的律师。斯科特·霍尔姆斯，你是我们的探测板，告诉我们怎样砍掉写作道路中出现的那些荆棘，你是一本活的动画历史教科书，我们深感受益匪浅……"谢谢你，伙计！现在收起路上的斧头吧……你的任务已经圆满完成！" 还有布莱恩·多利克、弗洛伊德·诺曼、迈克·泊尔瓦尼、特洛伊·萨里巴、乔·斯科特、迈克·"犹大"·华纳、约翰·里格斯和大卫·沙伯斯基，谢谢你们所有人的卡通、漫画、画稿和精彩的艺术作品。你们都发挥了你们的超高水平。杰里·贝克、汤姆·斯托、理查德·泰勒和弗洛伊德·诺曼都曾帮我们提供过本书中所需的历史资料，我们感谢他们的额外努力，以确保我们最直接地得到所需的史实，以及理查德和弗洛伊德为这本书所作的引言——这对我们而言意义深远。

尤其要特别感谢那些鼓励和支持这项工作的人们，安琪和杰米很荣幸认识你们：迭戈·安琪、埃里克·阿姆斯特朗、博比·贝克、克里斯·布莱恩、杰里米·康托尔、凯文·卡尔汉、尼尔·艾斯库里、科里·"罗科"·弗洛里蒙特、丹·福勒、多米尼克·迪基奥吉欧、保罗·格里芬、珍妮·亨特、丽莎·卡拉德简、罗恩·兰宁、乔·曼迪亚、克雷格·马拉什，肖恩·麦肯纳利、谢里·麦肯纳、杰布·米尔恩、简·马拉尼、史蒂芬·奥兹、凯莱布·欧文斯，詹姆斯·帕里斯、卡洛斯·佩德罗萨、尼奇·赖斯、埃里克·里尔、肯尼·罗伊，杰里米·萨尔曼、艾伦·斯蒂尔、克雷格·塔尔米、伊丽莎白·劳拉·泰勒和马蒂亚斯·韦特曼。你们是我们的灵感和动力。

最后，也多亏了安琪的父母在她小时候"允许"她在墙壁上涂鸦。杰米则要感谢妻子和家人对他的爱护与支持。

关于作者

安琪·琼斯（Angie Jones）1994年毕业于亚特兰大艺术学院。她的动画入门阶段是在位于圣地亚哥的一个叫做"光线领域"的工作室度过的，那里有超过150个动画师。作为一名女性动画师，她无疑是那里的稀有人物。然而更为难得的是，在那个传统动画工作室里，她却主动积极地用电脑来制作动画。尽管之前受到的是美术院校的训练，她却并不畏惧电脑，并且在过去的12年里，她参与创作了无数的艺术作品，包括《精灵鼠小弟2》、迪斯尼50周年商业广告系列、《奇异世界：阿比逃亡记》、《加菲猫》、《恐龙危机3》、《史酷比2：怪兽偷跑》、《X战警2》、《潘的迷宫》和《弗莱迪大战杰森》。想了解更多关于她的信息，请登陆http://www.spicycricket.com

杰米·奥利夫（Jamie Oliff）曾就读于正统动画学派的加拿大谢尔丹艺术设计学院。他已从事动画行业超过20个年头了。作为一个获得奖项的导演和动画长片创作者，杰米拥有的荣誉包括了《莱恩和史丁比》（第一季）和许多长篇动画电影，例如《钟楼怪人》、《花木兰》、《大力神》、《变身国王》，以及很多CGI动画，其范围之广从《抢钱袋鼠》到《史酷比2：怪兽偷跑》和《国家宝藏》。他和妻子以及两个孩子生活在加利福尼亚州的伯班克，他有个购置一架双翼机的计划，却发现总是无法抽出时间来实现。

目 录

前言：当世界发生碰撞

我们从不同的背景进入电脑动画行业中来。杰米是一个受过正统训练的动画师，然而他在投身于传统动画行业已达25年之时，却不得不转换其职业的主攻方向。安琪是一个曾学习美术和电脑的动画师，她想知道是否有必要从头开始学习传统动画的制作方法，为了今后能够在行业的变革中生存。最后，我们两人发现了在一个永远变化着的媒介中共存和相互学习的方法。

> "如果你心甘情愿地一遍又一遍地去做某件事，你就会把它做好。"
> ——安琪·琼斯和杰米·奥利夫

本书是第一本沟通传统动画与CG动画的书籍。我们给读者提供有价值的建议，以及已获得授权的动画技术。我们与目前活跃在CG动画领域的超过40名的动画师、编剧、管理者、导演会面，他们给我们提供了如何在这变幻莫测的专业动画领域生存的难以估价的洞察力和见识。作出贡献的作者们来自幕后广泛的领域，包括定格动画、传统动画、视觉特效和电脑动画。

现阶段大多数旨在教授CG角色动画的书都是指导你怎样用某个特定的软件去做动画，但它们没有一本有效地教会你在电脑上制作动画之前怎样去"思考"。这本书则不同，解释了规则，其中重点强调了怎样用电脑来制作动画，同时还包括了怎样用电脑制作出所有传统动画能做得很好的地方。另外，有一章涉及工作室政治，旨在指导那些可能会遭遇到困难境况的人。我们真诚地相信，书中提供的一些实例可能在某天能帮助读者克服一些棘手的困难。

这本书为每个人都提供了一些东西。不同层次和背景的动画师都会从书中找到自己需要的知识与信息，帮助他们更进一步地完善技术。本书面对的人群有：

◆ 渴望投身到CG行业中去的传统动画师
◆ 想要学习传统动画方法的CG动画师

◆ 想闯入角色动画领域里来的2D/特效/广告精品工作室

◆ 有着科学技术、但缺乏艺术水准而难以成功闯入CG领域的海外工作室

◆ 那些一直工作在动画界，但有兴趣学习更多东西的人

有经验的动画家们会看重本书的内容，因为它会为他们扫平工作中的障碍。经验少一些的动画师会从书中找到专家的独特和实用的信息。动画新手和半路出家的电影制作者会在若干年内都重视这本书，因为它包含着在2D和CG媒介中都使用过多年的可靠并实用的技术。

最后，这是架起传统艺术家和动画师多年来发展的理论，与怎样运用那些CG动画技术之间的桥梁的第一本书。我们希望我们确实创作了一些合人心意且有帮助的东西，而且读起来也同样富有趣味性。有超过40位顶尖的动画师、管理者、导演和编剧为本书贡献了他们的思想和经历，本书将填补二维手绘与CG动画这二者之间在过去10年内出现的明显的裂痕。两位传奇人物，弗洛伊德·诺曼和理查德·泰勒，也用他们写的代序帮我们联结着两个世界。

第一部分

基础知识

第一章
站在巨人肩膀上的跳蚤们

嗨，传统动画家们。是的，就是你！数字时代已经来临了。哦，严肃点。得放下你的铅笔了，否则你就会被解雇。面对它吧，如果再停滞不前，你将会挨上重重的一拳。生活中的每一个方面都已经被电脑深深影响了，所有的事物都跟以往不同了。动画世界也是如此。

> "我怀念我的铅笔。"
> ——特洛伊·萨里巴

嗨！数字艺术动画家们。是的，我们也在和你们谈话！对你们来说事情同样在变化着。在这个传统动画家们逐步融入电脑动画产业中去的时代浪潮中，越来越多针对你们这一行业的要求诞生了。所以请竖起耳朵听好！

艺术形式的演变

动画家们正处在这一行业的重大革新时代。和许多其他领域一样，计算机已经对我们的艺术形式产生了一个翻天覆地的冲击。想想小汽车和马车，手机和投币式座机，电脑动画和手绘平面动画……为了介绍这场艺术形式领域内的发展进化是怎样开始的，让我们先来看一下传统动画形式和电脑生成的动画形式之间的比较。传统动画影片有两大领域——第一个例如《狮子王》和《美女与野兽》，它们也被称为2D（二维）动画，而第二个为电脑生成的动画影片，例如《超人总动员》和《怪物史莱克》，它们常常被称为CG或者3D（三维）动画。这几个术语像"2D"和"传统动画"，以及"3D"和"CG动画"，将会贯穿在本书中交替使用以指代这些不同的媒介。电脑技术的引进改变了这种至今已长达80年以上的以钢笔和铅笔为工具的艺术形式。在动画影片从铅笔转变到鼠标这一进程中，有三个主要的改变起到了关键作用，即观众、技术和故事三个方面的变化。

1824

视觉暂留：彼得·罗杰特向英国皇家学会提交了《移动物体的视觉暂留现象》（*The Persistence of Vision with Regard to Moving Objects*）报告。

1832

转盘活动影像镜：约瑟夫·普拉托博士和西蒙·瑞特博士制作了能让人产生动作幻觉的转盘活动影像镜（Phenakistoscope，或称幻透镜），让观众通过盯着小孔后面不停旋转的转盘，看到一系列交替的画面产生的动画效果。

1872

拍摄动物运动的照相术：爱德华·梅布里吉开始搜集他用连续摄影技术捕捉到的各种动物的动作。

审美需求上的改变

第一个变化源自20世纪90年代视觉特效电影（Visual Effects Movies）的广泛流行。视觉特效电影令观众们为这种前所未见的娱乐性和真实性所倾倒。像《独立日》、《龙卷风》、《泰坦尼克号》这样的影片吸引了成千上万的观众步入影院来观看这些新奇的视觉特效。我们这里不是在讲故事，而是全然在讨论着审美需求。这种观众口味的变化仅仅是促使传统动画"禅让"这一事件发生的原因之一。观众们开始去观赏CG电影，因为其更丰盛也更令人激动的视觉效果更加符合他们当今的审美需求。电脑游戏和音乐电视也参与了这场视觉盛宴的新潮流的形成，特别是在年轻观众当中。3D动画的绝对丰富性和它能够在所创建的世界里随意移动摄影角度的能力，立刻便让传统动画看上去实在是相当的——"扁平"。

拓展了动画片的观众群

第二个因素包括了对动画片观众群的拓展。在视觉特效电影变得流行以前，儿童影片和成人影片之间有一条巨大的分水岭。在20世纪90年代，父母和孩子们成群结队地一同去看诸如《泰坦尼克号》、《黑衣人》、《侏罗纪公园》这样的电影。这些影片里有着对年轻人和老年人同样具有吸引力的内容。让这些特效电影越来越受欢迎的原因是电脑技术能够产生出如相片般逼真的形象和让观众叹为观止的效果，它们有着空前的真实感和可信度。另外，这些特效能够和影片其他部份天衣无缝地结合起来。这些影片有着每个人都喜欢的东西。

传统动画片的讲故事方式不再受欢迎

最后，动画的演变历程中的第三个改变源自于很多人看到的传统动画中讲故事的方式的改变。传统动画的票房收入开始严重萎缩，其程度直接与视觉特效电影的受欢迎程度的提升成正比。于是作为反击，传统动画工作室尝试着通过表现更多的成人题材来拓展他们的观众群，出现了《风中奇缘》、《埃及王子》和《寻找卡米洛城》一类的影片。和过去那种为了吸引小孩子而写故事的创作方式不同了，现在的剧作家转变为给成年人创作故事，并同时希望孩子们也能喜欢它们。在1994年《狮子王》诞生之后，传统动画的创作者们意识到为了获得成功，他们必须使出妙招并创作出如史诗般题材的影片。每一个工作室都希望能够沿着《狮子王》的模式创作出规模庞大的、史诗式壮丽的音乐片。当动画变成一个有利可图的行业以后，各种故事就在无数"创意执行总监"的努力下被过度开发着，为的是创造出一个一鸣惊人的剧本。结果是，追随着《狮子王》的传统动画的观众群越来越小了。

1889

活动电影放映机：托马斯·爱迪生宣布他新发明的活动电影放映机（Kinetoscope）可以在大约13秒内放映50英尺长的电影胶片。

1892

光学剧场：埃米尔·雷诺在巴黎格雷万蜡像馆开设了"光学剧场"（Theatre Optique），放映着绘制在长长的赛璐珞胶片上的运动着的影像。

1906

第一部动画片：斯图亚特·布莱克顿制作了第一部动画片，《滑稽脸上的幽默相》（*Humorous Phases of Funny Faces*）。为制作这部动画，他把滑稽演员的脸画在了黑板上，并进行了拍摄。

> **三个主要的变化引发了动画的革新**
>
> 引起动画革新的三个主要变化包括：
> ◆ 通过视觉特效电影改变了观众的审美
> ◆ 通过视觉特效电影为电脑动画（CG）拓展了观众群
> ◆ 传统动画电影中乏味的讲故事方式

在动画片里历史和趋势的重要性

趋势和历史揭示了一种艺术形式的演变是如何发生的。深入研究任何领域的发展趋势和生长过程有助于预见到这种行业的未来前景。对于一个动画家来说，为了增加他将来职场生存的机会，了解电影制作、叙述故事和科学技术就显得尤为重要。本书将指出许多历史上的发展趋势，并将提供一个未来的蓝图。通过观察和学习这些发展历程，我们将继续讲述关于技术和观众群的内容。

传统动画电影艺术自早期开始就一直在不断的进化当中。自从在银幕上放映运动着的画面这种原始的尝试开始，艺术家和他们所在的工作室就致力于通过讲故事来解除视觉上的障碍。噢不，我们现在不是在这里探讨《宇宙战士西曼》，我们是在谈论传统动画，和它到电脑动画之间的演变——想想《蒸汽船威利》和《超人总动员》吧。

随着动画片的发展，开始需要更丰富的场景设计，更复杂的摄影机运动，以及无处不在的一直发展着的逼真性水平。这种对震撼性视觉的需求不断提升着，同时也推动着电影预算越来越高。自初始阶段起，沃尔特·迪斯尼便始终在为创作出更丰富和更有吸引力的动画而努力寻找着推动技术及预算的新方法，这为之后大量的动画片铺平了道路。随着成本的提高，为了使银幕效果更逼真，流水线式作业和更多节省资金的方法不可避免地被提上日程。此时，大部分其他工作室都把精力集中在了怎样更多地降低电影成本上，而同时依然收藏着一些沃尔特·迪斯尼的成功作品。若要在这本书中叙述每一个动画艺术中的技术进步势必是枯燥的（然而，我们在本书的页脚提供了一个有趣的时间线，它将2D动画和CG动画的发展事件及进程按照年代顺序进行了排列，它或许能帮助你在看正文的同时也给你提供一些启发）。其实，我们这里要介绍的是动画片的改变和趋势，它正推动着我们进入数字时代。

1910
第一部剪纸动画片：埃米尔·柯尔制作了《在途中》（*En Route*）第一部剪纸动画（Paper Cutout Animation）。这项技术较为节省时间，因为动画师只需调整剪好图片的位置而不必重新绘制每一张画稿。

1911
动画片《小尼摩》：温瑟·麦凯用他的连环画人物小尼摩制作的一部系列动画片。

1913
动画流水线式生产模式的引进：J.R.布雷将流水线式生产的管理理念引进到动画片生产中来。

这一章解释了视觉特效行业是怎样深刻地影响了动画的流行方向，并且这种流行趋势是怎样永久性地改变了传统动画和CG动画领域的。我们来探究数字艺术是怎样诞生的，以及当计算机技术变得越来越容易操作，并且传统动画家开始发展到使用电脑时，雇佣标准是怎样改变的。我们将阐述当CG的运用逐渐广泛，而2D动画日显苍白的时候，影片的故事情节和票房利润是怎样发生冲突的。我们也将探寻传统动画让位的原因，以及由于故事内容、票房收入和观众群的改变，CG和视觉特效是怎样上位的。最后，我们将为CG动画和2D动画这两种媒介架起一座跨越鸿沟的桥梁。

绝大部分的传统动画都是一种以铅笔和纸张为媒介的艺术
（插图：杰米·奥利夫、安琪·琼斯）

数字艺术体系的产生

数字化工具已经从根本上改变了一种原有的艺术形式，而这种艺术形式中的很大成分是以铅笔和纸张为媒介的。试想一下这个情况。从20世纪初至20世纪80年代末每一部动画电影都是传统的手绘或定格动画，而用于制作这些电影所使用的工具几乎在80年内没有明显改变过。

1914

挖剪和定位钉系统得到发展： 拉武·巴瑞为动画的分层开发了一套挖剪技术（Slash and Tear, 早期动画技术，于20世纪20年代被赛璐珞系统所取代，译者注），而且他还针对定位问题而发明了定位钉系统（Peg）。

1914

手绘动画《恐龙葛蒂》： 温瑟·麦凯推出卡通片《恐龙葛蒂》（Gertie,The Trained Dinosaur），本片由惊人的10000张画面组成。

1915

技术发展至使用赛璐珞胶片： 赛璐珞动画（The Gel Animation）技术由厄尔·赫德和约翰·布雷在1915年发明。

为了能更深刻地说明这一点，我们首先来看一些CG动画的历史。20世纪70年代中期，计算机技术以难以置信的速度开始了飞跃。新的3D软件开始出现。1980年，IBM公司从微软公司得到DOS系统的授权，标志着电脑开始走进普通大众的生活中。1983年，麦金塔电脑（Macintosh，是苹果电脑其中一系列的个人电脑）紧跟其后进入市场。此时，电脑图形图像技术正处于起步阶段，只有极个别的公司为电影和电视生产图像。主要有纽约理工学院（New York Institute of Technology，简称NYIT）；纽约艾尔玛斯福德地区的梅吉合成视觉公司（Magi Synthavision）；美国洛杉矶的信息国际公司（Information International Inc.，简称III）；纽约市的数字效果公司（Digital Effects，简称DE）。 1981年，为了制作电影《电子世界争霸战》[1]中的电脑图像，迪斯尼公司签约了III、DE，和罗伯特·艾贝尔联营公司（Robert Abel & Associates）。

20世纪80年代发生了很多推动技术进步的事件，同时也发生了一些对动画故事片产生持久影响的事件。在上个世纪80年代，汉纳-巴伯拉公司（Hanna-Barbera，当时美国最大的动画生产者）开始在他们的动画制作中使用电脑[2]。20世纪70年代，马克·莱沃伊开发了一套早期的电脑辅助卡通动画系统，该系统被汉纳-巴伯拉制作公司应用于生产《摩登原始人》、《史酷比》和其他影片[3]。传统动画使用纸和墨水的技能开始让位于数字操纵，并由此产生出新形式的动画。

III、梅吉和DE公司：CG之父

III公司在CG方面的成就，得力于小约翰·惠特尼（"计算机图形学之父"，老约翰·惠特尼的儿子）和加里·德莫斯（以及亚特·都林斯基、汤姆·麦克马洪和卡罗尔·勃兰特）在1978年将其创建为电影制作集团。从1978年至1982年，III的电影工作包括《西部世界》、《未来世界》、《旁观者》和《电子世界争霸战》。III聘用了理查德·泰勒——原来的罗伯特·艾贝尔公司艺术指导，来把握创作方向。他后来成为《电子世界争霸战》的联合特效监督。尽管他们已确立了相当多早期CGI的理论方法，然而针对计算能力是否有必要在业务上继续提升这一问题，他们之间出现了争议，这导致了1982年惠特尼和德莫斯的离开，并建立了数字制作公司。他们离开时《电子世界争霸战》还未开拍。理查德·泰勒将高端的栅格图形图像在III和梅吉之间划分开来。阿贝尔工作室，此时业务还只能停留在矢量图形动画阶段，多为处理电影开场片头和现实世界到电子世界的过渡。在影片《电子世界争霸战》中，DE公司首次开创了用电脑建模并运动起来的角色"比特"。当电影拍摄完成后，泰勒便成为梅吉合成视觉公司的创意总监，接着他们在洛杉矶的西海岸建立了一个新的工作区。[4]

1915

转描机的采用：马克斯·弗莱舍和大卫·弗莱舍将转描机（Rotoscoping）的生产工艺申请了专利。

1916

布雷的更多专利：布雷设立了一项垄断动画制作过程的专利，并试图强制执行，他要求所有使用他的专利工艺的动画工作室必须购买许可证，并支付一定的费用。

1919

布雷与弗莱舍联合起来：因为需要用到他们在1915年发明的转描机来进行试验，弗莱舍兄弟和约翰·R·布雷工作室于1919年签订了一份担保合同，并生产出了系列动画片《墨水瓶人》（Out of the Inkwell）。

当汉纳–巴伯拉公司探索着如何使动画制作速度更快的时候，正是20世纪80年代—— 也正是迪斯尼公司的一个蛰伏摸索时期。在1980年以前迪斯尼公司就已经因它的动画电影而声名显赫，尽管如此它仍然经历了10年的低迷状态。由于与同事们决策上的分歧，罗伊·迪斯尼于1977年辞去管理层的职务，但他仍保留了好几年董事会成员的一个席位。1984年他正式退出董事会，此时的总裁罗纳德·威廉·米勒（Ronald William Miller，他与沃尔特的女儿黛安娜·玛丽·迪斯尼结婚）正周旋于企业收购战而忙得焦头烂额。而罗伊则通过安排迈克尔·埃斯纳和弗兰克·威尔斯来经营业务，而及时阻止了敌意收购。于是罗伊很快返回公司，担任董事会副主席兼动画部主任。这个时候公司正在改组，迪斯尼工作室在考虑是否采取埃斯纳的初步意见而放弃动画电影长片的生产，但罗伊·迪斯尼确信他可以使动画扭亏为盈。

迪斯尼几乎放弃了电影的生产

　　"为了带头努力以防止公司被收购，罗伊·迪斯尼于1984年辞去董事会的职位；他后来被复职。他在扶持迈克尔·埃斯纳和弗兰克·威尔斯运营公司方面起到了关键作用，他们两人接管了原来由米勒，即迪斯尼的女婿担任的职务。罗伊·迪斯尼于1984年成为迪斯尼动画部的主管。"罗伊为延续他叔叔沃尔特的梦想而打拼着，并坚持迪斯尼制作动画的职能——许多人曾认为当时无利可图而想把动画部门废除[5]。

时代变迁：1981 ~ 1994

　　1981年到1994年间被认为是动画的第二个黄金时期。迪斯尼壮观的成功票房开始于《小美人鱼》而结束于《狮子王》。1981年，沃尔特·迪斯尼的《狐狸与猎狗》首映。这部电影是弗兰克·托马斯、奥利·约翰斯顿和乌里·雷特曼三人组的最后一部合作的作品，他们也是迪斯尼著名的"九老人"中的三位[6]。

九老人

　　沃尔特·迪斯尼把公司在发展初期的几位动画家称为"九老人"，模仿了总统富兰克林·D·罗斯福对他的最高法院的昵称。最初的"九老人"是：莱什·克拉克、马克·戴维斯、奥利·约翰斯顿、米尔特·卡尔、沃德·金博尔、埃里克·拉森、约翰·劳恩斯贝利、沃尔夫冈·乌里·雷特曼和弗兰克·托马斯。

1920

沃尔特和乌伯进入动画业：19岁的沃尔特·迪斯尼开始在堪萨斯市的幻灯片公司制作动画，与他在一起的还有他的朋友乌伯·伊瓦克斯。

1920

菲力猫的商业化推出：菲力猫（Felix the Cat）第一次出现在帕特·苏利文公司的《猫的闹剧》（*Feline Follies*）中。奥托·梅斯麦设计了菲力克斯的造型，还同时是编剧和导演。每两个星期便有一部菲力的新片问世。

1921

可可与弗莱舍公司：在布雷工作室制作的《墨水瓶人》大获全胜。它的创作队伍以马克斯·弗莱舍为中心，他是个有创意的漫画家，并始终参与着动画片《小丑可可》的创作。1921年，因为可可的成功，弗莱舍工作室（Fleischer Studios）诞生了。

当CG动画仍处于起步阶段时，传统动画随着"九老人"的退休也正经历一个时代的结束和一个新时代的开端。就在这时，我们看到了年轻艺术家的及时出现，如唐·布鲁斯，格伦·基恩，比尔·克罗耶尔，约翰·拉萨特，布拉德·伯德和蒂姆·波顿。其实直到20世纪80年代末，第二个传统动画的黄金时代都并没有真正开始。虽然《狐狸与猎狗》和1982年的电影《尼姆的秘密》（又译《鼠谭秘奇》）是真正地开了一个头。然而这个开头差点被《黑神锅传奇》（又译《黑神魔》）扼杀在摇篮里。正如我们前面所提到的，迪斯尼此时正经历严峻的公司重组的困境，甚至几乎准备完全遗弃其动画职能。如果你观看《黑神锅传奇》，你将发现原因显而易见得令人绝望。《黑神锅传奇》是迪斯尼于1985年推出的一部动画长片。它被寄希望于重振当时不景气的迪斯尼动画部——"自1977年的《救难小英雄澳洲历险记》以来，仅生产了一部重要的电影《狐狸与猎犬》。"《黑神锅传奇》代表了一个值得注意的开端——它颠覆了早期的迪斯尼电影，因为它采用了70毫米的宽胶片，并使用了电脑动画以加强手绘画面的效果，且没有设置任何的音乐场景，以及在上映时被评为ＰＧ级（译者注：PG级是美国电影分级制度的辅导级，一些内容可能不适合儿童观看）。尽管拥有这一切因素，或许正是因为这些，《黑神锅传奇》是一场票房灾难，没有观众愿意去看它。这部影片在影院上映的数周内就被下档，其"财务总账涂的是红墨水"[7]。

不论你是将《黑神锅传奇》的失败归咎于缺乏吸引力的角色，还是混乱的故事情节，都已经无关紧要，总之这部片子最终一败涂地。值得庆幸的是，出于对前景的考虑，迪斯尼决定进行企业重组，但在此之前已失去了一名高级人才，唐·布鲁斯。布鲁斯感觉到在迪斯尼缺乏对艺术的尊重，对于这一现象他相当不满，于是他离开这里并带走了一批经验丰富的动画师，开始创办新的工作室。Bluth工作室是第一批与迪斯尼竞争这块动画电影的"馅饼"的制作公司之一。 布鲁斯的第一部电影，《尼姆的秘密》，是一部里程碑式的影片，因为它的成功标志着第二次黄金时代的来临。在第二个黄金时代，又重新燃起人们对传统动画的兴趣。80年代，正当传统动画公司经历着结构调整之际，1984年1月20日，第一个电脑动画角色——性感机器人——在"华晨"（Brilliance）的一个30秒商业广告中首次亮相，它由罗伯特·艾贝尔联合公司（Robert Abel & Associates Studio）创作并在"超级杯"赛事上推出〔译者注：超级杯(Super Bowl)是美国国家美式足球联盟(National Football League, NFL)的年度冠军赛〕。兰迪·罗伯茨（Randy Roberts）指导现场，康·佩德森（Con Pederson）担任技术总监，他们共同创造了一个镀铬的女机器人角色，其视觉效果极好。这一成果的影响力在电影界怎么强调也不过分[8]。

1922	1923	1924
沃尔特成立"欢笑动画公司"：沃尔特·迪斯尼公司的第一个工作室，"欢笑动画公司"（Laugh-O-Gram Films），成立于堪萨斯城，它几乎只为本地观众生产些流行却无利可图的卡通片。	**迪斯尼兄弟搬到洛杉矶**："欢笑动画公司"倒闭后沃尔特和罗伊·迪斯尼搬到洛杉矶并创建了迪斯尼兄弟动画公司。玛格丽特·温克勒和迪斯尼签定合同，于是出品了真人表演和动画结合的爱丽丝喜剧卡通系列。	**爱丽丝进入项目分配阶段**：迪斯尼的爱丽丝系列开始项目分配阶段。其中的动画师包括乌伯·伊瓦克斯、休·哈曼、鲁道夫·伊辛和弗里兹·弗里伦。

　　也是在1984年，约翰·拉萨特离开迪斯尼，并加入工业光魔（Industrial Light and Magic，全称工业光学魔术公司）新成立的计算机图形小组。这个小组与乔治·卢卡斯的特效公司联合，其中包括了由埃德·卡特穆尔领导的卢卡斯电影公司计算机图形特效（Lucasfilm Computer Graphics and Special Effects）小组。在卢卡斯电影公司，拉萨特创作出了《安德烈和沃利·B的历险》，这部动画短片于该年3月在SIGGRAPH(Special Interest Group for Computer Graphics，计算机图形图像专业组织，译者注）首映。他继续推行计算机生成的动画，于是在1985年的剧场上映中给我们带来了第一个百分之百的数字动画角色。这个角色以一个彩色玻璃爵士的形像出现在电影《少年福尔摩斯》中，它的出现归功于卢卡斯电影公司的努力及其电脑视觉效果团队。有趣的是，约翰·拉萨特在设计制作出爵士的几年之后，与史蒂夫·乔布斯（Steve Jobs）创办了一个叫做皮克斯（Pixar）的工作室[9]。

　　"华晨"广告（性感机器人），动画短片《安德烈和沃利·B的历险》，和《少年福尔摩斯》中的爵士是CG动画的三大重要时刻。他们还只是在这所谓电脑动画的

上世纪80年代CG动画正处于婴儿阶段
（插图：安琪·琼斯）

婴儿时期（不久将成为巨人）迈出了小小的第一步。多年的探索、来自许多以视觉效果为导向的电影的帮助、更不用提那个有趣的小兔子——所有这些，才真正使这个"婴儿"学会起床、走路和跑步。

"三怪人"：2D，CG和视觉特效
（插图：弗洛伊德·诺曼）

CG动画的三大时刻

◆"华晨" 的性感机器人广告，1984年由罗伯特·艾伯特联合公司的兰迪·罗伯茨制作
◆《安德烈和沃利·B的历险》动画短片，1984由卢卡斯电影动画公司和约翰·拉萨特制作
◆《少年福尔摩斯》中的CG爵士，1985年由卢卡斯电影公司和约翰·拉萨特设计制作

1926

第一部长篇动画电影：洛特·赖尼格创作出英文名称为《阿基米德王子历险记》（*The Adventures of Prince Achmed*）的电影，它是世界上首批长篇动画电影之一。这部电影使用了剪纸动画，在黑纸上剪下轮廓，用来表现背光的人、动物或物体。

1928

有声动画：沃尔特·迪斯尼在《蒸汽船威利》（*Steamboat Willy*）中加入了"权力"（Powers）音响系统。这不是第一部有声动画电影；另一部保罗·特里的有声动画《晚餐时间》（*Dinner Time*）比它早两个月公映。但《蒸汽船威利》是第一部成功的有声动画电影；它将米老鼠打造成一个国际明星，并启动了今日迪斯尼公司的辉煌。

兔子罗杰推动了2D和CG的进步

在整个20世纪80年代中，视觉特效在《外星人E.T.》和《星球大战》三部曲中得到了充分展现，赢得了强劲的势头。2D电影陷入低迷，直到一只疯狂的兔子走入屏幕。可以说《谁陷害了兔子罗杰》成了2D、CG和视觉特效共同挑战动画极限的一个渠道。通过真人表演和2D角色令人信服地结合，兔子罗杰完全突破了动画的极限。兔子罗杰是20世纪80年代罕见的传统动画电影，因为它是最先做到既面向儿童又能吸引成年人的动画电影，并且对当时美国主流电影造成冲击。

动画家们那时还不知道，这只兔子的真正作用，是打开了未来依靠人物来发展故事(Character-driven)的电影的大门——从《鬼马小精灵》到《指环王》。这些结合动画人物与真人表演的电影成了现在好莱坞电影大餐的主菜之一。然而当时没有人会真的相信这一点，这对一只兔子的电影有些不公平。沃尔特·迪斯尼曾说过我们为历史贡献了一只小老鼠；但或许我们还应该同样给这只疯狂的兔子一些荣誉。

传统动画的第二黄金时代

◆《小美人鱼》(*The Little Mermaid*)在美国本土取得8400万美元的票房
◆《美女与野兽》(*Beauty and the Beast*)在美国本土取得1.45亿美元的票房
◆《阿拉丁》(*Aladdin*)在美国本土取得2.17亿美元的票房
◆《狮子王》(*The Lion King*)在美国本土取得3.17亿美元的票房

在《谁陷害了兔子罗杰》公映并获得成功后，20世纪90年代源源不断地涌现出了大批获得巨大成功的动画电影。这一传统动画的新时代，带来了获得8400万美元国内票房的电影《小美人鱼》；1.45亿美元国内票房的《美女与野兽》；2.17亿美元国内票房的《阿拉丁》；和最后3.17亿美元国内票房的《狮子王》。公司负责人得到这些不断攀升的数字的鞭策，日渐上涨的数字冲昏了传统动画家们的脑袋，他们的银行帐户也因其前所未有的最高薪金而飙升着。1994年，杰弗里·卡森伯格离开迪斯尼，此时的他还不知情：传统动画的黄金时代已经到了尽头。他创办了梦工厂动画公司(DreamWorks Animation)，希望能分一杯羹。福克斯这时仍然聘请了唐·布鲁斯负责其动画部门。然而此刻正酝酿着一片风暴云层。

对于传统动画来说，出现在地平线上的第一朵乌云，是一部叫做《锡玩具》的成功的动画。它成为第一部赢得奥斯卡奖的电脑动画短片。约翰·拉萨特和皮克斯公司创作的短片《锡玩具》是CG动画的一个关键标志点。《锡玩具》证明了完全由计

1928

幸运兔子奥斯华离开迪斯尼：奥斯华（Oswald）是在1927年被首次推出。1928年春季，迪斯尼要求为他获得成功的卡通片增加预算，却被告知他必须削减20%的预算，所以他只好退出。环球公司（Universal）的卡尔·莱姆勒选择用奥斯华在环球旗下的部门制作卡通片，并选择华特·兰兹来创作一系列新的短片。

1929

声音和图像的进步：《骨骼的舞蹈》（*The Skeleton Dance*）是《糊涂交响曲》（*Silly Symphony*）系列的第一部短片，其中先期音乐的使用营造出完全同步的声音和图像效果，并为动画先期声音的使用设置了标准。

算机生成的短片已经可以投入商业生产,而且它也能创造出可以和传统动画短片相媲美的故事和人物。这也意味着CG实际上可以产生比早期的短片系列更长的影片格式,并且可以和传统动画在同一领域发展。此外,《谁陷害了兔子罗杰》在1988年全球总收入超过3.29亿美元[10]至少证明了:传统动画如果与真人表演相结合其观众将不仅限于儿童。

在20世纪80年代末,CG和传统媒体都在经历着剧烈的变化。视觉特效还在继续带来更多的票房收入,并生产着更多的视觉效果逼真的动画。然而当时,传统动画在对现实的变形夸张方面仍占上风。那么,是什么形

> "对CG来说,它到达了一个人类眼睛所渴望的美丽和成熟的境界,这是传统动画从来没有达到过的。它是完全活动起来的故事书,活动起来的图画。孩子们喜欢这个东西。"
>
> ——斯科特·霍尔姆斯

成了今天三维动画统治了动画电影的局面?传统动画会东山再起吗?

流行的是CG媒介还是故事?

我们已交流过的大多数2D动画师,对于2D将来是否能恢复其地位已没有多少信心了。计算机生成的动画在大众中的普及,和重量级视觉特效电影的推广,从根本上改变了观众的感知经验。CG动画中令人惊叹的"哇哦"因素已将电脑动画电影推向前沿。尼克·拉涅利解释了观众的口味是怎样改变的:

> 我只是不相信,我也不认为动画公司会认为,现在在电影中的故事变得更新奇了。我认为2D可能作为一个新鲜事物回来,就像黑白电影。我讨厌这么说,但这是它最合理的存在方式——以现在观众对它的反应。啊,我怀念90年代。记得在90年代,当时票房最高的动画电影是一部很好的电影吗?我发誓,如果《星际宝贝》是用3D制作,那它可以收回双倍的钱,而如果《昆虫总动员》或《怪物史莱克》是用2D制作的,那它们则不会造成任何影响。

尼克提出了一个有趣的观点。真的是这种新媒介大受欢迎吗?或许是因为最近的2D电影在内容上的乏味?今天大多数的CG电影都有着坚实的故事。而现在,传统方式制作的电影没有像它们在迪斯尼第一黄金时代(1937~1942年)那样,拥有卓越的故事。《狮子王》成为一把双刃剑,因为它赚了这么多钱。金钱将更多的管理流程纳入队伍,而使原来的家庭工业(这种模式曾占据了巨大的比重)成为庞大的企业怪物,在这过程中越来越多的艺术家离开了。迪斯尼开始扼杀这只下金蛋的鹅。充斥着乏味、公式化的故事情节的传统手绘动画电影失去了动画和讲故事的艺术

1929	1930	1930
《疯狂的猫》:奥斯华失败后查尔斯·明茨离开了环球,并新建了一个新的工作室,以《疯狂的猫》(Krazy Kat)为主打系列。疯狂的猫就像米老鼠,常常与他面貌酷似的女朋友以及忠诚的狗忙于闹剧冒险。	双色带染印法彩色工艺:《爵士之王》是华特·兰兹为环球所做的动画系列短片,它是第一部使用双色带染印法彩色工艺(Two-strip Technicolor)制作的彩色动画片。	华纳兄弟公司诞生:华纳兄弟(Warner Bros.)的第一部短片《沉入浴缸》中的主角叫博斯科。哈曼、伊辛和弗里兹·弗里伦开设了一间工作室,利昂·施莱辛格是他们的制片人。在每部短片必须包含一首华纳公司歌曲的条件下,于是《乐一通》系列(Looney Tunes),一部迪斯尼《糊涂交响曲》的模仿之作,诞生了。

性。今天电脑制作的成功的影片，将故事作为生产环节中最重要的部分，而不让这种技术（或设备）控制住创造性的环节。

在《狮子王》之后，我们看到了传统手绘电影的流行态势的持续下降和电脑动画影片受欢迎度的逐步提升。只需看看票房数字，就知道这是显而易见的。《狮子王》在全球上映带来超过7.6亿美元的收入；而与此相反，最近6部迪斯尼生产的传统动画电影总共才获得了7.12亿美元票房（全球）。《超人总动员》，仅这一部电脑动画影片，就带来了全球的6.3亿美元票房，比迪斯尼的上五部电影的总和还要多。表1.1分析了这些数字。

表1.1 全世界票房赢利：最近6部传统迪斯尼影片对《超人总动员》[11]

2D影片	全球赢利	CG影片	全球赢利
《星银岛》	1.01亿美元		
《森林王子2》	1.35亿美元		
《小猪历险记》	0.60亿美元		
《熊兄弟》	2.51亿美元		
《牧场是我家》	1.04亿美元		
《小熊维尼之长鼻怪大冒险》	0.52亿美元		
		《超人总动员》	6.30亿美元
总计	7.12亿美元	总计	6.30亿美元

劳拉·M·霍森（Holson, Laura M）的《迪斯尼天空停止下坠了吗？》（*Has the Sky Stopped Falling at Disney?*），发表自2005年9月18日《纽约时报》（*New York Times*）。
http://select.nytimes.com/search/restricted/article?res=F70F13F735550C7B8DDDA00894DD404482.

这一小朵乌云飞速转化为一场强烈的暴风雨。2D动画在观众的眼睛里逐渐变得过时。CG制作，既依靠视觉效果、也依靠人物来发展故事，它获得了更多的关注和收益。更多的人涌向电影院一睹这种新型媒体。康拉德·弗农（Conrad Vernon），针对因CG的流行而导致的2D未来道路的艰难，发表了他的观点：

1930

迪斯尼公司的发展： 乌伯·伊瓦克斯和卡尔·斯塔林离开迪斯尼。罗伊签订开展迪斯尼商品贸易的合同。大卫·汉德成为迪斯尼的第四位动画师。动画角色普鲁托狗在《野餐》(*The Picnic*)中第一次出现。

1930

贝蒂·布普角色亮相： 动画角色贝蒂·布普（Betty Boop）首次出现在弗莱舍的《令人头昏的菜单》（*Dizzy Dishes*）中。格里姆·纳特威克继续发展并制作了贝蒂的动画。

1930

特里通工作室的处女作： 特里通工作室（Terrytoon）的处女作《鱼子酱》(*Caviar*)上映。它由保罗·特里和弗兰克·摩斯导演；保罗·特里还负责制作。

> 未来的二维动画将严格独立，就像《贝尔维尔三重奏》（又译《疯狂约会美丽都》）那样。上帝保佑那些从事伟大的2D电影的人，让他们能够独立完成它，并能得到一些天生有点远见和信任的投资人给他们钱这样做。然后2D动画师开始玩命地工作，而这部电影必须成为一部巨作。参与其中的你，如同是在与歌利亚（Goliath，《圣经》中被牧羊人大卫杀死的巨人，译者注）战斗。

康拉德有一个观点。当CG媒体变成一门更加流行的艺术时，2D便可能永远丢失。但在《狮子王》赚到这么多钱以后，这件事怎么会发生呢？截至本书编写之际，梦工厂和迪斯尼，两个最大的好莱坞动画公司，已关闭了其传统动画制作单元的剧场上映，不再接受传统动画的投资项目，并且倾其所有来制作CG电影。在《狮子王》的令人难以置信的成功和《怪物史莱克2》的上映之间的10年间，2D电影的生产逐步减少到几乎为零。没有比这更好的例子能更深刻地说明电脑对电影行业所产生的影响。截至2005年，最近的一部2D电影制作是《小熊维尼之长鼻怪大冒险》，它几乎只净得国内1900万美元票房。CG和视觉特效电影并驾齐驱，共同追逐着十亿美元的票房利润；而2D电影利润减少，每年仅能吸引几百万美元的利润。

CG和2D为了赢得观众而掰手腕，然而依靠视觉效果推动故事的电影比以往任何时候都要赚到更多的钱（插图：弗洛伊德·诺曼）

1931
米高梅公司的第一部有声卡通片：乌伯·伊瓦克斯的《菲力蛙》（*Flip the Frog*）是米高梅公司（MGM）的首部有声卡通。在米高梅的意见下，菲力蛙被改变得不那么像青蛙，而更接近人的模样。在这一系列短片结束之前，菲力蛙已经变得更像一个男孩了。

1931
《欢乐小旋律》推出：华纳兄弟公司推出单集短片《欢乐小旋律》（*Merrie Melodies*）。

1931
迪斯尼艺术学校：迪斯尼开办了一所工作室学校，负责人是唐·格雷厄姆，唐原来是斯坦福的工程专业学生。

但事实真的是这种媒介受到了欢迎？还是它所陈述的故事受到了欢迎？或者可能是两者皆有？成功的CG电影继续坚持着老的故事公式，而二维的生产实际上已经停止（除了像小熊维尼这样拥有一定观众群的老题材，以及新发展的电视明星，如《海绵宝宝》）。埃里克·高德伯格叙述了这些想法，他解释了他认为的2D和CG的流行是怎样为了观众而改变的：

> 我认为最后一批手绘动画受害于平庸的内容、人物和故事。我认为，如果它具备吸引力，赢得孩子们的关注是没有问题的。无论是用CG生产或是用2D生产并不是真正的问题。现在，事情的真相是，一部CG电影的成本和制作一部传统电影的成本几乎持平，如果你要在美元和美元之间比较的话。《星银岛》花费了与《怪物电力公司》同等数额的资金。现在这种情况是，这两种媒介都不比另一种更费钱。然而，其中一种媒介比另一种更时尚。

埃里克告诉我们，平庸的内容和故事阻碍了2D的进步。他也很快指出，这两种媒介的生产成本都并不比对方高。然而，由于CG电影对美元的高回报率，在过去10年里，直到目前，CG都比2D电影更有利可图。埃里克解释这是由于新型媒介的流行和传统动画不再受欢迎的讲故事方式。我们认为他是正确的，但还有另一个原因，导致了2D动画下降到它现在的地位。

视觉效果电影拓宽了受众面

这种新型媒介的受欢迎并不是导致2D生产实质性结束的唯一趋势。以视觉效果为基础的电影的巨大成功扮演了重要角色，这使传统动画工作室意识到观众希望看到些什么。视觉效果为导向的电影聚集了针对所有年龄层的吸引力。2D动画先是受到软弱无力的讲故事方式的重创，之后又企图瓜分一块视觉特效（VFX, Visual Special Effects）的市场未果，在它经历了这些羸弱的尝试之后，CG动画却仍旧用着老套的故事公式为孩子们制作着宏大的故事，并开始向成年人目送秋波。现在，一个看惯了《黑衣人》的孩子，会以一个完全不同的眼光看待像《寻找卡米洛城》这样的电影，而且他不喜欢后者。显然，如果CG领域的工作室继续利用老式故事来寻求利润的话，他们将面临失败。CG并不是银质子弹（银质子弹，在欧洲传说中被认为是狼人和吸血鬼的克星，并具有驱魔的效力，后来被用来形容最强一招、王牌等。译者注），无法掩盖薄弱的故事情节，或者弥补无趣的人物角色。

1931

"故事板"的发明：沃尔特·迪斯尼动画长片部（Walt Disney Feature Animation）的故事团队开发了第一个故事板（Storyboard）。20世纪20年代中期，沃尔特·迪斯尼和韦伯·史密斯被誉为是它的发明者。

1932

第一届奥斯卡金像奖动画短片：《花与树》（Flowers and Trees），《糊涂交响曲》其中的一部，也是第一部全彩色卡通片，赢得了最佳短片奖单元卡通类的金像奖。这部电影是首部采用三色带染印法彩色系统的动画片。

1932

高飞的诞生：迪斯尼的《米老鼠滑稽剧》（Mickey's Revue）初次登场，同时高飞狗（Goofy）诞生了。

在整个20世纪80年代和90年代，上映的传统电影总数量，几乎比视觉特效电影多出一倍，但视觉特效电影赢得了更多的观众和票房。可以这么说，视觉特效电影越来越变得"成本低，收效高"。 1982年上映了一些收入最高的视觉效果电影。1982年获奥斯卡最佳视觉效果奖提名的电影有：《银翼杀手》、《外星人E.T.》和《鬼驱人》。其他在1982年推出的值得注意的视觉效果电影包括：《星际迷航记2：可汗之怒》、《夜魔水晶》和《电子世界争霸战》。此前，视觉效果多被运用于恐怖片和惊悚片，而小孩子几乎没法看到这些电影。取得了视觉效果经营权的电影，如《星球大战》三部曲之第一部、《超人》、《终结者》、《回到未来》、《蝙蝠侠》，和《侏罗纪公园》扩展了视觉效果的观众面，在80年代和90年代，孩子和成人都成了它们的观众。随着这种新型媒介的发展，观众们看惯了这些以视觉效果为导向的电影，于是他们对影片质量水准的预期也变得更高。

此外，视觉效果电影和游戏影响了孩子（和成人）的审美观，人们想在屏幕上看到的东西已经改变了。传统的电影公司为了维护自身的生存，曾试图生产一种产品。他们认为它将取得成功，并将继续支撑传统手绘动画的制作工艺。在与崭新的CG产业的对抗中，他们认为如果他们接受了早期迪斯尼的老式风格设计的话，他们也许会赢回竞争。他们错了。汤姆·斯托提供了更多的观点：

在制作米老鼠系列的《王子与乞丐》时，我们试图做出一个老式的经典卡通，而这真的相当困难。我们使用了旧式的电影材料，使用了相同的颜料。为了让它看起来更像《勇敢的小裁缝》，我们从丙烯试到了水彩。艺术导演非常努力地工作，为的是使《王子与乞丐》看起来就像一部经典的迪斯尼电影。然而，观众说："这是一部老卡通！这是你在地窖里发现的，这不是新的！"对于现代观众——那些孩子们手里拿着掌上游戏机（Game Boys），对类似于"亚洲功夫/黑人街头"（"Asian Kung Fu/black street"）这些组合的街头文化了若指掌——我们没有理由相信3D将会消失。这些电脑生成的电影是我们这一代人的电影。

因此，即使在迪斯尼试图向外推出经典卡通之后，CG的流行和视觉效果的影响仍在扩大着电脑动画的观众群，这一现象使得CG动画将继续成为我们这一代人的媒介。此外在过去十年里，传统手绘电影中贫乏的故事内容并没有对自身起到任何帮助作用。CG将继续存在下去。

1933

《三只小猪》获得奥斯卡奖：迪斯尼的一部非常成功的短片，《三只小猪》（The Three Little Pigs），赢得奥斯卡最佳短片单元卡通类金像奖。在动画历史上，它被认为是第一部展现了角色独特个性的卡通片，而不是简单的"好人"和"坏人"。

1933

华纳兄弟公司的变动：华纳兄弟和米高梅动画工作室的最著名的创始人，休·哈曼和鲁迪·伊辛，因为资金的问题离开了华纳兄弟，并将博斯科从华纳带到了米高梅。弗里兹·弗里伦成为总导演，鲍勃·克莱派特和查克·琼斯加入进来。

17

> **视觉效果在票房上的繁荣**
>
> ◆《星球大战》三部曲中第一部的专营权在美国收入约10亿美元
> ◆《蝙蝠侠》的专营权在美国收入近10亿美元
> ◆《侏罗纪公园》的专营权在美国收入近8亿美元
> ◆《回到未来》的专营权在美国收入近4亿美元
> ◆《外星人E.T.》的专营权在美国收入近4亿美元
> ◆《终结者》的专营权在美国收入近4亿美元
> ◆《超人》的专营权在美国收入约3亿美元

进入20世纪90年代：CG成为竞争者

　　我们谈论CG这个媒介的历史，目的是为了鼓励艺术家更多地去注意和了解他们所选择的工作领域内的趋势和变化。从2D到CG的演变过程并非在一夜之间发生，但许多2D和CG艺术家（更不用说这些公司）对于这个迅速激烈的改变都是毫无准备的。刚拿起新工具时是会感到困难的，许多手绘动画大师对于放弃2D表现出了可以理解的警觉，他们已从事这门技术数年甚至几十年，早已达到精通的水准。与此同时，许多CG艺术家被指望能更快地提高作品档次。而许多这些艺术家甚至没受到过动画方面的训练。仅仅在20年前，所谓的"数字艺术家"这个术语还几乎是不存在的。CG行业的惊人增长，部分原因在于技术含量的大幅增加，以及以计算机为基础的人才的迅速涌入。与此反差明显的是2D，从《蒸汽船威利》（1928年）到《狮子王》，增长速度如同蜗牛般缓慢。CG如此快速的增长使很多人措手不及。

　　在电脑动画发展最初期，周围的人对于什么是数字艺术一无所知。由于这是个全新的领域，因此被雇用的人往往缺乏经验。更糟糕的是，被雇用者大多是未受过任何电影方面培训的人。许多从事相关电脑软件开发的人并非真正的电影工作者。你知道，都是"我有一个邻居，他的表弟，只画过一次图画，当他是个小孩时他还在做模型飞机，现在却成了电脑行家"这一类的艺术家。汤姆·斯托对于这种CG动画早期质量上的负面影响作了解释：

1933

《荒山之夜》的针幕技术：亚历山大·阿列克谢耶夫和克莱尔·帕克因为他们在动画上的一项新技术的发明而广为人知。这项技术在他们的第一部电影《荒山之夜》（Night on Bald Mountain）中使用，称为针幕（Pinscreen）或针板（Pinboard）制作法。

1933

《大力水手》的推出：弗莱舍兄弟在短片《大力水手》（Popeye the Sailor）中推出来自埃尔齐·西格尔的连环画的波派。萨米·勒纳的著名歌曲"我是大力水手波派"因这部短片走红。

1933

演员工会成立：美国演员工会（Screen Actors Guild）成立于1933年。

一个普通人，原本只需本分地坐在施乐复印机旁读着电视节目报，却一夜之间成了生产者。我认为对于动画艺术来说，由于3D的冲击而产生的一个很大的危险，在于技能的丧失。我们在业务上的问题是：每个人都不假思索地认为，是电脑做出了所有的东西。所有的学校都把重点放在学习 Maya 和学习 Shake上（译者注：Maya 是美国 Alias/Wavefront 公司出品的三维动画软件，Shake 是 Apple公司推出的专业影视特效合成软件），等等。事实是，在一年或两年内一切都会改变。突然，大家就都扔掉所有过时的软件，并去学习所有新的程序。但与此同时，动画表演和动作设计和电影语言这些技能的组合，是由影片的故事板决定的。我看到这样一些影片，它们是由从游戏领域中成长起来的人员制做的，而他们对于娱乐的想法正进入一个新的空间！这些玩家对自己说："让我们跑进这个房间看看会发生什么！"这是他们在用电影语言讲故事和人物表演方面的知识水平的体现。

"不！我告诉过你了，左脚不正确，为什么它不工作？！
我恨电脑！2D要容易多了！"
（插图：特洛伊·萨里巴）

1934

《龟兔赛跑》获奥斯卡奖：迪斯尼以《龟兔赛跑》（*The Tortoise and the Hare*）赢得奥斯卡最佳短片单元卡通类金像奖。

1934

多平面摄影机的发明：乌伯·伊瓦克斯用雪佛兰汽车的零部件制作了一个革命性的多平面摄影机，这台摄影机能够同时拍摄几个不同距离的动画层，使最后的画面有了一个真正的三维外观。

1934

《欢乐谐和曲》推出：《欢乐谐和曲》（*Happy Harmonies*）是一系列由米高梅公司发行的动画卡通片，由哈曼和伊辛制作，这些卡通片采用了染印法彩色生产技术，其类型类似于迪斯尼的《糊涂交响曲》。

多年来，CG动画所使用的工具一直技术性很强，一个艺术家加上一个程序员才相当于一个数字艺术家，而每个数字艺术家都具有完全不同的心态和背景。正当CG艺术家试图弄明白怎样使用这个新媒介时，2D艺术家不得不面对一个"要么沉没要么游泳"的命题——关于鼠标、机箱和丢掉自己的铅笔。

在90年代中，随着视觉效果和电脑生成的影像在技术上得到突破，2D继续接受新的制作人物阴影的办法，以尽量使人物显得更加真实和立体化。类似于CAPS（电脑动画制作系统）被引入传统动画，以帮助2D的生产。

> "我怀念我的铅笔。我怀念我能完全控制绘画的时光。我怀念的是，我并不需要一大队人马来帮助我工作。我就是拥有答案的人，而不是现在这个充满疑问的人。我不认为这种艺术形式将会消失。我认为，它只是不再像任何其他媒体一样，总是需要动画师们满载荷地忙忙碌碌了。不幸的是，没有人愿意投资。"
>
> ——特洛伊·萨里巴

兔子罗杰是第一次使用这种称为CAPS的新工具的动画角色。CAPS是由埃德·卡特穆尔和他在纽约理工学院的计算机图形实验室的团队所开发的，这个团队由他招聘的一批有才能的计算机科学家组成。为了让兔子罗杰更好地适应真人表演的拍摄部分，CAPS被开发出来，目的是为了改善人物身上的阴影。工作组最初的工作重心是二维动画，重点是开发能协助传统动画师进行工作的工具。于是一个面向扫描、接着是绘制铅笔艺术品的系统被开发出来。卡特穆尔和皮克斯后来将这种技术发展到迪斯尼的CAPS[12]。汤姆·斯托向我们表明了CAPS诞生的重要性：

当在动画中开始使用电脑时，艺术指导便成了一场真正的革命。现在，你可以用CG一个镜头一个镜头地对CG进行艺术指导。在当初制作《木偶奇遇记》（*Pinocchio*）时，其能够使用的颜色数量仅为9的平方，而在我们1990年开始制作《救难小英雄澳洲历险记》时，他们声称描线上色系统为我们提供的颜色模式数量已经达到了9的9次方。那是你能使用的颜色数目。这是第一部使用了电脑动画制作系统的电影。在那部电影中他们没有使用赛璐珞或颜料这样的传统方法。《小美人鱼》是用它完成的最后一批传统电影之一，颜色只是对它最基本的要求。爱丽儿（Ariel）拥有不同的日间色彩和夜间色彩就是它的功劳。事实上，《小美人鱼》中最后大伙儿与轮船挥手告别的场面是第一个使用CAPS制作的镜头。他们尝试着用它作了个试验，用电脑为最后一个镜头的所有画面上了颜色。

1934	1934	1934
唐老鸭登场：唐老鸭（Donald Duck）的声音在米老鼠的NBC广播节目中首次登场，并现身于迪斯尼的《聪明的小母鸡》中。	**第一部彩色的《欢乐小旋律》**：华纳兄弟公司上映了第一部《欢乐小旋律》（*Merrie Melody*）的彩色动画片。	**沃尔特对《白雪公主》的灵感闪现**：沃尔特·迪斯尼用4个小时的工作会议阐述了他对《白雪公主》（*Snow White*）的构思。

在动画艺术不断发展之际，我们不能忘记动画的基础和原则是必须创造出伟大的动作表演。是的，用电脑作画，不像用笔和纸那么具体有形，但是它就在这里，那么让我们试着去找一种能够结合CG动画世界技术和艺术两个方面的方法。动画界的人们现在说："让我们来做一个崭新的、更加完善的数字艺术家。"

一种新的数字艺术家的诞生

在90年代末，技术人员继续开发CG工具，使之更容易为非编程人员所使用。这些年，特别是20世纪的最后十年尤其具有意义，因为它们代表了艺术动画至今以来最大的变化。以前从未有过这样一个技术，能如此根本地改变我们制作动画的方法。这些年来，在视觉效果和CG工作室，开始出现对数字艺术家更具选择性的聘用标准。该行业已充分运转起来。过去的大师们，包括迪斯尼的九老人，所创造的经典动画的地基，已开始与计算机生成的动画发生碰撞。90年代的数字艺术家不得不让自己具备良好的动画传统方面的知识，同时又必须掌握电脑工具。

由于2D产量的缩减，传统动画师们开始过渡到CG领域。然而，在20世纪90年代初，愿意在电脑上使用传统动画技能的艺术家仍然

数字动画师被重新定义
（插图：弗洛伊德·诺曼）

1935

《三个小孤儿猫》获奥斯卡奖：迪斯尼的《三个小孤儿猫》（*Three Orphan Kittens*）赢得了最佳短片单元卡通类奥斯卡金像奖。

1935

实验动画和GPO电影组织：GPO，即邮政总局电影组织，成立于1933年。诺曼·麦克拉伦在1935年加入GPO并制作了60部实验动画电影，于其中实现了令人瞠目的各种风格和技巧，囊括了超过200个国际奖项，并得到全世界的认可。

寥寥无几。那个时候没有足够的传统动画师愿意使用电脑。许多2D艺术家对于电脑非常抵触。CG 行业对传统艺术家的需求很大，能够从事的人却很少。正当传统艺术家对于是否选择跨越到电脑领域权衡利弊时，在计算机上受过多年动画师培训的CG艺术家们，由于工作上的受挫也产生了这样的想法——他们可能不得不回到学校去学习传统动画，以面对与即将完成飞跃的传统艺术家的竞争。讽刺的是，在这个时候，CG动画师面临着与2D动画师同样的恐惧，他们想，"我在我热爱的职业生涯中花了好几年的时间，现在我却可能不得不返回学校，只是为了找到一份工

更多2D动画师在CG领域中的加入，不断推动着电脑动画的能力范围以及动画师对电脑工具的新的要求。动画艺术家开始迫使程序员继续开发软件工具以使他们能够实现他们的想法，而超越大多数人认为计算机可以做到的部分。一切事物都提高到一个新的水准，因为传统动画明星开始进入CG。现在，公众和业界有更高的期望。即使不是从事这一行业的人们也有他们的眼光。高品质的体验改变了观众的口味。任何尝试过优质葡萄酒或埃及900针面料的人都能够体会这一点，这也同样适用于动画。康拉德·弗农讲述了即使是他兄弟的未受过训练的眼睛也能够辨认出差的动画：

> 我的兄弟对动画一无所知，也根本不知道怎么去画。他去看《口袋妖怪》并说："上帝，里面的动画太烂了，而且太无聊了！" 我认为人们开始进入这种状态：如果电影中没有好的动画，人们就不会为它投资。因为如果角色既不能很好地做动作，又不能很好地夸张，角色也就无法承载一个好的故事。

如今了解专业的基础知识、基本原理和软件同等重要。在2001年以前，2D市场保持着繁荣，然而《怪物史莱克》的成功成为了动画面貌开始改变的关键。《怪物史莱克》、《玩具总动员》和其他CG电影证明，让你自己同时在艺术和计算机科学两方面打好基础是在上世纪90年代继续保持受聘的关键。尼克·拉涅利讲述了关于一个朋友去皮克斯工作的故事：

> 我记得我的一个朋友，一个故事家，正打算前往皮克斯工作。他对我说："你为什么不过来？" 我表示："我不懂任何电脑方面的东西。"他说："你不需要懂电脑。他们并不想要懂电脑的人。你应当了解这一点。电脑学起来很容易。而动画方面，才是困难的部分。"那是在20世纪90年代中期，当时电脑动画还很年轻。

1935

白蚁阳台：泰克斯·艾弗里加入莱昂·施莱辛格/华纳兄弟电影公司。同年，鲍伯·克莱皮特加入泰克斯·艾弗里小组，两人很快建立了一个与华纳兄弟格格不入的动画风格。他们在一个远离其他动画师的白蚁出没的建筑物里工作，这里被称为白蚁阳台（Termite Terrace），一个被影迷和历史学家用来描述整个工作室的称呼。

1935

猪小弟亮相：《我拿不到我的帽子》（I Haven't Got a Hat）是一部华纳兄弟的卡通短片，介绍了豆子猫、小凯蒂、猪小弟、奥利弗猫头鹰、哈姆和艾克斯。猪小弟凭着他胡拼乱凑地朗诵诗歌《骑手保罗》而夺得观众的眼球。

这种新观点对许多电脑动画师是毁灭性的。CG动画师们花了多年时间来琢磨他们在电脑上的技能，并认为他们自己已接近《狮子王》全盛时期的水准，大门却突然在他们面前关上。传统动画师开始被雇用，以取代那些已在电脑上从事多年动画工作的人们。

1995年是动画历史上另一大纪年。《玩具总动员》在1995年所得收入超过其他任何一部动画电影，美国票房约1.19亿美元；皮克斯的合成软件、批量数据解决方案以及各种被用于《玩具总动员》的应用型技术都申请了专利。影片《小猪巴比》以其真实角色的表演和电脑动画效果获奥斯卡金像奖提名，使观众进一步认识到特效电影能够实现的范围和程度。影片如《鬼马小精灵》和《勇敢者游戏》，它们的票房纪录比前些年大多数视觉效果电影都要高。这一年梦工厂动画电影公司（DreamWorks Feature Animation）成立，同年许多重要的动画界大人物去世，其中包括"CG动画之父"老约翰·惠特尼；普雷斯顿·布莱尔，从《幻想曲》到《摩登原始人》这位动画师都曾参与制作，同时也是许多伟大的动画书籍的作者——这些书至今仍被人们使用；还有弗里兹·弗里伦，他的职业生涯在华纳兄弟公司是最长的和最多产的。浪潮前线（Wavefront）计算机软件公司和爱力亚斯（Alias）公司合并，索尼家用电视游戏机（PlayStation）投入生产，Sun公司推出Java语言和平台，以及MP3标准格式进一步发展。科技现在正从各个角度推动艺术朝着新方向前进。动画的应用被扩展到了互联网上，以及电子游戏、动感电影、电视和故事片等形式。

1995年要闻

◆《玩具总动员》的票房超出所有其他动画电影

◆《小猪巴比》被提名并赢得奥斯卡视觉效果奖

◆梦工厂动画电影公司成立

◆老约翰·惠特尼、普雷斯顿·布莱尔和弗里兹·弗里伦去世

◆Wavefront公司和Alias软件公司合并

◆索尼家用电视游戏机（PlayStation）、Java、和MP3格式的推出

1936

梅尔·布兰科的声音：梅尔·布兰科（Mel Blanc）加入利昂·施莱辛格工作室，并很快就因给各种各样的卡通人物配音而扬名，包括兔八哥、翠迪鸟、猪小弟、达菲鸭。

1936

《乡巴佬》获奥斯卡奖：迪斯尼的《乡巴佬》（Country Cousin）赢得了奥斯卡最佳短片单元卡通类金像奖。

动画电影工业：进入太平盛世

当迪斯尼1995年的最新动画《风中奇缘》在全球获利3.46亿美元时，《狮子王》刚在头一年赢得了超过7.6亿美元的全球票房[13]。回想起来，这些都是天文数字。然而，这些数字也显示出迪斯尼所得利润的螺旋式下降。第二个黄金时代已经见顶。作为CG类产品的首次尝试，成本仅3000万美元[14]的《玩具总动员》1995年在

动画片的观众群发生了改变
（插图：弗洛伊德·诺曼）

1936

《大力水手》获提名以及新的拍摄台的应用：弗莱舍制作了《大力水手之大力水手和辛巴达》（*Popeye the Sailor Meets Sinbad the Sailor*），以水平式设备代替了传统的垂直式动画拍摄台进行拍摄。背景用的是立体模型，动画人物被绘制在前层的玻璃上。这部短片是弗莱舍的第一个获奥斯卡奖提名的作品。

1936

费钦格搬到好莱坞：奥斯卡·费钦格的奥斯卡获奖彩色影片，《穆拉提的前进》（*Muratti Marches On*）和《蓝色构图》（*Composition Blue*），赢得如潮的好评和美誉，派拉蒙公司也因此与他签约。然而在美国，所有费钦格电影创作的尝试都遭受了磨难。

全球公映后共获利3.58亿美元[15]。在这部电影之前，CG给人的印象是：想用它赚取利润，需要的代价太昂贵了。

　　从1997年到1999年的票房利润显示出了CG的崛起，更显示了2D的衰落。表1.2中罗列的1997～1999年的数据，它显示出视觉效果和CG电影获得了巨大的飞跃，以及它们是如何改变动画电影的观众群的。为了深入说明这一点，附录B的2D和3D生产指数将带你进入一个更透彻的传统动画、CG和视觉特效电影自1994年以来的发展历程。表1.2从财政和社会的角度列出了动画发生这一变化的原因。多年来，各工作室一直希望取得像《狮子王》那样丰厚的利润。与此同时，观众也在发生变化。动画电影的观众受到了不断涌现的"重型"视觉效果电影的熏陶。2D看上去不再值钱了，于是2D工作室通过改变其产品的营销方式，开始对其作出反应。这使我们重新思考故事的重要性、以及为什么像皮克斯这样的工作室非常成功。除了故事的重要性和市场营销方面的因素，表1.2反映了这一事实：基于视觉效果的电影深刻改变了观众想看到些什么。

　　自1997至1999年间，9部传统电影只得到了9部视觉特效电影一半的利润。虽然CG动画电影的产量没有传统动画那么多，但它一直在尽其所能地与后者相竞争以期赢得与之同等的或更多的利润。账务数字没有让这些公司失去信心。而当2004年《怪物史莱克2》上映时，CG电影作品开始比一些真人表演的动作大片更赚钱。于是一些电影公司开始总结出这样的理论：媒介起了决定性作用，而不是故事。引用麦克卢汉（McLuhan）的话就是，"在于媒介，而不在于内容。"汤姆·斯托引用了福克斯这个例子来说明，工作室开始考虑是媒介给他们带来了观众：

　　来看看福克斯的经验。他们花了10年时间给唐·布鲁斯的电影投资，但却一个接一个地碰壁。《冰冻星球》（Titan AE）的成本真的很昂贵，但没有人去看它。福克斯公司出品的首部3D电影是《冰河世纪》（Ice Age），而这部电影赚的钱超过了《美丽心灵》（A Beautiful Mind）——当年的奥斯卡最佳影片得主！第二部电影——《机器人》（Robots）——又火了！这是另一个冲击。福克斯一定认识到CG本身才是问题的答案，而不是故事讲的什么。

1936

《老磨坊》获奥斯卡奖：迪斯尼的作品《老磨坊》（The Old Mill）赢得奥斯卡最佳短片单元卡通类金像奖。

1937

《白雪公主和七个小矮人》上映：在第11届奥斯卡金像奖上，沃尔特·迪斯尼因其赢得特别奖的《白雪公主》（Snow White and the Seven Dwarfs）被获得认可。它被认为是一个重要的画面技术革新，吸引来了数以百万计的观众，并为卡通动画电影开辟了一块新的娱乐领域。

1937

达菲鸭的出镜：动画短片《猪小弟猎鸭记》（Porky's Duck Hunt）由猪小弟主演，值得注意的是，片中首次出现了达菲鸭（Daffy Duck）。

表1.2 1997~1999年2D动画、CG和视觉特效电影的美国票房纪录[16]

传统动画	票房	CG动画	票房	视觉特效电影	票房
1997					
《好莱坞百变猫》	0.04亿美元			《泰坦尼克号》	6亿美元
《真假公主》	0.58亿美元			《黑衣人》	2.5亿美元
				《侏罗纪公园：失落的世界》	2.29亿美元
传统动画收入	0.62亿美元	CG收入	0美元	视觉特效收入	10.8亿美元
1998					
《花木兰》	1.2亿美元	《虫虫总动员》	1.6亿美元	《世界末日》	2.01亿美元
《埃及王子》	1.01亿美元	《蚁哥正传》	0.9亿美元	《怪医杜立德》	1.44亿美元
《淘气小兵兵》	1亿美元			《哥斯拉》	1.36亿美元
《寻找卡米洛城》	0.22亿美元				
传统动画收入	3.43亿美元	CG收入	2.52亿美元	视觉特效收入	4.81亿美元
1999					
《泰山》	1.71亿美元	《玩具总动员2》	2.45亿美元	《星战前传I：魅影危机》	4.31亿美元
《钢铁巨人》	0.23亿美元	《精灵鼠小弟》	1.4亿美元	《黑客帝国》	1.71亿美元
《幽灵公主》	0.02亿美元			《飙风战警》	1.13亿美元
传统动画收入	1.92亿美元	CG收入	3.85亿美元	视觉特效收入	7.15亿美元

1938
《公牛费迪南德》获奥斯卡奖：迪斯尼的《公牛费迪南德》（*Ferdinand the Bull*）赢得了奥斯卡最佳短片单元卡通类金像奖。

1938
银幕卡通家协会成立：好莱坞地区＃852的"银幕卡通家协会"（*The Screen Cartoonists Guild*）获得特许。

1939
《丑小鸭》获奥斯卡奖：迪斯尼的《丑小鸭》（*The Ugly Duckling*），作为最后一部《糊涂交响曲》，赢得了奥斯卡最佳短片单元卡通类金像奖。

两全其美

最初的困惑和对于手头功夫上限制的惩罚，使我们终于逐渐让步于现实，而不是去放弃2D动画师经过长足的奋斗而已完善的工艺。所有传统动画的原则，也同样直接适用于在电脑上制作的动画。特洛伊·萨里巴告诉我们从2D过渡到CG上时他的经验：

当我被请入CG行业时，实际上那是我第一次这样绘制动画：我没有画任何的中间画（In-between，也称动画，即中间帧）。我只是画出我所有的原画（Key，即关键帧）和小原画（Breakdown，也称中间画，即次关键帧）。我说："那就是镜头（Scene）。"我至今仍感谢那个坐在我旁边操作整个CG过程的家伙，因为这过程一点也不轻松。我先在电脑上画出草稿，再创建出与之相同的关键姿势（Pose），其中我使用了梯级曲线（Step Curve）。然后我播放预览（Playblast），并很高兴地看到它动了起来。我可以看到动作的测试过程。接着（是另一个痛苦的过程）我进去制作我称之为中间画的部分，操作图表编辑器（Graph Editor），这个过程对我而言是神秘和可怕的。我很高兴地发现，一些主要原理——从我开始建立关键姿势，到动作调度设计（Blocking）中的时间掌握（Timing），所有这些东西都恰好能派上用场。在我开始接触到图表编辑器之前，对我来说那个阶段只是个形式。每次在这个阶段结束以前，我都真的很害怕。一旦我开始接触它，我对自己说："好吧，显然有不少的技术原理需要我在这里学会，不过我现在还能应付。"它看来似乎没那么可怕和抽象。

曾与我们交流过的许多动画师，都表示当他们发现CG的优势后，都不想再回到传统的手绘卡通时期了。但是，也有极个别人持相反意见，因为电脑对他们没有任何吸引力。也许是不愿意或者无法作到这个过渡，他们决定留下来继续从事这种老的艺术形式——多年以来它给他们带来了无以计数的令人满意的艺术精品。我们真诚希望存在这样的空间能让这两种媒介精诚合作，像《千与千寻》就是一个伟大的例子。鉴于目前势不可挡的CG的普及，应该鼓励这种做法——即让一个讲述奇幻故事的传统动画电影，能够在新的千年赢得奥斯卡最佳动画长片奖。

2003年，迪斯尼公司决定放弃手绘的传统方法，而转向最新流行的CG媒介。这一年的4月，曾创作了《美女与野兽》中的野兽和《小美人鱼》中的爱丽儿的奋斗了31年的老将，格伦·基恩，在一次50位动画师参加的会议上提出了所谓"两全其美"的议案。这一议案的主题是讨论这两种艺术形式的优点和缺点。基恩说，他遇到了凯文·盖格，一位电脑动画主管，他说："如果你能做到你所谈论的这一切很酷的东

1939

迪斯尼公司乔迁新居：位于伯班克的新落成建筑群依照了动画制作的流程进行设计，动画部门被安排在庭院中心的大型建筑中，而周围邻近的建筑物则作为相关部门用房。

1940

《银河》获奥斯卡奖：《银河》（Milky Way，米高梅出品）赢得奥斯卡最佳短片单元卡通类金像奖。

1940

迪斯尼的第二部长片《木偶奇遇记》：《木偶奇遇记》（Pinocchio），是沃尔特·迪斯尼动画长片部的第二部动画片。它由卡洛·科洛迪的书《匹诺曹》改编，是继《白雪公主和七个小矮人》获得巨大成功之后的又一力作。

西——也就是你想在动画行业内看到的，你就必须放弃你手中的铅笔才能做到这一点，你准备好了吗？"基恩说，他其实还在犹豫，但仍然回答："我准备好了。"在这种形势下，他真的还有别的选择吗[17]？

看着动画界发生的这些有趣的事态变迁，许多问题浮现于我们的脑海。什么才能让两者顺利过渡？是什么帮助那些人作出了行业上的跳转？ 2D艺术形式中有多少成分是适用于数字领域的？在CG的上升中我们得到了什么、又失去了什么？当更多的2D动画师进入CG行业，又会产生什么样的影响？而缺少了绘画作为行业的门槛，今后在CG领域内还有机会产生一批新的具有鲜明个人风格的动画大师吗，比如说，沃德·金博尔？在这个词汇的更广泛的意义上，它还是一个相对较新的艺术领域，我们都是在边走边学。这本书的目的是提供一个2D和CG之间联系的纽带。我们将借鉴过去并开创未来。我们只是巨人肩膀上的跳蚤。那就让我们开始吧。

[1]　《电子世界争霸战》：韦恩·卡尔森，计算机艺术和设计高级中心（Advanced Center for Computing Arts and Design）—美国俄亥俄州立大学（Ohio State University）. http://accad.osu.edu/~waynec/history/lesson6.html.

[2]　汉纳–巴伯拉使用计算机：韦恩·卡尔森，计算机艺术和设计高级中心—美国俄亥俄州立大学. http://accad.osu.edu/~waynec/history/timeline.html.

[3]　"马克·莱沃伊发展卡通动画系统（Marc Levoy Develops Cartoon Animation System）"，弗吉尼亚大学的计算机科学. http://www.cs.virginia.edu/colloquia/oldcolloquia05.html.

[4]　III、梅吉（MAGI）和DE公司：韦恩·卡尔森，计算机艺术和设计高级中心—美国俄亥俄州立大学. http://accad.osu.edu/~waynec/history/lesson6.html.

[5]　"迪斯尼小传". 美联社（The Associated Press，美国联合通讯社），洛杉矶时报，2003年12月1日. http://www.latimes.com/business/investing/wire/sns-ap-disney-resignation-glance,1,3208262.story?coll= sns-ap-investing-headlines.

[6]　约翰·卡尼梅克.《沃尔特·迪斯尼的九老人和其动画艺术》（*Walt Disney's Nine Old Men and the Art of Animation*）. 迪斯尼2001. http://www.latimes.com/business/investing/wire/sns-ap-disney-resignation-glance,1,3208262.story?coll= sns-ap-investing-headlines.

1940

迪斯尼的第三部长片《幻想曲》：《幻想曲》（*Fantasia*），是迪斯尼将动画和音乐相结合的实验之作，由七段古典音乐所组成。值得注意的是它是第一部立体声的主流电影，所使用的技术被称为"梦幻之声"。

1940

兔八哥走进动画：泰克斯·艾弗里在《狂野兔子》（*A Wild Hare*）中塑造了兔八哥（Bugs Bunny）这个角色。《狂野兔子》同样以其角色埃尔玛·弗德的经典嗓音和外貌而闻名。兔八哥的人物设计和性格设定在不断完善，但大致特点是在这部卡通片中建立的。

[7]　《黑神锅传奇》. 詹姆斯·伯拉迪尼里的电影评论. http://movie-reviews.colossus.net/movies/b/black_caul-dron.html.

[8]　菲利普·丹斯洛：性感机器人. "触及边缘：与康·佩德森的对话（*Reaching for the Edge: A Conversation with Con Pederson*）". 《涂鸦》（*Graffitti*），1986年1月/2月. http://www.denslow.com/articles/con.html.

[9]　彩色玻璃爵士. 维基百科全书：《少年福尔摩斯》. ©NationMaster.com 2003-5. http://www.nationmaster.com/encyclopedia/Young-Sherlock-Holmes. 皮克斯. 公司信息—《与高层约翰·拉萨特会面小记》. http://www.pixar.com/companyinfo/aboutus/mte.html.

[10]　票房纪录数据出自http://boxofficemojo.com.

[11]　票房纪录数据出自http://boxofficemojo.com.

[12]　迈克尔·P·麦克休. "专访埃德温·盖特姆尔". 《心谈》. http://www.usc.edu/isd/pubarchives/networker/97-98/Sep_Oct_97/innerview-catmull.html.

[13]　票房纪录数据出自http://boxofficemojo.com.

[14]　《玩具总动员》成本预算. http://www.the-numbers.com/movies/1995/OTYST.html.

[15]　票房纪录数据出自http://boxofficemojo.com.

[16]　票房纪录数据出自http://boxofficemojo.com.

[17]　劳拉·M·霍森.《迪斯尼天空停止下坠了吗？》.《纽约时报》（*New York Times*），2005年9月18日. http://select.nytimes.com/search/restricted/article?res=F70F13F735550C7B8DDDA00894DD404482.

1940

汤姆和杰瑞进入银幕：米高梅的《猫咪搞到了靴子》（*Puss Gets the Boot*）向我们第一次展示了汤姆和杰瑞（Tom and Jerry），这也是比尔·汉纳和乔·巴伯拉的第一次合作。

1940

啄木鸟伍迪出场：啄木鸟伍迪（Woody Woodpecker）首次出现在影片《敲、敲》（*Knock Knock*）中。《敲、敲》中的伍迪真正是一只模样让人抓狂的动物，他那让人熟悉的红色头部和蓝色身体的配色方案已经到位，还有他那臭名昭著的笑声。

第二章
给我讲个故事

现在有很多书专门谈论如何撰写一个好的故事。这里讲的是如何在动画片里讲述一个伟大的故事，我们将简单涉及其中一些重要方面。我们要谈论故事板以及它们对于发展一个视觉媒介的重要性，比如电影。在这一章中，我们将告诉你故事板（Storyboard）怎样演变出了动态预览（Animatic）、布局（Layout）、工作簿（Workbook）、视觉预览（Previsualization）和动作编排（Choreography），以及这些工具如何使故事艺术家在某些方面的工作变得更加容易、而很多其他方面变得更加复杂。所有这些工具被使用在动画中以帮助完善故事和达到观众应该体验的故事核心。其实，传统动画的故事板在CG中已演变成一套复杂的步骤，以确保所有的细节都能到位。

> "是什么构成了一个好的情节（Plot）？一个巨大的怪物，一位漂亮的姑娘，和一名执着的科学家。哦还有，这名科学家应该抽着烟斗。"
>
> ——克里斯·贝利

有时，由于时间和预算的限制，不允许这一过程中的所有步骤都被使用，但理想的CG动画片的故事流水线都是从故事板开始，接着到动态预览，再到被称为"工作簿"的一个工具，然后到布局，进入视觉预览，最后是动作编排。动画开发部使用动态预览进程将这些故事板进一步加工。动态预览的步骤，是将手绘的故事板扫描到电脑中，并用粗略的轨迹更充分地制定出人物的走场位置。下一步是通过视觉预览进入布局阶段。布局部分的第一阶段有时被称为工作簿，那里的故事板基本上用CG建立。在工作簿阶段，还没有生成任何的摄影机移动、时间控制或大略的动作。艺术家将每个主要姿势抽出一帧，或一个对白头部特写镜头（Talking Head Shot）的开始帧和结束帧，或一个摄影机运动镜头的开始帧、中间帧和结束帧。这一步被用来帮助找到镜头的三维设置，以明确镜头中所需的要素，并确保这个三维世界中一切都正常运转。

在这一步，该工作簿被递交给一个"智囊团"，在那里由每个部门的领导来确定他们将对这个镜头必须做的事——哪些元件需要进行绘制，哪些模型被忽视了，哪些需要修改骨架，需要添加什么特效，等等。之后，便一切顺利进入布局阶段，这一阶段将根据适当的时间节奏来生成真正的镜头，如有必要还需加上真实的摄影机

1941

《伸出援掌》获奥斯卡奖：《伸出援掌》（*Lend a Paw*）赢得了奥斯卡最佳短片单元卡通类金像奖。

1941

迪斯尼的第四部长片《小飞象》：《小飞象》（*Dumbo*）是迪斯尼公司经深思熟虑的一个简单和经济的尝试，普遍认为是迪士尼最优秀的电影之一。

1941

迪斯尼大罢工：愤慨的300人规模的动画师们在沃尔特·迪斯尼公司举行罢工，这次左倾思想者参与的罢工损害了迪斯尼的名望，破坏了沃尔特和他的动画工作人员之间家庭式的关系，同时也强化了公司被叫做"老鼠工厂"的贬称。

的移动。布局摄影机是真实的摄影机，它将沿着这一流水线贯穿所有部门，如有必要，在照明之前的最后检查中还需进行调整以适应动画的需要。这一步称为最终布局。有些电影公司只采用其中的一些步骤，就获得最终产品。

在下一步骤中，动画师们拿走最终布局，并让镜头进行视觉预览。视觉预览是镜头中一个简单的动作调度，这一步是在已完成的布局的基础上进行的。通常，视觉预览动画师将大致设计出动作，以及关键帧之间的时间节奏，生成非常简陋的动作，其效果类似于僵硬的木偶。视觉预览确定了一个简单水平上的运动的构成。在真正的动画制作之前的最后一步是动作编排，有时它的操作将取决于导演以及他对动作所能做的最大想象。这一套完整的过程是CG制作中故事板的演变。这么多电脑的参与使很多事情变简单了，不是吗？故事板被发展成以可视化来协助讲故事。在我们了解更多的故事板和它在讲故事过程中所扮演的角色之前，让我们了解一些故事的结构组成。

情节和主题

一个紧迫的问题是：我如何写出一个好的剧情？最佳的剧情应当简单明了。记住这个故事的中心思想（Directive）。一个主题有助于巩固情节和意图。中心思想或主题应当有一条或两条线，它们是贯穿整个电影的线索。你要讲的故事的观点是什么？如果你在编写具体情节时，还记得这个主题的话，那么你的想法将是明确的。这一思想应在各个动作设计的选择和故事情节点（Storytelling Point）中得到强化。你安排故事中的人物角色（Character）所处的规定情境（Situation）应该推动故事情节（Storyline）的发展。坚持你想要表达的中心思想，将这一主题钉在你面前的墙上，当你遇到瓶颈时用它来提醒自己你想说的到底是什么。《超人总动员》是一个讲故事的完美的例子，具有一个简单明了的主题："一个由超级英雄卧底组成的家庭，试图过着宁静的郊区生活，却被迫采取行动来拯救世界[18]。"大卫·沙伯斯基是这样谈情节、角色和技术的：

> 情节是故事为了达到其结论的过程。情节可以有很多种形式，但它们必须是真诚的。男孩遇上女孩、男孩失去女孩、男孩得到女孩是一个标准的线性情节。重点是，要使它成为一个令人信服的故事。你可以设计任何你想要的情节。但是，如何让它成为一个令人信服的故事呢？答案很简单，去感受它。它是否能感动你？它是否让你从内心深处被打动？技术是下一步的事，而故事是第一位的。

1941

《超人》系列：在1941和1943年之间，派拉蒙电影公司根据漫画书中的人物——超人，发行了一系列的染印法彩色动画卡通片。它们被看做是一些最优秀的影片，并且无疑是动画的黄金时代中使用了最豪华预算的卡通动画制作。

1941

《虫子先生进城》上映：《虫子先生进城》（*Mister Bug Goes to Town*）在商业上的失败导致了弗莱舍工作室的破产和解散。派拉蒙解雇了弗莱舍兄弟并将公司改组为驰名工作室（Famous Studios），然后以片名《霍皮提先生进城》（*Hoppity Goes to Town*）重新上映了这部电影。

32

　　一个令人信服的故事取决于明确和简单。"简单"这个词在这本书中被提到了一次又一次。简单对于任何创意来说都是至关重要的，尤其是一个涉及全方位的故事。写一个故事的创作过程是如此的不限范围，这很容易导致一个故事说得包罗万象。能否保持你的想法明确是可以由你自己做主的。开始写故事时，最好是你已知道它的开头、发展和结局。这些东西会随着你写作的过程而不断充实，但如果你知道该故事的中心思想，那么你可以保持简单的想法。写下你的中心思想挂在工作室的墙上。比如一个关于害羞男子和他的餐厅的故事，其中心思想或主题就可以这样写："即使最黑的一块炭也可打磨成钻石。相信你自己就可以海阔天空，所以不要让别人的意见阻拦了你的道路。"当你每次为故事的下一个想法所困扰时，看看你挂在墙上的中心要旨并问你自己："如果它就是我的主角所相信的，那么他将对摆在他面前的情况如何反应？"唐·沃勒解释了你再怎么在故事中设置曲折和惊喜，它们都必须支持你为角色的成长而制订的中心思想：

> 什么是一个好的情节？那就是一个人们可以轻松跟上和理解的故事，而不需要对发生的事情作任何破译的努力，不需要如此扭曲或复杂——这只会使它偏离了电影的主题，而并不会为它增色，不会成为一场令人观看愉快的电影！这并不是说有几个惊喜或曲折的故事不好——只要它们帮助叙述故事，而不是阻碍它、使它变得过于荒诞。

　　现在有许多书籍，极其详尽地介绍了如何陈述一个故事。而我们的偏爱之一是拉乔斯·艾格里（Lajos Egri）的《戏剧写作的艺术：源自于人类动机的创造性解释》[*Art of Dramatic Writing: Its Basis in the Creative Interpretation of Human Motives*，试金石出版社（Touchstone），1972年]。在这本书中，艾格里帮助你为你的故事建立中心思想或主题。主题便是达到"简单"的秘诀。当写作

> "避免将人物安置到场景中去；而是要将场景安置到好的人物上去。"
> ——达林·麦克高恩

时，你可以随时参考这一主题，以确保你不会脱离轨道，并利用你所有的人物、故事结构、故事情节和角色发展线（Arc）作为支撑材料，以加强你的主题。在这一章中，我们只是简单涉及关于动画片中故事的一些重要方面，但我们确实倾向于以艾格里的书作为理论支持材料。一旦有了主题，你便需要制定出所有供角色身处其中的规定情景（Situation）。在这里，你的试验开始了。

1942
《元首的面孔》获奥斯卡奖：《元首的面孔》（*Der Fuehrer's Face*，迪斯尼出品）赢得1943年奥斯卡最佳短片主题卡通类金像奖。

1942
迪斯尼第五部动画长片《小鹿斑比》：《小鹿斑比》（*Bambi*）由1923年的图书《小鹿斑比：丛林中的一生》所改编，原著作者是费利克斯·萨尔腾。

1942
泰克斯·艾弗里和他的《动物对话》：1941年，泰克斯·艾弗里与利昂·施莱辛格发生争吵，起因是艾弗里的一系列想法——采用真实动物与动画制作的嘴部的合成来制作喜剧短片《动物对话》（*Speaking of animals*）。施莱辛格暂停了艾弗里的工作。在此期间，艾弗里将该系列出售给派拉蒙电影公司，在那里它畅销了7年，并获得奥斯卡金像奖。

　　当你在写故事或创作故事板时，你的第一个想法可能是一些老生常谈的东西，而试验将协助你的思维跳出框框。平面设计师在确定一个标志的设计之前，常常被要求绘制数以百计的缩略草图。这同样适用于任何创造性的活动，包括写故事，甚至制作动画。

　　当逐步展开一场戏（Scene）的表演时，概括出它所要表达的核心并加以明确。在你的头脑中播放这个场景，并设计出能向观众展示角色心理的最佳方式。有时它将帮助你在这一场景的空间中搜寻并设计出最引人注目和最能表达人物情绪的姿势，并以此来明确和支撑你所要表达的核心意图。如果你很清楚这一场戏的目的，这个故事便会自己进行下去。试着多变换些不同的情景，尝试一下相反的想法。如果你的人物是高大强悍的，那就找到他的弱点或缺陷进行展开，要和他魁梧的表象形成对照。一些最好的故事来自于人的意识流和试验。拉里·温伯格说，要相信自己的直觉：

> 　　相信你自己。如果它打动了你，那么给它一个机会。不要阻碍它。巨蟒小组（Monty Python，英国六人喜剧团体，其电视喜剧系列在70年代风靡全球，译者注）有一个很伟大的工作原则。他们去尝试他们其中每个人的任何想法，即使其他人不喜欢它。他们给任何想法以机会来展开它。有时，这导致了失败的喜剧；但在其他时候，结果完全出乎意料，甚至精彩绝伦。如果他们在早期概念阶段就否决了这些想法，他们就不会达到如此不寻常的高峰。

　　最好的故事只是让人觉得它是对的。这些故事毫不费力地有着良好的结构和坚实的角色。当你在构思情节时，你写的每个字都是有意义的，在你到达终点以前你就已经看到了隧道的尽头。你的脑海中已经有了一个开头、发展和结尾，你可以很容易地便联结起这些段落。不论讲述这个故事的路线是线性的还是复杂的，你所设定的规定情境都应当让人感觉真实可信。

　　可信度对于一个好故事来说也是至关重要的。剧中人物通过不断地作决定来积极推动着故事的进行。这些决定必须得到你所设

> "我来自老式学校，在那里故事艺术家就是作家。我对当前动画作家的抱怨，在于他们不理解动画这一媒介，也不认为有这个需要去理解它。这并不是说他们不能写，只是说他们的动画剧本写得很差劲。他们的故事严重倾向于对话，如果你写的是真人表演剧本，那么这没问题。他们真正缺乏的是能用视觉化语言讲故事的能力，但这种剧本需要一个画面感。"
>
> ——弗洛伊德·诺曼

1942

太空飞鼠推出： 太空飞鼠（Mighty Mouse）是一只用动画制作的超级英雄鼠角色，由特里通工作室推出。最初，它是一只超能力的家蝇，名为"超级苍蝇"。但公司负责人保罗·特里将他改造成了一只卡通鼠。它在1942年首次出现在一部片名为《明日之鼠》（The Mouse of Tomorrow）的戏剧性的动画短片里。

1942

第一台电子计算机发明： 阿坦那索夫–贝瑞计算机（Atanasoff–Barry Computer，即ABC）是第一台电子计算机，由物理学和数学教授约翰·阿坦那索夫和克利夫·贝瑞发明。这台计算机使用的二进制系统即使在现代计算机中仍在使用，其存储数据的方法非常类似于现代计算机。

定的人物的支持。在动画中，"可信度"和"令人信服的"这两个词的使用要多于"现实主义"。如果故事具备娱乐性和可信度，那么观众将愿意观赏它并相信角色和故事背景是真实的。但如果它是现实主义的而不是娱乐性的，观众将离开剧场。了解你的角色并为他设身处地过上一天。你可能会做出这样一种好电影——它的动画即使做得很糟，但仍然很成功；但你决不能反过来做，它有炫目的动画，却是个糟糕的故事，那么没有人会喜欢它。

习惯于批评，即使是最好的大故事艺术家也被沃尔特"训"过
（插图：弗洛伊德·诺曼）

动画师们与其他动画师交流切磋他们的工作，为的是对于他们要表现的内容取得一个新的视角。写故事也是一样。故事艺术家与他信任的其他人交流想法，来更好地了解什么能行得通。马克·科特斯尔解释了如何与其他故事家分享想法来帮助他划定故事范围：

1943

《疯狂的美国老鼠》获得奥斯卡奖：
《疯狂的美国老鼠》（*Yankee Doodle Mouse*，米高梅出品）获得了1943年奥斯卡最佳短片单元卡通类金像奖，成为获此殊荣的七部《猫和老鼠》卡通片中的第一部。

1943

第六部迪斯尼动画长片《致候吾友》：
《致候吾友》（*Saludos Amigos*）是由四个不同小节组成：唐老鸭主演其中两节，高飞主演其中一节。它所得的评价较有争议，并且只在1949年发行了一次。

> 对于我即将着手的这部电影，我们作了很多讨论。有时候，我坐在那里展开一个想法，我会把它给别人看并询问他们的意见——即使其他的故事艺术家并不参与。我们交换着彼此的想法。有时候我们只是在故事家的面前摊开我们粗略的故事（没有导演在场），他们则将意见和盘托出。然后，你就可以看到问题出在哪里。如果你直接递交给导演，那些故事家们还是在那里。所以会发生的情况是，导演第一个发言，然后这些故事家们会发表意见——如果他们想到了与导演不同的主意的话。这么做有助于得到其他人的建议。就像制作动画，将你的想法展示给别人对你是有益的，否则你的思维就会被局限了，你容易过于限制在你现在这个思路上。

当展开故事时，你应该制定出这些角色所处世界的规则并遵守它们。如果你打破了你的角色所处世界的规则，以及他或她在这世界上如何相互作用，你便失去了故事的可信度。一个典型的打破规则的例子是影片《四眼天鸡》（又译《小鸡大电影》）。在这部电影的一场戏中，小鸡和他的父亲正在剧院里观看《夺宝奇兵》（*Raiders of the Lost Ark*，一部真人实拍电影）。在这部影片中没有任何真人表演，所以这一设计没有任何意义，反而添加了与本片无关的东西。请确保所有你介绍出场的人物和你设置的主要情节的存在都是有充分理由的，并且让你的主角朝向他或她的目标迈进。你设计出的想法应该可以为稍后的故事作铺垫。勇于创新，打破规则，但这里的规则不是指为你故事中的世界或人物所创立的规则。

我们在不断地谈论规则。但什么是这些规则？首先是人物的个人简历和背景。你的人物究竟多大年龄？他是否有某种缺陷？她是否酗酒？他的职业是什么？她对她的家人和朋友们感受如何？一旦确定谁是你的人物，故事便开始了。切记要遵循你在你的世界里所定下的规则：气氛、主题和你的人物，故事的其余部分便将自己进行下去。此时，善用你周围的人的意见，能够保持紧扣主题，并得到一个崭新的视角。

谈一谈会说话的动物

当讲述关于道德或社会观念的故事时，会说话的动物便成了一个自然的选择。通过动物更容易传达出成人主题，特别是如果故事中受到经验教训的动物是还没长大的小动物。无论对孩子还是对成人来说，这么做减少了说教，也更加地平易近人。

《狮子王》的故事让人想起经典的电影《小鹿斑比》，影片中这只年轻动物面对的生活与成长就像是一个孩子所面对的。这个故事的题材是与儿童和成年人都相关的，也适合他们同时欣赏——这就是为什么它如此成功。在这些电影中动物们的配音有成年人也有儿童，这构成了与观众的共鸣。面向成年人的动画电影，如果完全使

1943

比尔·泰特拉辞职：比尔·泰特拉（Bill Tytla）原来是迪斯尼的动画师，他从迪斯尼辞职。泰特拉被认为是动画黄金时代中最优秀的一个角色动画师，他最著名的角色作品是《白雪公主》中的"爱生气"和《幻想曲》中的巨型邪魔。

1943

约翰·惠特尼制作了他的第一部电影：约翰·惠特尼和詹姆斯·惠特尼的首部实验电影是5个抽象电影习作。被许多人认为是"计算机图形学之父"的约翰·惠特尼和整个惠特尼家庭，已成功地将音乐创作与实验电影和电脑成像相联结。

用成人主题和成人声音的话，有可能会变得说教和专断。在扩大动画观众群的众多努力和尝试中，许多动画工作室忽视了是什么牢牢地吸引住了观众，那就是一个有着平易近人和让人共鸣的人物的好故事。

具体而言，可以说，迪斯尼公司在《风中奇缘》后迷失了方向。梦工厂在刚走出《埃及王子》的大门后也迷失了方向。此外，福克斯因《真假公主安娜斯塔西娅》而迷失，同时这也是它的第一部动画电影。很大程度上，动画工作室的公司结构因其自身影片的巨大成功而发生了变化。从根本上说，这些影片的大规模成功是一把双刃剑。一个日益严重的现象是，艺术上的决策被一些叫做"创造性经理"（Creative Managers）的人员所控制，他们其中的许多人有着商业背景，而并非艺术。公司中这种制作电影和讲述故事的做法在本质上是不诚实的，因为它的主要目标显然是要赚取大量的金钱，而牺牲优秀诚实的故事。

从1997年到2004年，几乎每一部CG产品都有着这种或那种的会说话的动物。在此期间，电影如《玩具总动员》、《小鸡快跑》、《恐龙》、《精灵鼠小弟》、《怪物史莱克》、《冰河世纪》、《史酷比》、《熊兄弟》、《海底总动员》等等，都使用了会说话的动物来讲述故事。甚至《玩具总动员》中的玩具狗、猪、恐龙和马都会交谈。会说话的动物题材一直持续到2005年，每一部CG作品里都有会说话的动物，就像马克·科特斯尔所说：

> 《狮子王》使用了会说话的动物，并赢得了巨额收入。而当我们正在进入CG时代以后，几乎所有的作品都是会说话的动物。《四眼天鸡》、《恐龙》、《马达加斯加》、《丛林大反攻》、《狂野大自然》、《鼠国流浪记》、《功夫熊猫》……他们都是会说话的动物。我想这是因为，那是一个我们人类自己以外的世界，但你可以让它变得类似——而你会从不同的角度看到另一个世界。

通过观察叙述故事方法的趋势，我们可以看到在攻坚课题时什么可行，什么不可行。

愿望与成长

情感和共鸣是动画片讲故事中最重要的方面。你的动画必须与观众发生联系。要使观众产生共鸣，你必须找到你的人物的愿望，并将之传达给观众。角色想要的是什么——或者比这更好的——他们需要的是什么？卡洛斯·巴埃纳解释了观众会对故事产生厌倦的原因：

1943
泰克斯：艾弗里创作了杜皮狗：杜皮狗（又译"德鲁比狗"，Droopy Dog）最早出现于米高梅的卡通片《哑狗警探》（Dumb-Hounded），并被动画学者认为是艾弗里的最佳作品之一。

1944
《老鼠的麻烦》获奥斯卡奖：《老鼠的麻烦》（Mouse Trouble，米高梅出品）赢得了奥斯卡最佳短片单元卡通类金像奖。

1944
《选战热潮》和UPA：《选战热潮》（Hell-Bent for Election）是一部两本（two-reel，片长为两本，放映时间约20分钟，译者注）动画短片，同时也是UPA（United Productions of America，于1943年成立，即"美国联合制片公司"，译者注）的第一批主要电影之一。创作它的目的是为了支持民主党和1944年的总统选举。

屏幕上的角色，和看着这些角色的行动或经历的观众，这两者必须有某种联系。如果观众不能与角色发生关联，他们要么会感到厌倦，要么不会相信故事中发生的事情。

通过为角色展开他的渴望的想法，你便创建出这一人物的成长。对于观众来说，如果观看某人轻而易举得到他所要的，那是相当无趣的。生活中很少是这样的，除非你来自橘子郡（Orange County，位于洛杉机的南面，号称是全美国最有钱的郡）或是"幸运精子俱乐部"（Lucky Sperm Club，比喻那些从小生长在富裕环境中的人）的成员。人们必须努力工作来满足他们的希望和实现其梦想。那些希望和梦想必须由人物的背景所激发，它们应是可信的。在《星银岛》中，吉姆·霍金斯是失意的，他没有明确理由地渴望冒险。他拥有希望和梦想，但他遇到了许多麻烦和苦恼，因为这些梦想在他过去的经历中是不合理的。一个孩子即使拥有一切而觉得无聊，他也不能就去吸食海洛因。在人物朝向他的目标奋斗的过程中，他必须学会了解自己。为建立可信的故事，表现出迈向目标中人物的成长是必要的。正如现实生活中同样发生的，你的动画人物也应不时遇到突然出现的阻碍。康拉德·弗农这样谈论《怪物史莱克》故事中的成长：

我们一直在《怪物史莱克2》里遵循的一个规则是，我们不要回到原来那种"寻求"的故事上去。如果我们让史瑞克去寻求又一个不同的事物，他和驴子出去作新的追击，史莱克就根本不会得到成长或学习。史莱克必须找到一些东西，但他并没有就这样得到公主然后带她回来，他是在寻找更深刻的东西，是在这世上最简单的事同时也是最难的事。史莱克和菲奥娜已经结婚，那么现在你认为从逻辑上，下面该怎么发展？于是，他们去见家人。我们怎样才能使故事让每个人都感到真实，我们如何才能使剧情足够生动有趣而不显得拖沓？这就是问题。这是一个需要平衡的行为。怎样才是自然的过程？史莱克建立了自己的家庭，在此之后，史莱克不得不处理这些问题，像是他女儿将男孩带回家或是他儿子将女孩带回家，接下来的事情就是对你的孩子放手，这就是生活。

请记住，你的角色是人类（或者蝙蝠、小鸡、软体动物，或是目前颇受欢迎的无数低等灵长类之一）。你的角色是活生生的人（或者软体动物），他们体验着生活和经历着事情（可能是在水中），而这些经历形成了他们的个性。他们的性格将决定他们对于各种事物的反应，比如结婚，与软体动物的亲家会面，或者成立一个家庭。为了使你的故事有趣和可信，由愿望促成的"成长"是相当有必要的（即使是一只软体动物）。

1944	1944	1945
施莱辛格工作室出售给华纳兄弟：施莱辛格的工作室于1944年被卖给了华纳兄弟公司。	"约塞米蒂的山姆"的推出：由兔八哥主演的卡通短片《欢乐小旋律》系列中的《野兔神枪手》（*Hare Trigger*），标志着"约塞米蒂的山姆"（Yosemite Sam）的首次出场，他以一个火车强盗的形象出现在影片中。	《请安静》获奥斯卡奖：《请安静》（*Quiet, Please!* 米高梅出品）获得1945年奥斯卡最佳短片单元卡通类金像奖。

成长和角色发展线

　　成长为你的人物创造了一个弧线形发展线。角色发展线有开端、发展和结局。如果没有角色的有意义的变化，也就没有故事。如何揭示出这一发展线将决定着故事的步调。你的角色在整个故事中必须经历一个变化的过程来让剧情变得有趣。他接受了什么样的教训？他的经历怎样改变了他？你的角色必须跨越的这些障碍是否具备趣味性和娱乐性？

　　一个好故事是一个有机的流程，生动地展现着英雄和恶棍所遇到的阻碍。劳拉·麦克里利认为冲突或阻碍可以与敌人和主角的目标联系起来：

> 敌人和主角尽管目标不同，障碍却常常可以牵涉它们。

　　如果敌人的目标与主角的目标直接相冲突，那么你的剧情中就已经拥有了坚实的斗争基础。成长意味着改变。人物需要由内而外的改变。一个极好的人物变化成长的例子是电影《星际宝贝》中的斯蒂奇。夏威夷小女孩的魅力将斯蒂奇从一个来自太空的邪恶家伙改变为一个充满爱心的生物。你的剧情需要通过主角所面临的阻碍来推动这一成长。人物的目标是克服困难并从经验中成长。斯科特·霍尔姆斯使用《小飞象》做例子解释了人物的成长：

> 就本质而言，剧情应当展现主要角色的成长和发展。好的情节能够以一个有趣而自然的方式来表现成长。例如，在《小飞象》中，认识到他的耳朵是一个特殊的天赋、而不是缺陷，便是这个角色成长的一方面。为了做到这一点，他必须战胜嘲笑并获得自信心。一旦他开始接受和欣赏他的天赋，他的人格便充分地得以实现并战胜了自我。《小飞象》中的主要思想就是去接受一个人的独特的品质，在剧情让它发挥出其优势时又进一步加强了这一主题，虽然是以一种自然和隐蔽的方式进行的。

　　让我们通过一个假设的剧情来表现人物的成长。比方说，我们所讨论的是一个因为在其强势的父母严格教育下而害羞、内向的人。这个人物在追求他的目标时必须经历一些过程或挑战，这些经历使他变成了一个从容自信的人。也许这个人物一直想经营自己的餐厅，并做一个好厨师，但他专断的父母为他设计了其他的道路。他必须打破父母对他的束缚，才能实现自己的目标。一旦他作出突破，他就会成功超越他的想象力，并有足够的信心邀请他的父母来餐厅。他们来了，并见到他如何

1945
　　动画角色佩佩·乐·皮尤的出现：动画片《臭味猫咪》（*Odor-able Kitty*）推出了佩佩·乐·皮尤（Pepé le Pew）。佩佩的创作者查克·琼斯说佩佩多半是基于一个原型，一个他在"白蚁阳台"的同事，作家泰德·皮尔斯，一个自称"受女性欢迎的男人"。

1945
　　哈利·史密斯直接在胶片上绘制动画：史密斯（Harry Smith）最早的电影是他最具几何抽象特征的电影。第一部动画被直接手绘到胶片本身，而不需要任何摄影机的参与。

1946
　　鲍勃·克莱派特离开华纳兄弟公司：泰克斯·艾弗里在1941年离开华纳之后，克莱派特接管了艾弗里的职务，但随后克莱派特与公司关系破裂。克莱派特被亚瑟·戴维斯改聘为导演。

39

把他的梦想变成现实，以及他的信念和信心如何改变了从前的他。他们重新又接受了他，并给予他更多的尊重。作为一条简单清晰的角色发展线，这是一个很好的例子。作为一个动画家，这将是一条不可多得的发展线，因为人物的转变——从一个安静害羞的人，到一个自强自信的人，这两种状态都是鲜明生动的。实现这种复杂的性格发展线的一个方法就是通过背景故事。

角色发展线是角色成长和克服障碍的历程
（插图：杰米·奥利夫）

编排策划和背景故事

　　背景故事发生在动画所讲述的故事之前，是一个人物发展的历史记录。他成长于何处？他的父母是怎样的？他是否受到过一些严重的心理创伤（如被剃光所有毛发）？一个人物的背景故事将决定他在整个影片中的行为。使用人物简历来发现这个人物的真正面目（有一个人物简历的例子在后面的第三章作为参考；第三章将更深入地研究人物简历）。故事艺术家使用背景故事推断出在任何特定情境中人物将如何反应。背景故事必须保持着暗示的方式，但其影响力必须是强大的。

1946

《猫的协奏曲》获奥斯卡奖：《猫的协奏曲》（ *The Cat Concerto*，米高梅出品）赢得了1946年的奥斯卡最佳短片单元卡通类金像奖。

1946

莱亨鸡进入银幕：莱亨鸡，是一只大型的动画成年公鸡（Foghorn Leghorn），出现在众多的华纳兄弟的卡通片中。它的首次出场是在《边走边说的鹰》（ *Walky Talky Hawky* ）中。他被认为是《乐一通》系列中的一个重要角色。

1946

《哈克与杰克》系列的推出：《哈克与杰克》（ *Heckle and Jeckle* ）是特里通的一个戏剧性卡通片系列，讲述了一对喜鹊兄弟，以兔八哥的方式冷静地智斗他们的敌人，同时保持着恶作剧的倾向。

人物简历将为你的人物添加色彩，并增加其个性的深度；反之，如果人物简历不全面，那么其个性将缺乏深度。

倒叙到我们害羞、保守的厨师，也许一场与他父母的争吵已导致他离开了他一直受庇护的生活，去到外面的世界。这一场景展现了主角的性格和他与父母的关系，这也正是观众们需要了解的。你不必一路不断地插叙当他还是个孩子时的成长。并不需要大量的重现，你可以用一个有趣的方法进行回忆来使你的人物可信。你所需要的是：用一个简单的设置来解释，为什么一个人物正被介绍出场。马克·科特斯尔谈到背景故事，以及影片《超人总动员》在故事开头如何设置介绍坏人出场的场景。

> 你必须一开始就设置你的人物。《超人总动员》这一点上做得很成功。他们在影片的最初几分钟就设置了谁是坏人。你不认为他是坏人，直到后来才知道；但你认识他是谁。超人先生在去他自己婚礼的路上停下来救了一只猫，这个孩子露面了，并表示希望变得跟他一样。此时，你认为这孩子不过是只无关紧要的"害虫"。你不想花太多时间在背景故事上。你希望它尽可能简单。

请将每个事件编排策划得清楚简单，并确保其中没有漏洞、没有捷径、没有对冲突事件的逃避，也没有散漫无力的结局。如果你在第三幕出现了问题，那么它通常意味着第一幕和第二幕存在情节漏洞并需要修复。围绕着中心思想安排所有的事件。

每个商业投资都会使创作过程复杂化。你将被给予最后期限；而如果它是你自己的短片，你可以自由制定期限——这些将使创作过程变得艰苦。关于何时介绍人物出场及何时发生事件，很多时候你必须相信自己的本能。记住基本原理，但保持听从你的直觉。

> "创作故事时，既不要丢失中间过程，也不要漫无目的地闲扯。最好的情节是由人物推动的，它始终感染着观众，以最有效（尽管无法预测）的方式让他们的注意力从A点转移到B点。换言之，即修剪多余的累赘。希区柯克是这方面的大师。"
>
> ——埃迪·皮特曼

米尔特·卡尔讲过一个老故事，它来自制作《救难小英雄》期间的录音阶段。米尔特谈到沃尔特是如何在没有客观依据时凭直觉来处理故事的。米尔特说沃尔特在《森林王子》（*The Jungle Book*）的制作过程中，一直担心怎样才能让老虎谢尔·汗（Sher Khan）直到影片开始40分钟后才

1946

《南方之歌》上映：迪斯尼的动画电影《南方之歌》（*Song of the South*），是根据乔尔·钱德勒·哈里斯的连载故事《瑞摩斯叔叔》所改编。它是迪斯尼最早的将真人实拍胶片与动画画面结合的故事片，也是迪斯尼动画电影第一次雇用真人演员作为主要角色。这部电影常常是一个有争议的话题，屡次因种族主义而被指控。

1947

《小鸟派》获奥斯卡奖：《小鸟派》（*Tweetie Pie*，华纳兄弟出品）赢得了1947年奥斯卡最佳短片单元卡通类金像奖。

出场。你从没见过你的坏人这么晚才出场! 沃尔特却说:"不用担心。"以米尔特·卡尔的话来说,沃尔特是个 "天才的故事好手"[19]。他去做他感觉是正确的事。那时候仍然由他说了算,他不断地驱策着其他每一个人。如果需要钱,他会怎么办? 他去找他兄弟! 这里没有商业方面的因素。他只会这样说,"我需要更多的钱来完成我的电影。"而罗伊便去所有的银行提出资金以完成影片。这是沃尔特的一个纯粹关于艺术的非凡的观点,他在每件事上都拥有最后的发言权。他雇用员工们并让他们做他们所擅长的。

今天,成倍的导演、作家和故事家的加入使事情变得更繁杂了。现今生产的CG电影正趋向于融入更多的人来参与创作的过程,有时这样会导致错误的或模棱两可的观点。利用我们一直提到的故事的主题,你可以确保将会完善故事和强化主旨。记住:如果你遵循故事的中心思想或主题,最终,你的想法将取得成功。

学会爱上拒绝。大部分你所做的都将扔掉。这是展开故事这一过程的一部分
(插图:弗洛伊德·诺曼)

1947

　　加州大学洛杉矶分校动画工作坊成立:比尔·舒尔,前迪斯尼动画师,于1947年创建了动画工作坊(UCLA Animation Workshop)。他建立了工作坊的基本理念,即"一个人,一部电影",并对内容和质量作了强有力的承诺。这一工作坊出品了在过去47年里一直保持着排名前三的动画节目。

故事板、动态预览和视觉预览

　　动画故事板的最先使用者是沃尔特·迪斯尼动画长片部的故事团队。沃尔特·迪斯尼和韦伯·史密斯被认为是20世纪20年代中叶故事板的发明人。格里姆·纳特威克坚持认为，在1916年的赫斯特工作室（Hearst Studio），导演格雷戈里·拉卡瓦将他自己的故事板画在一张纸上，然后撕成小片交给动画师们以便于分配任务。但迪斯尼和韦伯·史密斯仍然被普遍认可为故事板的首创。这种将故事画面钉在软木板上的方法，已被全世界的电影制作者们普遍采用。

　　由于动画是一个视觉媒介，当从视觉上分析影片以及用电影的方式讲述故事时，书写的文字就显得不够用了。这种将缩略图画按顺序钉在大木板上的新办法，有助于在同一时间解释所有的要素，包括：故事、镜头、摄影机运动，以及视觉上是怎么回事。整个故事团队可以共同为每场戏出主意。当展开故事时，通常每个人都有自己的意见，但最终由故事负责人和导演做出决策，他们通常在这一范围内起支配作用。一旦故事艺术家有了镜头拍摄的总体方向，他接下来的第一步便是尽可能地采用最明确和最具娱乐性的方式来传达故事情节点（Story Point）。由于角色性格和究竟是什么推动了这场戏，两者如此密切相关，因此，每个人的意见或癖好都能成为一个想法，它们能使故事更加丰富。

　　"故事板，包括缩略草图阶段，我相信是真正作到直观解读所写故事的第一步。当然，也有许多故事想法配备以概念草图，用这种视觉性的援助来帮助卖掉故事，可以这么说。但故事板真正是可视化讲故事的第一关，并帮助我们从这些面板上激发出对潜在动画的想象。我看过许多故事板已经经过了深思熟虑和细致安排，以致这个故事完胜得如此彻底，最终的动画场面完全是对那个故事板的致敬。创作一个有效力的故事板的最难部分，是保持对一组镜头的应有信息的传达，不偏离节奏、不丢失重点、不会让人觉得无聊。另外，无法绘制的部分可以用符号代替，比如摄影机的移动、辅助动作的说明和动作的时间控制。每一处细微的信息都将帮助别人解读你的想法。从某种意义上说，一个好的故事板画家，是在用一块接一块的面板有效地指导着故事的逐步展开。特别是，当故事板画家和导演对于故事的特定部分试图传达的信息有着共同的明确设想时，这种指导作用便尤其明显。"

——乔·斯科特

1947

电影银幕卡通家组织/动画协会/IATSE成立：电影银幕卡通家组织（Motion Picture Screen Cartoonists），位于I.A.T.S.E地区839号，一般被称为"动画协会"（Animation Guild），成立于1947年。这一专业协会和动画艺术家联盟成立之时，正是迪斯尼公司和其他工作室指控共产主义对工会影响的时期。

1948

《小孤儿》获奥斯卡奖：《小孤儿》（The Little Orphan，米高梅出品）获得1948年奥斯卡最佳短片单元卡通类金像奖。这是奥斯卡委员会第五次（总共7次）将此奖项授予《猫和老鼠》团队。

一连串镜头中角色的声音由故事艺术家们进行临时录音（Scratch Track），为的是将想法传达给其余的小组，同时也用来调整时间节奏。通常，如果故事艺术家的配音是成功的，它将被保留为角色的最后配音。康拉德·弗农解释了故事的流程以及他怎样在电影《怪物史莱克》中逐步发展姜饼人这一角色并为其配音的：

作为一个故事团队，出自这个"让杜洛克城（片中故事的发生地）远离童话人物"的想法，我们刚刚拿出这个主意，即让童话里的人物被驱逐到史莱克的沼泽。于是，我们大家围坐成一个圆圈各抒己见，我们做的只是说出想到的童话人物的名字。有人说到姜饼人，我们认为这是个好办法，于是它被放入一长串名单里。然后他们过来找我，说："这里是姜饼人，这里是邪恶家伙的出场——你可以继续工作了。"你将如何在邪恶的家伙出场时使用姜饼人？所以，我开始让自己思考酷刑——浸入牛奶，断了腿。然后我回想起当我还是个孩子时，有唱片和电影播放过："你知道松饼人吗？"我想，好吧，我可以同时用上这两种东西。当时还没有对它的初步设想。对于给出一段戏发生了哪些事情，然后将这场戏向前推进——这通常由故事板画家做主。当然，我们确实有一个作家，他帮助我们找出对话中的问题和故事中的问题，让事情朝着正确的方向前进。但首先进行设计的总是故事板画家，因此我们不得不一直"推销"着自己的想法。作为一个故事板画家，你的工作是把板子展示出来以"出售"你的想法，这也意味着你需要设计出声音、音乐和音效。"兜售"你的这些点子来让人大笑、愤怒以及哭泣。我这样设计了那个小姜饼人的声音。我和一个朋友，迈克·米切尔，提出了将这个小角色称为"兰德尔糖果般的娘娘腔男孩"。他只是你见过的娇气柔弱的小男孩中的一个。这并不意味着他们是同性恋或是其他什么；他们只是喜欢用母亲的浴液，喜欢穿露出脚趾的凉鞋，喜欢母亲帮他们梳理头发，用非常女性化的方式说话。姜饼人是个硬汉，却有着"娘娘腔男孩"的古怪声音。我觉得这很有趣。

对故事艺术家来说，展示故事板的传统方法帮助他们使用这样一个指示牌来纵览每一个板面，解释所有事件及使用的声音，就像康拉德做的那样，来"出售"他的想法。用这种方法，每个人都可以一眼看到所有的板面，甚至可以在你解说之前就能明白。然而，这种跳跃式前进的方式，有时会导致插科打诨的出现。动态预览的出现和现场电脑操作，很大程度上避免了观众提前看到下一块面板。

动态预览包括把手绘的故事板扫描到计算机程序里，如Premiere或Final Cut Pro，这些故事板被按顺序播放，就像一部电影那样。每小块故事板需停留足够长的时间，以记录每个镜头将持续多久。然而，故事板画家常常已经决定了的剪辑，在编

1948

UPA的第一部戏剧性动画片《罗宾汉》上映：
为了维持自身的发展，UPA转移到了拥挤的戏剧性卡通的领域，并迅速赢得了与哥伦比亚电影公司签订的合同。UPA为哥伦比亚制作的首部力作《罗宾汉》（*Robin Hoodlum*）获得了巨大成功，并为工作室赢得了奥斯卡奖的提名。

1948

老约翰·惠特尼加入实验电影大赛：
老约翰·惠特尼（John Whitney Sr.）参加了比利时的第一届国际实验电影竞赛。

辑的阶段却被打乱。很快，随着电脑的出现，故事家们发现了一种定位他们的故事板的方法，既能让人出奇不意，也不会在编辑时被破坏顺序。马克·科特斯尔解释了他们怎样想出了这个新的表达方式：

> 我们制作故事板的流程就像在20世纪20年代那样——大木板上被钉上这些小块故事面板。他们不想让我们跟着编辑亦步亦趋；就像动态预览那样，也是我们做的，因为我们需要为故事板计算时间。所以，其中一个想法是，只要把它输入到电脑程序中并进行逐帧编辑。我们把所有的故事面板输入到程序中，每一个镜头是一帧，你通过点击键盘上的"下一帧"（Next Frame）按钮来对它进行浏览，并用这种方式进行定位。有趣的是这样做时，人们不能提前进行观看。帧与帧之间在切换，而且你能看到它是如何切换的，而往常我们是看不到的。这其实是一个简单的动态预览，因为还未进行时间编排。然后，你就可以通过每一块故事板的停留时间来感受对时间的控制。

动态预览能帮助你去理解故事的步调和剪切点的节奏。如果你要继续参与动态预览阶段，作为一个故事人你必须和剪辑师密切合作，因为他对于电影如何被剪辑拥有最后的发言权。如果你想在那里设置一个情节，你必须说服剪辑师来明白它的作用。

真人实拍电影的导演要想过渡到动画制作，将会有一个十分困难的时期，因为动画的流程是如此复杂，需要预先通过严谨的故事板和视觉预览。一个快速、松散的故事板绘制要比实际制作动画部分快得多。真人电影导演习惯于一个故事板的动态预览，然后进入拍摄胶片阶段，而当他到了现场可能又会临时改变方案。对于CG和传统手绘电影来说，当进入实际生产以前，脚本就应该已经被确定并已通过动态预览。这样的工作花费很多金钱和时间，所以规划是很重要的，就像安琪·格洛克所说的：

> "动态预览是完全不可缺少的，无论是对于完全的动画电影和还是对于特效电影。它们给导演和剧组人员提供了一个共同的参考点，让他们以此为参照进行工作、并有机会检查三维空间中的脚本动作和时间控制。它对于整部电影流程中每个部门的人员都是有用的，从试验样本艺术家、摄影指导（D.P.）和演员，一直到剪辑师。"
>
> ——比尔·怀特

1948

华纳兄弟推出"哔哔鸟"：1948年的《快腿鸟和歪心狼》（*The Fast and Furry-ous*），是华纳的《乐一通》系列中第一部出现了"哔哔鸟"（Road Runner）和"大野狼"的动画片。它为这个动画系列设置了这种模式：大野狼总是试图通过许多陷阱、计划和工具捉住哔哔鸟。

1949

《都是臭味惹的祸》获奥斯卡奖：《都是臭味惹的祸》（*For Scent-imental Reasons*，华纳兄弟出品）赢得了1949年奥斯卡最佳短片单元卡通类金像奖。

45

> 你需要一个动态预览来调节动画与声音之间的时间配合，它还让你对故事如何进行有了一个更强烈、直观的感受。当真人电影导演转移到动画上来，他最难做到的事情之一是，一切都将提前进行计划。在真人实拍中，你只需随便做个10分钟的动画，只要导演看明白就行，而在动画制作中不能这样。

现在，当镜头被创作完成时，人们可以看到它们被剪切组合在一起，这是一个伟大的革新。电影活了起来。一些CG工作室甚至能够运用电脑技术来预览整部电影。在这里，动画师们利用摄影机和场景中的人物设计出镜头的粗略的形式。视觉预览步骤仅仅是对故事的压缩、对动画的时间控制以及剪切。一部百分之百的CG动画电影中的视觉预览步骤，对于真正理解画面内的所有状况，包括摄影机的运动和角色互动，都是十分重要的。

如果制作像《抢钱袋鼠》或《精灵鼠小弟》这样的电影，利用真人实拍画面层，一个动画人物必须与一个预先拍摄好的人物或场景互动。在这种情况下，视觉预览对于使所有要素相互关联同样重要。有时导演甚至会安排一个动画师在拍摄现场，将CG人物放置到场景中去，来让它与真人表演相互配合。这将有助于导演安排设计那些不在拍摄现场的东西——除了使用替身或某个象征性物品之外。

如果在这种情况下视觉预览被跳过，那将会占用更多时间在动画步幅的调度上，而这只是为了试图安排好角色的位置，因为需要与已经拍摄完成且位置被锁定的真人画面、布景和人物相关联。有时，在拍摄现场会采用一个想象中的动画角色的视角——用于帮助取景和确定眼神的方向。许多真人导演因在拍摄后发现画面没有为角色安排出正确的构图而受挫。视觉预览即可帮助解决这些问题，并让镜头之间相联系。

其他一些生产真人实拍和CG结合的产品的工作室甚至发展到了给镜头"动作编排"（Choreo）的阶段。"动作编排"动画师对于视觉预览的运用更为深入，他们待在摄影棚里，配合以正在拍摄的胶片制作出动画。这种快速的反馈使导演能看到摄影机的选择和剪切点是否合适。"动作编排"意味着所有的细节，甚至手指和面部特征都能被触及，尽管只是一个大致的雏形。这种方式对于动画师来说是让人激

1949
泰克斯·艾弗里导演了《倒霉的黑猫》：有两个因素使《倒霉的黑猫》（Bad Luck Blackie）脱颖而出：首先是它那以反复使用插科打诨来升级剧情变化的经典动画风格；不过，这部卡通片忽视了一个镜头，就是史派克将他的头伸出管道的地方，出现了一个亚洲人的脸孔，这里出现了敏感的种族歧视。

1949
鲍勃·戈德弗雷进入动画界：鲍勃·戈德弗雷（Bob Godfrey）进入电影界，他后来被称为"荒诞大师"。戈德弗雷专攻2D媒体，往往结合技术而生产快节奏的、活泼的、具有特别智慧和尖锐的电影。

动的,动画因此被高速地生产,它运作良好但是预算更少。它也更接近于用传统方法进行动作测试,因为整个动态线被制定时细致到手指、脚趾和附属物,而取代了动画中的分层。汤姆·卡皮齐解释了一旦电影中的大多数镜头已通过了动态预览,放映时就可以帮助导演看到观众的反应:

> 动态预览正越来越多地在动画电影中使用。紧随着生产的继续,由故事板画面创建的手绘的动态预览,不断地随着最新的动画镜头而更新,以使镜头和故事的组接越来越严密。在所有的动画制作完成以前,动态预览是一个着色的(有时部分渲染)、纯粹的动画影片。这甚至可以用于试映并对市场进行测试。有些影片依靠部分的故事板在视觉预览中被做成动画,因为在声音加入之前,那些序列帧的时间编排必须是完美的。

动态预览和视觉预览步骤是迪斯尼多年前开发的故事板的形式的演变,对于今天的电影制作者来说它们是不可多得的工具。剪辑(Edit)阶段被用来雕琢故事,而动态预览和视觉预览帮助整个团队简化和锁定整个故事和电影的范围。唐·沃勒阐述了对于动画而言,这些工具均优于迪斯尼的故事板程序的原因:

> 我相信动态预览比仅仅是手绘的故事板更有帮助,特别是在涉及快节奏的动作时。剪辑中许多部分可以通过动态预览进行复杂的制作,并作为对真人表演拍摄的指导。当然,对于动画来讲,剪辑和时间控制可以精确到帧!

所有这些添加的步骤(动态预览、布局、工作簿、视觉预览和动作编排)已经随着数字电影制作的到来而出现,这些步骤最初是为了完善叙事进程的。然而,人类的天性就是这样,用所有这些步骤,创造了一个非常复杂的审核系统。在过去,经核准的故事板将直接进入布局,并从那里开始制作动画。简而言之,故事板的进程已演变成一套复杂的步骤,目的是希望能做出一个更好的故事。作为视觉化讲故事的最快捷途径,绘画将永远不会被取代。电脑只是协助人们看到时间控制、节奏和影片的剪辑。有时,到最后,它们需要一个更长的审核过程。

1950
《杰拉德·麦克波-波》获奥斯卡奖:《杰拉德·麦克波-波》(Gerald McBoing-Boing,UPA出品)获得奥斯卡最佳短片单元卡通类金像奖。它本来是一个艺术上的尝试,企图让动画脱离那种已被迪斯尼发展和完善了的超现实主义。

1950
脱线先生的首次亮相:脱线先生(Mr. Magoo)的首次亮相是在卡通短剧《爵士熊》(The Ragtime Bear)中。观众很快就意识到真正的明星是"脱线先生",他是当时好莱坞作品中为数不多的"人"形卡通角色。

在你看到故事板以前,我们要对故事板做最后一个结论——强化主题。我们不得不把它说得很充分。故事的中心思想对于创作出简单明了的故事板是至关重要的。戴林·麦高恩告诉我们如何制作一个强有力的故事板:

好的故事板无非就是了解和进入故事。当你了解了剧情,并将电影制作基于故事本身时,镜头的连续、节奏和剪切等等便会自然地展开。

按照故事的中心思想,你将创作出坚实的故事板。
故事板必须:

◆确保你的镜头表述清晰
◆有一个好的想法和一个好的故事
◆为你所描述的情节画足够多的故事面板
◆绘制出场面气氛
◆知道选取怎样的情节点
◆对故事中的信息作出支撑
◆不要让摄影机做不必要的运动
◆用足够长的时间来让观众对你的人物产生共鸣
◆记住在故事的整体结构中,图像认知和场面调度的重要性
◆有效地估计节奏和时间的控制
◆画出镜头序列中的重点

"不要在镜头的序列中添加太多东西而导致观众被混淆。明确性应该提高优先权,因为如果一个镜头或一组连续镜头没有被清晰地表达,那么,观众将在故事中迷失,而那将破坏任何一部电影。"

——卡洛斯·巴埃纳

意图和本质

在制作故事板工作时你应该进入到这场戏的高潮段落,并从那里开始创作。例如讲述这样一个故事,一个男人正在淋浴时电话铃响了,这时你会表现出他在冲澡、然后抓住一条毛巾、围上毛巾、走出去、然后边踱步边接电话吗?或者,你会表现他围着毛巾浑身湿淋淋地接电话吗?进入问题的核心,并简明扼要地描述它。

1950
《十字军兔》是首部电视卡通系列:保罗·特里的侄子,亚历克斯·安德森制作了《十字军兔》(Crusader Rabbit)。它是第一个特别为在电视上播放而制作的卡通系列产品。

1950
迪斯尼的第十二部长片《灰姑娘》:《灰姑娘》(Cinderella)改编自童话《灰姑娘》,故事主要来自夏尔·佩罗(17世纪法国作家,其童话集《鹅妈妈的故事》比《格林童话》早一个多世纪出版,其中收录了《灰姑娘》,中译者注)的版本。

1950
迪斯尼的第一部真人电影《金银岛》:《金银岛》(Treasure Island)是迪斯尼的第一部真人实拍电影,也是首部电视特辑。

　　故事板、动态预览和视觉预览应该清晰易懂，而不要让任何人边看边环顾四周并问："那是什么？"在每个镜头中，情节、连续性、视角或观点都应如此明确，你甚至不需要知道对白声音就知道故事是怎么回事。声音和图像应互相辅助以让故事展开。拉里·温伯格是这样谈声音和图像的：

> 　　不要在同一时间强调声音和图像，除非在特殊情况下。当图像很简单时，让声音发挥作用。而当声音强大时，保持图像的简单。

　　声音和图像应在影片中相互补充。现在让我们谈一谈剪接。

处理剪辑和摄影机调度

　　剪辑师的报酬高是有原因的。他们知道如何采用毛片（Raw Footage，指未经编辑的原片）剪辑出完全不一样的电影。真人电影可以多拍出大量多余的胶片，最后被扔在剪辑室的地板上。动画却没有这一步骤的预算。因为这会使动画电影的成本变得相当昂贵，无论是CG还是手绘。你可以用镜头的剪辑来控制观众的眼睛看向哪里。最好的剪辑是让故事情节保持其节奏引人入胜。用镜头剪辑讲述故事非常接近于制作动画时的讲故事方式，正如卡洛斯·巴埃纳所解释的：

> 　　我认为，分切镜头、一组镜头、场面构成和剪辑，它们与我如何思考动画中的元素，两者是类似的方式。镜头和镜头组就像动画镜头，有着自己的步调，有自己的特征、语言、以及自己的个性。一些镜头组节奏缓慢，而其他组则速度很快。这一切都取决于故事讲的是什么，以及你想用怎样的方式来讲它。

　　要将摄影机的视角切换到另一个角度，其最佳时机是一个动作正在进行的时刻。如果一个人物正在做出面部表情而没有移动他的身体，那么此时的剪切将破坏表演。如果剪切时人物身上没有动作发生，这个切换也会让人感到死板和缺乏活力。当我们说话、做手势和转身时，我们要做出动作；如果你的动画没有表现出这一点，那你的角色就像是个加上了会说话的脑袋的冰棍。当角色做手势，或当他走向另一个角色以保持节奏的活泼，这时，你可以剪切。

电视艺术制作闭幕：电视艺术制作源于动画师亚历克·安德森为电视节目制作动画系列的想法，安德森在特里工作室工作，杰伊·沃德则为这个项目融资，并作为商业经理及制作人与安德森一起创立了电视艺术制作。

《两只击剑鼠》获奥斯卡奖：《两只击剑鼠》（*The Two Mouseketeers*，米高梅出品）赢得奥斯卡最佳短片单元卡通类金像奖。这是"击剑鼠"短片系列中的第一部，但原本只是打算作为一次性题材。

　　"从一个镜头切到下一个镜头应该始终是流畅的。对于正通过（某些具体的）视觉图像而被故事所吸引的观众来说，镜头切换时出现的任何跳跃或中断都会导致他们的注意力分散。理想状态是，让你的剪切点"看不见"。当然可能会有小小的无聊，过度的重复性镜头将导致失去观众的注意力。另一个重要的诀窍是，保持让镜头的切换跟随观众的关注点，也许是镜头内的角色或是一个消失点或任何什么东西，试着使用它们，以便让观众不必在一个接一个的剪切点中感到混乱，而是立刻能发现导演希望他们看到的信息。不要让任何东西集中在你银幕的正中间。让画面构成呈一个不对称的格调，你的观众会希望你这样做。想找到一个吸引观众的镜头的例子吗？看看奥森·威尔斯（Orson Welles）的《第三个人》（*The Third Man*）中的任何一组序列镜头吧。斜角镜头（Tilted Camera，又称Dutch angle）似乎看起来被夸大了，但这种镜头创造了强烈的紧张感和故意的丧失方向感。这正是电影制作人所期待的。"

——乔·斯科特

　　作为一个动画师，最好是同时创作几个联系在一起的镜头。不幸的是，生产计划可能不允许你这么做。因此，如果你在制作一组镜头，它们需剪接到另一动画师制作的镜头之前，那么你们的沟通就尤为重要，以确保这些镜头之间的连续性是明确清晰的。

　　在CG电影中，很多时候你可以更改摄影机的位置，并改变镜头的调度。这是CG中的一个重要元素，它能使CG动画电影比2D和CG/真人结合的电影更有意思。然而，这种能够让你随心所欲地移动摄影机的能力也是一把双刃剑。若导演不懂得如何调配摄影机，那么他在对摄影机的选择上便会面对一个无限广阔的范围。他可能会问你："我可以从另一个角度看这个角色吗？"他们不明白，你发掘这些角色动作的娱乐价值，其实是在对摄影机的选择的基础之上。如果突然导演希望从一个完全不同的角度看这个角色，那么你原先的工作成果就白费了。在2D中是没有这种选择权的，因为改变摄影机角度就意味着不得不重新绘制这个镜头组的每一帧。CG结合真人实拍的电影也没有这种改变摄影机调度的灵活性。在真人和CG相结合的电影的镜头里，你是被锁定在一个角度内拍摄的。在一个百分百的CG电影中，剪辑师根据胶片记录进行剪辑，而当影片被剪辑时剪切点可以大幅度地改变。在动画中，故事板会更加详细，而通过对镜头起始和结束的多余胶片长度的设定，那种可以随

1951

彩色电视推出： 1951年，彩色电视被首次推出，同时1500万台电视机在美国生产。动画电视广告已成为这一产业的重要部分。

1951

电影银幕卡通家联盟： "电影银幕卡通家联盟"（Motion Picture Screen Cartoonists Union）在纽约地区841号注册。

1952

《约翰老鼠》获奥斯卡奖： 《约翰老鼠》（Johann Mouse，米高梅出品）荣获奥斯卡最佳短片奖单元卡通类金像奖。它是《猫和老鼠》系列中的一部卡通片，其灵感来自于维也纳作曲家小约翰·施特劳斯的工作。

意进行剪切的能力被限制了。大多数动画片会规定镜头的开始和结尾多出4到8帧留给剪辑师，以备剪切之需。如果摄影机和调度不是随随便便地、而是认真按照严格的顺序来设计，那么这是最好的，因为目前考虑的这个镜头将会影响到所有前面和后面的镜头。不管你的导演想让摄影机放在哪里，关键是在发生动作时进行剪切。克里斯·贝利解释了如何在动作中使用调度和剪切来创造更有力的镜头：

> 构建你的镜头，在人物运动时进行剪切。动画师对于他们的镜头剪接在一起有着很大的控制权。在真人表演中，表演者在他们的镜头开始之前多走一步，这样使剪辑师能够利用动作从一个镜头切到下一个镜头。在动画中，我们却极为频繁地从静态画面切换到另一静态画面而没有任何理由。尽管有动作的连续性，但场面仍感觉死板，这是因为角色在镜头内完成了他的动作并停了下来。这就是为什么，只要有可能，我就希望动画能够制作一组连续的镜头，以使他们能够在其镜头序列中建立一个节奏。总的来说，我的建议是有百分之三十的动作（如转头、从椅子上站起来等等）放在剪切点的B侧，而百分之七十的动作放在剪切点的A侧。

去了解摄影机在哪些地方会涉及你的镜头和人物，这十分重要。你必须明确摄影机在哪儿会涉及布景和你故事板中人物的动作。如果不明确这一点，你不仅会失去观众，动画师也将很难创造出连续性。如果摄影机的切换不明确，这个故事将是晦涩难懂的。有一个电影规则叫做"180°原则"（180-degree，即轴线原则，译者注），拉里·温伯格解释了怎样使用它来保证你的剪切点清晰明确：

> 当规划你的剪接时，永远记住"180°原则"。在场景中总是有一条假想的运动轴线。接下一个镜头时，摄影机不可以跨越这条轴线，因为那会给人一种错误的感觉。你可以在一个镜头中处于轴线上方，然后在接下来的镜头中越过它，但不要只用一个剪切点就越过轴线。

我们只是简单地涉及了电影艺术中的基本规则。我们建议你看看由约瑟夫·V·马斯赛里（Joseph V. Mascelli）编著的《电影艺术中的五个"C"：电影的拍摄技巧》[*The Five C's of Cinematography: Motion Picture Filming Techniques*，希尔曼-詹姆斯出版社（Silman-James Press），1998年]，作为参考书籍。

1952

IATSE（动画行业协会）：好莱坞的卡通家们通过投票表决，决定组成"国际戏剧和银幕工作者联盟"（IATSE，即International Alliance of Theatrical and Screen Engineers）。"电影屏幕卡通家联盟"（The Motion Picture Screen Cartoonists）在当地#839获得特许，其特许的签署人是米尔特·卡尔、莱什·克拉克和约翰·亨奇。

1953

《嘟嘟,嘘嘘,砰砰和咚咚》获奥斯卡奖：《嘟嘟,嘘嘘,砰砰和咚咚》（*Toot, Whistle, Plunk and Bloom*，迪斯尼出品）赢得了奥斯卡最佳短片单元卡通类金像奖。这部电影是对《糊涂交响曲》的回归，并在此基础上建立了现代风格。

1953

最后的米老鼠电影：《简单的事》（*The Simple Things*）是最后一部米老鼠的卡通片，它创作于所谓的"经典迪斯尼卡通时代"。

品味这一时刻，但不要太久！

如果镜头被剪接在一起采用的是音乐录影带式的急速风格，你将失去一些能真正说明表演的最好时机。当然有些时候，快速剪切将加强戏剧性的动作场面，但使用此方法时必须小心。有时候，你会真的想放慢下来，仅仅希望品味这一时刻。品味一个时刻，是在一个主题上延迟足够长的时间，以将这一镜头的观点传递给观众。在一些惊险动作片中，一部分这种时刻将由你根据真人实拍胶片剪辑后的长度而决定。但是，如果你已经对故事板中每个镜头该是多长作了控制，那么如果可以的话将之付诸行动，所以你一定不要在一个太短的镜头里压缩太多的动作。你不必把一部电影剪切得像一个音乐电视，因为你有足够的时间讲述这一故事。安琪·格洛克告诉我们，她是怎样观察动作片的镜头切换得过快的：

> 对于动画来说，这一点非常重要：确保给予你的角色足够的时间来实施一场戏，同时没有任何的不自然；例如，我看到很多飞行超人，他们看起来动作太快且不真实，因为没有人去估计做这些跳、飞和着陆到底需要多长时间；所以飞行部分的动作被压缩了，它看起来是虚假的，然而，为了和真人实拍部分相结合，剪辑师是逼不得已来剪辑这些电影胶片的。

有时你要保证镜头有足够长的时间，而有时却相反，你可能因一个镜头停留过久而出错。节奏是讲好一个故事的关键。品味那一刻，而不要太长！如果将你的相机保持很长的一段时间静止不动，而这个镜头本身表演的动作也很少的话，观众将会觉得无聊。倾听镜头中的对话，试图想象如果你是在那个镜头里的话，你的眼睛会自然地看向哪里。尝试在你的剪接中这么做。你需要控制观众看向何处，所以把握好故事前进的轮子并引导它以正确的方向及正确的时间进行。关于如何使你的剪切点明确有力，汤姆·卡皮齐知道得更多：

> 剪切点的设置应使观众的注意力很容易从一个镜头转移到下个镜头。基本上，只要观众有足够的时间看他们的手表，你就已经剪切得太慢了。需要有一定的时间以确保观众能从情绪性场面或动作场面中恢复过来，而那些长时间的摄影机移动，只有当它们能够支持故事时，才能发挥其"炫耀"环境的作用。避免长时间的停顿，除非有特殊原因需要暂停——否则，就剪掉它！

1953

迪斯尼的第十四部长片《小飞侠》：《小飞侠》（*Peter Pan*）是迪斯尼通过RKO公司上映的最后一部动画长片；在1953年年底以前，迪斯尼建立了自己的经销公司——布埃纳·维斯塔经销公司。

1953

《疯狂鸭子》给角色带来可识别的个性：《疯狂鸭子》（*Duck Amuck*）是1953年的一部超现实主义动画卡通片，由华纳兄弟出品，达菲鸭主演。依照导演查克·琼斯的想法，这部电影首次证明了动画也可以创造出具有鲜明个性的角色。

当选择剪切点的时间时，你还必须知道镜头是如何调度的。镜头调度将强调你的角色的情绪，并将引导观众的视线转向你想让它们去的地方。一个俯视的摄影机角度将使人物看起来温顺而弱小，而一个仰视的摄影机角度将使人物看起来具有权势和威胁性。而最能创造出观众移情作用的摄影机方位是和角色眼睛水平的位置。当摄影机和我们处于相同的水平线上时，我们更能感受到角色的困境。

娱乐！不要忘记，我们是在娱乐行业。不要让你的观众感到乏味无聊
（插图：弗洛伊德·诺曼）

1954
《当脱线先生起飞时》获奥斯卡奖：第一部"脱线先生"（*When Magoo Flew*，UPA出品）的宽银幕立体声（CinemaScope）卡通片荣获奥斯卡奖最佳短片单元卡通类金像奖。

1954
动画短片被出售给电视进行播放：主流工作室开始将他们的动画短片销售给电视企业联合组织。

1954
"大嘴怪"的出现：大嘴怪（Tasmanian Devil）的第一次出现是在1954年罗伯特·麦金森的《兔八哥遇上大嘴怪》（*Devil May Hare*）中，在片中他与兔八哥发生了争吵。

关于品味某个时刻并决定你的镜头长度的最后一个思考：作为一个动画师和故事艺术家，如何找到使这一时刻具备娱乐性的最佳途径，将由你来决定。有时一个让人恼火的局面如果被处理为一个安静的时刻，可能会让人觉得更有意思。幽默是非常重要的。在那里放上一个笑话是好的，但不要一遍又一遍地重复同样的笑话，因为它已经不新鲜了。特洛伊·萨里巴有个故事，他发现其实在一场戏中，使用安静的节奏来品味一个时刻会更加有趣：

> 我看过的做得最滑稽的一段动画，其实是在澳大利亚的迪斯尼频道。片中有一个场景是高飞狗的邻居，一个坐在卡车里的肥胖而霸道的家伙，刚刚开车越过一个悬崖。这时切换到特写镜头，透过挡风玻璃看见高飞和驾驶的家伙。高飞看着司机，这是一个静止不动的画面层。开车的那家伙看起来真令人作呕。司机一边信口开河一边伸手去够一个开关，然后你看到挡风玻璃雨刮器停了下来，车消失在悬崖上。这几乎是一个静止的画面。这是个极好的电影式的讲故事方式，因为你没有看到画面切到这家伙转动开关的镜头。他只是在那里，说得滔滔不绝。然后，只看到挡风玻璃雨刮器停止了。接着，一个声音上的暗示——"咔哒"——于是汽车消失了。这里的故事板要求所有关于疯狂高飞狗的元素都继续出现。无论这个点子是一种喜剧效果，还是动画师曾对自己说过："我要在本周把车的时速再上提10英尺。"他就是决定这么做了。它是我这辈子见过的最疯狂搞笑的事情。我看了它以后大笑了有10分钟。

请记住，娱乐性的高低取决于你如何去表现它。镜头的长度，以及你如何设计角色的表演，都将为你的故事增添娱乐性。

电视与电影的故事板比较

在你给电视和电影创作故事板时，这两者会有一些区别。第一个不同点是，电视通常不像电影那样过多地表现动作，除非要表现的是超级英雄。电视往往更多地依靠对话驱动故事发展。这时候，"品味一个时刻"的规则尤为重要。如果你不希望动画中让人感觉充满了对话的脑袋，那么去研究怎样设置动作。通过将实际时间像表格一样分配给每个镜头，电影趋向于开发出更多的电影叙事的能力。乔·斯科特阐述了更多关于电视和电影的故事板之间的不同：

1954	1955	1955
《动物农庄》是首部英国动画长片：英国的第一部完整长度的动画电影《动物农庄》（*Animal Farm*）改编自奥威尔的同名小说。	《飞毛腿冈萨雷斯》获奥斯卡奖：《飞毛腿冈萨雷斯》（*Speedy Gonzales*，华纳兄弟公司出品）赢得了1955年奥斯卡最佳短片单元卡通类金像奖。	迪斯尼逐步淘汰短片以及迪斯尼乐园开业：迪斯尼开始逐渐停止短片的生产，因为其成本已经上升到每部75 000美元。迪斯尼乐园也于同年揭幕。

电影提供了更为电影化的调度的方法，以及更长、更现代的故事节奏，和通常多得多的工作时间来充实每一张画面。电影的故事板画家通常以一组连续的镜头序列为单位进行工作，甚至是序列中的序列。当他们概略地画出一个局部时，不会有那种插曲式的回忆画面。任何优秀的故事板画家都会通读整个脚本并熟悉整个故事的前后脉络。然后，他们必须把精力集中在这个故事的某一局部上，他们总是考虑着如何让这一局部去适应整个故事，而让故事成为一个完备的整体。CGI动画允许故事板画家比以往任何时候都更加雄心勃勃地去思考复杂的摄影机的运动，而这最终将增长他们对于拓展其叙事技巧的信心。

另一个在电影与电视中创作故事板的很大的不同在于其大小尺寸。画面的宽高比（Aspect Ratio）可极大地影响到一个镜头的组成。电影提供了一个更大的宽高比和更大的空间来用以发挥。在电视中宽镜头很少因叙事目的被采用。利用其片长规格的特点，电影还提供了更多的时间来讲故事。电视媒体牺牲了电影的那种史诗般的品质，而将叙事更加集中在了对视听和剧本这两者共同的选择上。尽管这两种媒介提出了不同的问题，大卫·史密斯却解释了为什么最好的故事板画家能够对这二者同时胜任：

宽高比直接影响了创作。当你在电视中说明一个想法时，你可能必须勉强接受用一个强大的画面呈现来模拟这一想法。电视和电影两者之间的差异是显而易见的。讲故事所必须的时间——也就是电视节目的22分钟相对于电影的若干小时——有着天壤之别。后者当然有时间达到更高的深度以及表达出角色更多的思考、行动和感觉，随后，它们将不得不反映在你实际的绘制和调度中。重要的是，每种媒介都是了不起的、令人愉快的且有价值的。大家都知道，电影的威望超过电视，而我们的行业有时会让步于这一点。但顶级的故事板天才是对两者都能游刃有余的。

1955

"甘比"的首次出现："甘比"（Gumby）在1955年的短剧中首次登场，片中出现了多个类似的黏土动画角色。"甘比"于1956年出现在《好迪嘟迪秀》中，并在1957年获得了它在全国广播电视台（NBC）的系列专栏。

1955

特里通公司被出售给了哥伦比亚广播公司（CBS）：保罗·特里以350万美元将特里通公司出售给哥伦比亚广播公司并退休。20世纪福克斯公司继续上映其电影。

1955

泰克斯·艾弗里返回华特·兰兹工作室：艾弗里返回华特·兰兹工作室后并没有持续多长时间。他从1954至1955年间执导了四部卡通片，虽然其中的两部获奥斯卡奖提名，最终艾弗里还是因薪金上的纠纷而果断地结束了其戏剧动画的职业生涯。

电视动画的片长较短，而商业广告是一个更为集中的模式。将60秒或30秒的广告对比22分钟的电视节目，这意味着你的故事板的叙事必须言简意赅。商业广告的故事板通常是比较成熟的，表现出丰富的色彩和精致的画面。广告的故事板更加详尽和深思熟虑，因为它的预算更小而且时间安排更短。必须有一个非常明确的画面想象。商业广告将涉及许多缔约方的批准，所以此时的故事板成了要推销的概念的一部分。在商业广告中，工作人员有导演、客户、代理处、社论办公室，以及提供特效或动画的工作室，以上所有人都将参与这一进程。好吧，让我们在这里暂停一下，来让大家明白在电影制作中，没有比画故事板更令人沮丧和高要求的工作了。大多数的故事艺术家在他们的职业生涯结束以后，都需要一个长期心理治疗的过程。然而，不幸的是，那些参与商业广告的故事板画家早在其职业生涯结束之前，就已经失去心理健康了。电视与电影的故事板的最后一个区别，在于其计划时间限制。总的来说，任何一种媒介的故事板都不应当局限于此媒介或超出此媒介的范围。然而，电视的计划时间限制要严格得多，对故事板画家的挑战更大，就像乔·斯科特所解释的：

> 好的叙事不能局限于模式。尽管如此，让我现在收回这句话。显然，一个很大的不同在于计划时间表，这会限制用于设计的时间和对于单格的故事面板的重视。当然，一份电影的计划时间表将允许你用更多的时间，来充分形成你的想法，但任何值得用故事板表现的想法，都能够而且应该在给定的计划时间内被认真对待。有时候电视的计划时间表是残酷无情的。用3个星期将10至15页的剧本绘制成故事板，这不是个少见的最后期限。它是一个量很大的工作，但为了在最后期限内完成，精明的故事板画家知道如何节省他的劳动量，并确保取得必要的故事信息而精简与故事无关的东西。这就是电视制作时间表的现实情况。它会牺牲故事的质量吗？绝对不会。你将学会使用缩写速记式的故事板来绘制出同样具有魔力的故事。或者你也可以像许多故事板画家那样，熬夜完成你22分钟的杰作。

尽管如此，有时电视故事板画家的要求可以压倒一切，这是因为由于海外生产的需求和成本的削减，导致现在的故事艺术家必须将以前由布局和动画姿势设计人员做的工作一并完成。格式、宽高比、时间表、技术和资金全都影响到故事板在两种媒介中的发展。通过认识电视和电影故事板的差异，我们可以利用两者的优势，以更有效的方式讲述我们的故事。

1955

密歇根·J·青蛙的推出： 华纳兄弟公司在1955年推出《青蛙之夜》（One Froggy Evening），一部6分钟的染印法彩色动画短片，作为其《欢乐小旋律》系列的一部分。查克·琼斯后来被称为无名的密歇根·J·青蛙（Michigan J. Frog），在最初的短片歌曲之后，密歇根蛙后来成为华纳公司网络上的吉祥物。

1956

故事板公司成立： 约翰·赫布利和费斯·艾略特创办了故事板工作室（Storyboard Studios）。由于拒绝在非美活动委员会出庭，赫布利被迫在1952年离开UPA。他于翌年创立故事板工作室并制作商业广告，但他常被迫放弃一些更令人兴奋的项目，因为他的名字仍在黑名单中。

讲故事

　　不管你讲的故事是在电影、电视、商业广告还是短片中，它们适用于同样的规则。在你的头脑中保持情节结构的明确，你能清楚地看到开端、中间和结尾，你就会写出一个坚实的故事。娱乐性会增强可信度，且比现实主义更有趣。突出强调人物的愿望、成长和角色发展线，能够使你的故事更真实。记住背景故事，但没必要把所有的背景故事都放到你的故事中。当你在写一些重要方面时，背景故事将帮你强化你的角色是谁以及他们想要什么和需要什么。当你写作时，记得要依据故事的中心思想。保持你的清晰思路。调度镜头使它们加强故事的主旨。使用故事板来缩小故事的重点，并用电影化的语言来讲述它。记住图像认知的重要性和你整个画面的调度。引导观众去观看你想让他们看到的。请不要将摄影机做不必要的四处移动，而且一定要用足够长的时间来品味一些时刻，让观众移情于你的人物角色。没有理由的摄影机移动将使你的观众从故事中抽离。在CG中，动态预览、视觉预览和动作编排，将防止任何剪切或连续性方面问题的出现，从而为你在动画阶段节省大量的时间。

　　作为一个动画师，讲故事的本质就是你的日常生活。尽管如此，已经听到许多动画师这么说："我是一个动画师，而不是作家。为什么我需要知道关于故事的事情？"了解创作一个好故事的组成部分，将有助于你作为一个动画师的工作，另外还能帮助你提高情节设计的水平。如果你在制作动画时同时考虑到故事，它将使你的人物表演更加丰富，而这种丰富性，在那些只是试图满足某个情节的基本需求的人的作品中是找不到的。在你绘制动画时，你将与你的人物感同身受。你在通过人物的动作讲述故事。为了让情节完全地适应故事，你必须了解人物和他的动力与需求。你还必须移情于这些人物及他们的需要，即使你是在绘制一个恶棍。在你的头脑中证明这些需要的真实性，你便掌握了你手头这个情节的核心。人物应该是有血有肉的，需要让观众感到故事中的人物是真实的。了解如何讲一个好故事将给你的动画以极大的帮助。归根结底，故事将由人物和人物的欲望充实起来。结果会怎样呢？你成了一个"角色"动画师。

---

[18] http://imdb.com/title/tt0317705/plotsummary.

[19] 米尔特·卡尔（Kahl, Milt）.《在动画的日子里》(On Animation). 1979年. 在其目录6中，卡尔谈了迪斯尼和故事.
http://www.dazland.com/sewardmirror/miltcd%20-%2006%20-%20disney%20and%20story.mp3; http://www.dazland.com/sewardmirror/miltkahl_tracks.htm; http://jrhull.typepad.com/seward_street/multimedia/index.html.

1956

《脱线先生的小车》获奥斯卡奖：
《脱线先生的小车》(Magoo's Puddle Jumper，UPA出品）获得1956年奥斯卡最佳短片单元卡通类金像奖。

1956

第一部黄金时段的动画电视节目，《杰拉德·麦克波-波》：《杰拉德·麦克波-波》(The Gerald McBoing-Boing Show，UPA出品）是一个动画电视系列节目并播出了一季。该计划被证明过于昂贵，所以只持续了3个月。其剧集在1957年的夏天被重播，所以，它也成为第一部定期在黄金时段播出的卡通系列。

索引1：加强故事

- ◆ 保持你的情节明确
- ◆ 娱乐性将增加可信度
- ◆ 记住愿望、成长和角色发展线
- ◆ 背景故事将强化你的人物是谁
- ◆ 写作时须遵循故事的主题
- ◆ 使用故事板来缩小故事的重点

索引2：故事板须知

- ◆ 确保你的镜头表述清晰
- ◆ 有一个好想法和一个好故事
- ◆ 为你所描述的事情创作足够的画面板
- ◆ 绘制出场面中的气氛
- ◆ 知道选取怎样的情节点
- ◆ 支撑故事中的信息，而不仅仅是故事本身
- ◆ 确定你绘制了适当数量的画面
- ◆ 不要让摄影机做不必要的运动
- ◆ 品味足够长的时间来让观众对你的人物产生共鸣
- ◆ 记住在你故事的整体结构中，图像认知和场面调度的重要性
- ◆ 有效地估计节奏和时间的控制
- ◆ 画出镜头序列中的重点

1956

安锡国际动画电影节，第一个国际性的动画电影节：在法国的安锡，第一个大型的国际动画节在戛纳电影节（Cannes Festival）的主办下举办。1960年，在法国电影推广联合会（Association Francaise pour la Diffusion du Cinema）的赞助下，它在安锡成为了一个独立的电影节。

1957

《鸟的烦恼》获奥斯卡奖：《鸟的烦恼》（*Birds Anonymous*，华纳兄弟出品）赢得了1957年奥斯卡最佳短片单元卡通类金像奖。

《拉夫和莱迪》：汉纳和巴伯拉被米高梅辞退；与乔治·悉尼（George Sidney）一起，他们开办了汉纳–巴伯拉工作室。《拉夫和莱迪》（The Ruff and Reddy Show）是他们的第一部电视系列片。

查克·琼斯的杰作——《歌剧是什么》：《歌剧是什么》（What's Opera, Doc?）是一部动画卡通短片，片中设置了6分钟瓦格纳的歌剧作品《尼伯龙根的指环》（Der Ring des Nibelungen）；与此同时让埃尔玛·弗德追赶着兔八哥，这是为数不多的几次弗德真正地成功击败兔八哥的例子之一。

第三章
精彩、糟糕、或是平淡无奇的角色

我们最喜欢的角色是谁？它必须利用我们对人物的困境和个性的移情和认同。我们认同弱者或者英雄，是因为我们在这个人物身上看到了同属于我们自己身上的东西。我们调查了本行业人员关于他们为什么会移情于某一特别的卡通人物的原因，下一页是一些我们得到的结果。

> "查理·布朗（'史努比'狗的主人，译者注）是我最喜欢的，因为人人都讨厌他，而他很清楚这一点。"
>
> ——戴林·麦高恩

这些列举可以一直继续下去，但问题是，正是一个人物的个性，使人们认同他。这是因为他们看到了人物身上的一些东西，正如他们在自己身上看到的。那么，是这些人物身上的什么东西使他们如此难忘？埃文·戈尔关于让人物如何成为令人难忘的角色提出了一些极好的建议：

你不是在控制你的角色，迫使它令人难忘，对我来说，这就像试图使你自己令人难忘——人们会认为你是一个狂妄的笨蛋。你可以让你的人物变得可爱：将他们的爱传递给他人，展示他们所尝试的最大努力，并突破他们自身的局限性。一定要给予他们局限性。你可以让他们是滑稽的、古怪的、独特的等等，可通过小小的手段比如一个口头禅或有特色的身体语言；而更好的方法是，从你实际生活中认识的人中发掘角色，而丢掉你从别人的作品里复制的那些成分。不要强求什么。说出真实的东西，因为真实的东西是最有趣的。

1957

汤姆·特瑞菲克在《袋鼠船长》中出现：汤姆·特瑞菲克（Tom Terrific）出现在《袋鼠船长》（Captain Kangaroo，哥伦比亚广播公司出品）节目的一系列五分钟的卡通片中，并在多年来重播数次。这一汤姆角色也于1957年刊登在6期漫画书中，其中有些故事的绘制出自拉尔夫·巴克什之手。

1957

ASIFA成立：ASIFA（国际动画协会）在法国成立并注册于联合国教科文组织，作为其中的一个会员组织，它致力于鼓励和宣传将电影动画作为一种艺术和传递信息的形式这一理念。它已成长为拥有1700多名分布于55个国家的成员的大型机构。

"大野狼。他受到了困扰。我也是。我快精神崩溃了。"

——埃德·胡克斯

"火星人马文，我觉得这个古怪、低调的角色是兔八哥最完美的对手。"

——安琪·格洛克

"达菲鸭。他给我们的教训是自尊和毅力。"

——大卫·史密斯

"兔八哥，我喜欢他的动画，也喜欢他的性格。兔八哥的动画一直做得很棒。同时，他有一种任何人都可能有所共鸣的个性。他是个失败者。但如果让兔八哥看起来愚蠢而无能，那就与他的性格太不相称了。他总是占有主动权，即使他失败了。"

——布莱恩·多利克

"至于最喜欢的人物，我不得不说兔八哥就是一个。他就是这么的粗鲁不敬，你需要忍受他那么多的肢体语言。我们在动画人物身上寻找着自己，而我就看到了我自己身上很多和兔八哥一样的东西。当然，我不会像女性那样地着装。嗯，反正不是经常。"

——弗烈德·拉蒙迪

"唐老鸭，他总是非常有趣。给人带来轻松、真实的感受。放一部唐老鸭的卡通，他出场了，不用管当时的情况、地点、时间，任何的因素——你只知道有东西要惹上他，于是他便会竭斯底里地发作。我总是发现错误行动是幽默的最佳来源。我们无法阻止我们称做为地球的这个蓝色巨球停止旋转，即使我们尝试过，但我敢肯定唐老鸭将不假思索地去尝试。更不用说，他还有着最好的卡通声音了。"

——利·雷恩斯

1958

《勇敢骑士兔八哥》获奥斯卡奖：《勇敢骑士兔八哥》（*Knighty Knight Bugs*，华纳兄弟出品），是一部1958年的《乐一通》卡通片，导演弗里兹·弗里伦，由华纳兄弟影业公司出品，故事讲的是中世纪的兔八哥大战约塞米蒂·山姆（在片中扮演黑骑士）和他的喷火龙。《勇敢骑士兔八哥》赢得了1958年奥斯卡最佳短片单元卡通类金像奖。

1958

《小岛》由理查德·威廉姆斯出品：《小岛》（*The Little Island*）是理查德·威廉姆斯（Richard Williams）自筹经费的第一部动画电影，这是一部讲述了半小时关于哲学论点的影片，片中无任何对白，它获得了多项国际大奖。

在创造令人难忘的角色时，你的主要目标就是从自己的经验中获取素材，并在以下两点保持真实和诚实：这些人物是谁、他们的愿望是什么，还要确保人物的发展和成长。

经典角色

经典的角色都是许多显著特征的混合，这些特征总能关联到我们自身并吸引住我们。一个角色必须具有某种形式的吸引力——造型上的（优秀的设计）和情感上的（强烈的个性类型） ——以获得观众的认同和支持。即使是反面角色也应具有这样的吸引力。正如观众希望这位英雄能得到他所寻求的东西，那个无敌的恶棍也能获得他所寻求的。一个成熟的角色在屏幕上脱颖而出，是因为他像一个真人那样行动。很多时候，这仅仅是简单地基于生存的需要。只是你的反面角色相信他需要生存的东西不同于你的英雄所需要的东西。观众会更加自然地被这些真人般的角色所打动，因为他们反映了人类的天性。

套用定型模式（Stereotype）与取材于原型（Archetype）是一对工具，你可以用它们来建立一个观众将立即认同的充分成熟的角色。《韦氏字典》（Merriam-Webster）将定型模式定义为"在一个群体内被成员所公认的标准化的心理模型，而它象征着一个过于简单化的评价、偏见或盲目的判断。"换言之，套用定型模式即是根据以往的经验，将一些人的意见加在手头的这个主题或角色上面。这会给现有的局面或角色以一种文化积淀，但根据你自身的经验它可能并不适用。在《韦氏词典》中，将原型定义为"原始的样品或模型，其中同一类型的所有事物都是其代表或副本"或"一个完美的例子"。因此，一个原型仍然会被一些人认同，但它无法承载定型模式所担任的文化积淀这一重任。

定型模式和陈词滥调是使人们很快理解整个想法的简便方法。你可以用一个定型模式来刻画你的角色，但你的刻画必须超越这个模式，要让角色成为一个立体的人物。取材于原型则是一个用于刻画人物的更好的方式，它不会被人反感，因为它没有社

> "原型是对此类意识的纠正，诸如这个人是谁，为什么他们会采取这样的行为方式。定型模式是社会的判断，也是一种集体意识。不要试图去创造一种可识别的人物原型。这种意图从来没有被实现过。忠于你自己的观察，而不要试图套用集体的意识。如果你的认识是真实的，你已经创造了一个令人难忘的角色。"
>
> ——大卫·沙伯斯基

1958

杰伊·沃德制作公司开业：杰伊·沃德制作公司（Jay Ward Productions）是一家动画卡通工作室，它因其制作的《飞鼠洛基与朋友们》（Rocky and His Friends）和许多其他电影和系列片而闻名遐迩。该公司还设计商标人物，并为诸如Cap'n Crunch、Quisp和Quake牌的谷类早餐等此类产品制作了海量的商业广告。

1958

哈克狗的推出：哈克狗由汉纳-巴伯拉公司制作，它是动画片《哈克狗》（Huckleberry Hound）中的明星。这个节目让汉纳-巴伯拉成了一个家喻户晓的名字，这都多亏了哈克狗和节目中的两个辅助角色：瑜珈熊和他的搭档波波，以及小精灵和迪克西，这两只小老鼠总是能找到各种新招来智胜金克斯先生的猫。

会的评判。他是那个隔壁的男孩？还是街上那个移民来的7-11便利店的老板？又或者是街拐角的那个街头混混？定型模式也可以看成是对观众的侮辱。因为定型模式并非植根于现实，而是一种社会标签。

　　定型模式并不是诚实的动画，它不值得人们去关注，也不具备独特性。

超越定型模式而去创作生动立体的人物
（插图：弗洛伊德·诺曼）

1959

《月光鸟》获奥斯卡奖：《月光鸟》（*Moonbird*，赫布利工作室出品）赢得1959年奥斯卡最佳短片单元卡通类金像奖。这是约翰·赫布利和他的妻子费思的一部作品，他们的短片获得过7个奥斯卡奖提名，其中他们赢得了4个。

1959

UPA的停业倒闭：非美活动委员会在好莱坞的听证会给UPA造成了沉重的打击；脱线先生系列发行量降低到一个尴尬的水平。在19世纪60年代，亨利·G·赛伯斯坦通过完全放弃UPA的动画制作和卖出公司图书馆的漫画，而勉强维持着UPA，但在1959年之后它就再也没有新的作品诞生了。

　　应当忠于你自己的观察，不要试图被集体意识所同化。如果你是正确的，你将描绘出丰满立体的好角色，就像大卫·史密斯所指出的：

> 　　作为一个生动立体的生命体，他有着思想、行动和情感。如果你一定要把一个人加在另一个人身上，这一角色就被草率对待了，同时也就变成了一个定型模式。
>
> 　　超人=平面化的角色
>
> 　　超人+也许已结束他的青春并进入中年危机+现在与家人在一起/深情父爱（即许多人都可能面对的问题）=立体化的角色或不可思议的超人先生

重大灾难
（角色设计：克里斯·贝利）

1959

《飞鼠洛奇和波波鹿》的上映：这部动画系列片（*The Rocky And Bullwinkle Show*）的名字由集体征集而来，它最初播出于1959至1964年。这一系列成功的原因在于它非常吸引儿童，同时它利用其巧妙的双关语和反映现实的主题也吸引了成年人。

1959

约翰·惠特尼开发了最早的计算机模拟图形学：老约翰·惠特尼创建了计算机模拟图形学。1959年以前，约翰开始了他在机械模拟系统开发中的开创性工作，并建立了"增量漂移"和"狭缝扫描"的原理和技术。惠特尼的第一台模拟计算机是由一台M-5防空炮控制器改装而成，之后又改装了一台M-7。

定型模式有时也能派上用场，如在一个老套故事的例子中，因为它们能迅速展现出某种观众已熟知的个性。原型角色其实就是在定型模式的基础上添加一点现实的东西，角色更加平易近人。定型模式是一维的；但是，如果你将定型模式的想法进行一些变化，使人物有足够的深度而变得有趣，它便可以有所作为了。这方面的例子比如：一个有着饮食紊乱症的"校园巨人"（Big Man on Campus，指大学的男生体育健儿、体育明星）或者一位只有3英尺高的被邻居欺负的人。这些都是打破定型的手法，它们能使你的人物更具吸引力。克里斯·贝利谈到如何有效地使用定型：

> 我认为你必须依靠原型，因为他们能立即与观众产生交流。你可以尝试各种类型，从中你会获得一些搞笑的例子，比如某个另类的英雄前来救援，以为他就是阿诺德·施瓦辛格。关键是要避免消极的定型观念而怠慢了观众。

你可以采用一个原型，并在故事的进程中开发它。这是一个抛给观众的伟大的钩子，让他们在电影的开头就能抓住某些东西。这使他们在观看电影的故事进展时，能参与到人物更深的情感故事中去。

> **"永远不要将人当做是过滤器或仅仅是用来推动情节的机器。没有'嗯，我想我需要一个穿溜冰鞋的老太太来让我的英雄跳蚤杰拉德（Gerald the Flea）从帕萨迪纳赶到堪萨斯城的狗展，及时地从烤肉刺刀狗卡特尔那里拯救出他的空中飞人女朋友，贵宾狗菲菲。' 观众里有人会问，为什么一个老妇会出人意料地突然出现，穿着一双溜冰鞋。"**
>
> ——比尔·怀特

你必须使人物成为可叙述的。创建一个你真正认识的人物——一个不完全是你本人的角色，但你自己仍可清晰地显现于其中。这将使你能够真正进入人物的内心，由此你可以写出他的故事。让观众了解人物背后更深层次的原因。肤浅和空洞的人物是令人厌倦的。原型则是一个你能够以他为出发点并进行拓展的东西。如果你的性格具有深度和真实性，他就能避开定型的陷阱。不要建立这种人物：即他缺乏内在动机，只是被用来充当一个推动情节向前发展的主角。否则，你将失去可信度，而你的观众则会失去兴趣。

1960
《门罗》获奥斯卡奖：《门罗》[（Munro，伦勃朗电影公司（Rembrandt Films）出品]荣获奥斯卡最佳短片单元卡通类像奖。

1960
《摩登原始人》，第2部黄金时段电视系列片：汉纳-巴伯拉公司的《摩登原始人》（The Flintstones）是史上最成功的电视动画系列片之一，最初上映即在黄金时间连续播放了6季。

1960
计算机图形学的诞生："计算机图形学"（computer graphics）这一术语由波音公司（Boeing）的威廉·费特所创造。

人物阵容（特洛伊·萨里巴、安琪·琼斯设计）

灵感来自你自己的经验

　　角色是我们作为动画师的工作的核心。我们是角色动画师。动画人物进行着夸张的表演，就好像真人表演的演员。动画师需要通过他的角色与观众建立起一个联系。动画师需要用生活来影响角色，并创造这两者之间的联系。个性、习惯、会话和愿望，都是驱使某一角色不同于电影中其他人物的要素。我们中的每个人和任何一个人对于事情都有着不同的反应，这是由于我们过去的经验不同。我们的个人特质应归于我们的成长：我们成长于该市镇的某个地区，我们的哥哥是否对我们友爱，以及数不尽的其他因素。这些微不足道的事情让我们所有人的行为都呈现为一种唯一而必然的方式。当你调用你的记忆和经验来观看某一角色的表演时，你将清晰地感受到与他的某种联系。弗烈德·拉蒙迪详述了这一观念：

1961

　　《代用品》获奥斯卡奖：《代用品》〔*Ersatz*，萨格勒布电影公司（Zagreb Film）出品〕赢得了奥斯卡最佳动画短片单元卡通类金像奖。

1961

　　由鲍勃·戈德弗雷创作的动画短片《自己动手的全套卡通》：《自己动手的全套卡通》（*Do-It-Yourself Cartoon Kit*）创造了单人动画家花数百小时来完成一组简短的镜头的神话，但它在最后的影片中却被剪切掉了。这部影片虽看上去粗糙但却充满生命力，戈德弗雷将此片定位于他对彻底打造美国传统动画以外的卡通片的寻求，并在取笑了正统动画的同时进行了思考。

在我给动画师指导角色动作时，我大多会试着（如果我的身体能做到的话）为这个动画师亲自做这个动作。有时候，我会把我自己的动作用录像带记录下来。我也尝试着将角色人格化，因为我觉得，当我们在看动画人物时，我们真正希望看到的是我们自己。这也许听起来不可思议，但我认为这跟人为什么喜欢看猴子是出于同样的原因。它们使我们想起自己。我也不断地在日常生活中寻找着适用于动画角色的人物。举例来说，当我看到高飞狗时，我看到的并不是高飞狗——我看到的是《宋飞正传》剧中的克莱默。

人物阵容（特洛伊·萨里巴、安琪·琼斯设计）

在创作角色的动作表演时，移情作用是至关重要的，它会让观众认为其具有可信度。如果你创造的角色能够让观众产生共鸣，你就会有个十分出彩的故事情节，并为整个故事大大增色。当你从真实的角度去处理你的角色时，它们便会反映在他们的表演中。去创造出一种具备独特天性的原创性表演是至关重要的，你还需再花额外的时间让人物真实地表演出他是谁，同时你对他的感动和反应还要与你平时的人物有些许不同，这样才会使你的角色脱颖而出。斯科特·霍尔姆斯使用了马龙·白兰度（Marion Brando）作为一个诚实且原创的表演的例子：

1961

第一部日本动画电视连续剧《铁臂阿童木》：日本最早的电视动画系列片开播。"Astro Boy"（铁臂阿童木）是日本动画系列片《铁臂阿童木》的美国译名。

1961

迪斯尼的"九老人"时代的开启：迪斯尼的"九老人"是一群创作了迪斯尼最著名作品的核心动画师（其中一些人后来成为导演）。沃尔特·迪斯尼戏称这群动画师是他的"九老人"，引用了罗斯福对美国联邦最高法院的九名法官的称呼。最初的"九老人"是莱什·克拉克、马克·戴维斯、奥利·约翰斯顿、米尔特·卡尔、沃德·金博尔、埃里克·拉森、约翰·劳恩斯贝利、沃尔夫冈·乌里·雷特曼和弗兰克·托马斯。

建立共鸣的最佳途径是诚实地对待你的角色。伟大的表演产生于好的演员，他应能诚实地表达出对于人物来说独一无二的表演。白兰度在《欲望号街车》（*A Street Car Named Desire*）中对其角色的阐释是如此有力和真实，以致观众能从内心去体谅他并感觉到他们似乎认识他，尽管他们跟这个醉酒的码头工人半点关系也没有。动画也是如此。如果动画师可以进入人物的头脑并做出真实、诚实的表演，避免陈词滥调或动画式的技巧，他便可以表达这个角色更真实的一面，从而以一种情感的方式来影响观众。

如果你在这些细微差别之处找到灵感，你的角色将表现出一种真诚的品质。这些来自你自己的经验的想法是最可信的。你不能伪装那种理解。你自己的生活中有着丰富的人物。你的想象力将巩固你对所描绘人物的记忆。正是这些记忆和经验创造了你的观众和角色之间的情感联系。

缺陷和情感

性格的弱点是开始建立一个原创角色的最理想之处。一个恶棍是一个有着致命性格缺陷的人物例子。克鲁拉·德·维尔（Cruella De Vil，《101只斑点狗》中的反派女主角，译者注）的"小"缺点则是她热衷于动物毛皮大衣，特别是斑点狗的毛皮；汉尼拔·莱克特（Hannibal Lecter，《沉默的羔羊》中的精神病专家一角，译者注）则是一个可爱的家伙，只是正巧他喜爱吃人。这些都是恶棍所具备缺陷的极端例子，但这一规则适用于任何角色。谁愿意看到一个从来不做错事、轻松得到他所希望的一切、而从来不用为此拼搏的完美角色？缺陷营造出角色这一表层面具中的漏洞，并揭示出人性。人类的缺陷有无数种方式。发现那些缺陷，并利用它们为你的角色增添更多的层面。

生存是人性的核心。缺陷是那些将妨碍我们实现生存目标的显著特点。我们之中每一个人认为自己需要赖以生存的东西是不同的，它基于我们过去的经验。情感产生于生存的需要，对于他们在这个世界上需要什么来活下去，所有角色都有着不同的想法。很多时候，一个角色的缺陷在于他在某些特定情形下无法控制自己的情感。大多数人都能够认同这一点。对于你的人物来说，情感和缺陷是两个最大障碍，妨碍着他们得以了解他们到底需要赖以什么而生存。埃德·胡克斯解释了移情作用是如何通过一个角色的生存本能而得以产生的：

1961

瑜珈熊自己的影片播出：瑜珈熊因为《哈克狗》而深受观众喜欢，并于1961年收获了它自己的影片。

1961

《101只斑点狗》上映：《101只斑点狗》（*101 Dalmatians*）改编自多迪·史密斯的同名小说，它也是迪斯尼的第17部公映的动画电影。

1961

第一部电脑动画电影：E. E. 扎扬茨（E. E. Zajac）创作出了第一部电脑动画电影，片名为《双旋翼重力姿态控制系统仿真》（*Simulation of a Two-Giro Gravity Attitude Control System*）。在这部CG电影中，扎扬茨展示了卫星在绕地球盘旋时的姿态变化。他使用了IBM 7090系列主机的计算机来制作这部动画。

人类为了生存而行动。情感，或自动的价值评估，犹如发光的灯塔使我们互相给对方传递着信息。我们之间的共鸣仅仅依靠感情，而并非思考。一位正在思考的观众，其目的也是为了获得情感。

你的发掘角色缺陷的能力可能会受到限制，取决于你是制作自己的短片还是做别人的电影。故事所限定的规则将为人物设定出边界，以及他将在任何给定情形下如何采取行动。记住把你的角色们的缺陷组合成为他们和其愿望之间的障碍，你将建立起一个原创的并具有深度的角色。也许你设置的缺陷会发展成为一股角色自己从来没有想到过的力量。这统统与感知有关。你的角色对世界的感知和他自身所处的位置激发了观众的共鸣。斯科特·霍尔姆斯更深入地阐述了为什么一个有缺陷的角色比一个完美的角色更具说服力：

从有缺陷的角色开始说起。如果我们的角色有一些缺憾，不论是情感上的或身体上的，他都将开始一段经历。小飞象，是它的特大耳朵；超人先生，则是他超人地位的丧失；野兽，就在于他是野兽；大力神……嗯，他是完美的，但这也是为什么这部电影没有很成功的一点原因。他没有经过那一历程。他是一个半神，而这并不能提供一个很好的人物发生变化的基础。每个伟大的英雄都必须经受一个成长和发现的历程，但在此经历之前，他们必须有一个这样做的需要。角色发展线，则是这样一个自然发展的过程，即从有缺陷的一个人，发展到通过其经历而得到成长的一个人。

斯科特告诉我们，在如何使角色的行动具有人性化和可信度方面，其缺陷是关键。大力神并不只是完美，他还十分天真。这里没有多少你可以利用的，因为天真单纯不是一个足够强大的缺陷，事实上，在某些情况下，它几乎可以成为一种称赞。你赋予角色的这些缺陷需要有一个直接的对比，比如对比角色想要在生活中达到的目标以及他是如何看待自己的。完美而天真的半神没有真正的角色发展线，对于你的故事以谁作为起点，他决不是最强有力的角色。相比之下，若采用一个长着大耳朵的小象，它被自己的同类排斥，而它则迫切渴望成为它们中的一员，你便有了一个存在缺陷的角色，而它有着我们大家都可能拥有的愿望。使用一个人物简历将帮助你对于你的人物是谁加深认识，使他的特质更加明显。

1961
第一代计算机动画语言的开发：第一代计算机动画语言（MACS）是由斯坦福大学的拉里·布瑞德开发的。

1962
《洞》获奥斯卡奖：《洞》（The Hole，故事板电影公司/赫布利工作室联合出品）获得奥斯卡最佳动画短片单元卡通类金像奖。

1963
华纳兄弟公司关闭了工作室：其工作室在1969年永久性关闭之前，曾于1967年短暂地再次开放过，而华纳兄弟公司于1969年停止了其所有短片项目的生产。

70

人物简历

　　一份人物简历即一个角色的历史，设计它的目的是为了展开角色是谁以及是什么在推动着他。在动画师决定他的角色在镜头中如何表现时，他可以利用一份人物简历。观众可能永远也看不到这样的背景故事，但如果动画师将它使用得当，这份简历将会让其表演锦上添花。这份简历协助故事作者在展开情节时不至于偏离正轨，也同时防止你将角色作为一个平面的定型模式来对待它。它揭示出角色来自哪里、他的教育情况、他的财政状况及其文化背景。人物简历可以加入背景故事——例如，是否父母还健在，或者是否某些悲剧降临于他们中间。人物简历中最重要的组成部分是人物的目标和愿望是什么。以下是一个典型的人物简历，将有助于你了解你的角色是谁以及他为什么是这样。这些问题将帮助你摆脱定型的模式，而创造出一个更加令人难忘的角色。

年　龄	你的角色现在是多大年纪？他和他年轻时相比有很大区别吗？
种　族	你的角色的祖先来自于那里？他对于他来自何处是什么样的感觉？
身　高	你的角色个子有多高？这怎样影响到他看待自己在社会中的地位的？
重　量	你的角色有多重？如果他的体重超出了正常范围，其他人会如何对待他？
性	你的角色是如何发生性关系的？他有过性行为吗？他是处男吗？这些是否改变了他的行为气质？
性　别	你的角色的性别是什么？这一因素怎样影响到他在社会和家庭中的角色和地位？
健康状况	你的角色是残疾人吗？如果是，他是生来如此吗？他是否有哮喘？他的健康状况怎样影响了他人生目标的实现？
智　力	你的角色处于平均智力水平还是低于平均水平？或者他是个天才？他是如何对他周围的人作出反应的？
教　育	这一点不能和智力混为一谈；你可能读书读得很痛苦，但却有着非凡的判断力。你的角色是否在最好的学校受到教育，或者他是个高中辍学生？这些东西都将极大地影响着角色如何与他人交往，包括那些他认为与他不属于同一集团的人，或那些他可能永远无法与之步调一致的人。

1963

《批评家》获奥斯卡奖：《批评家》（*The Critic*，平托夫-克劳斯伯公司出品）赢得奥斯卡最佳短片单元卡通类金像奖。

1963

《石中剑》上映：《石中剑》（*The Sword in the Stone*）是迪斯尼的第18部长片。它大体上改编自T·H·怀特的小说《石中剑》。这是迪斯尼还在世时上映的最后一部动画长片。

1963

伊凡·萨瑟兰为电脑动画开拓了道路：在电脑动画领域，伊凡·萨瑟兰（Ivan Sutherland）在麻省理工大学为博士论文课题开辟了互动式电脑动画的先河。他还开发出了第一个被广泛运用的互动式绘图程序Sketchpad（几何画板）。

71

生存周期	即角色的寿命。显然，如果你的角色是人类，你是知道他们的基本寿命的，但动画片中很多时候则是在与外星人、动物，甚至来自另一个寿命要短得多的时空的角色打交道。
文 化	这指的是角色的信仰体系。即使他已不再相信他曾受到的教育，文化仍然会在角色的思想中占有沉重的分量，因为它是角色唯一知道的东西——这是自他童年时期就被灌输的。
食物/饮食	你的角色吃的食物可以暴露出他是否重视自己和自己的身体。他是个运动员，只能吃一些规定的食物吗？或者他是个失业的卡车司机，最爱吃的是辣味热狗？
夜间活动	你的角色是个夜猫子吗？他是否喜欢熬夜到很晚？
家 庭	其受重视程度怎样？其家庭大小又是如何？在你的角色是谁、他是如何看待自己在社会中的位置等很多方面，家庭结构发挥着重要的作用，如果他来自一个大家庭，他可能会大声喧哗以试图被别人听到。而如果他是家里唯一的孩子，他可能更内向、害羞，不善与人交往。
钱	你的角色是富裕的？贫穷的？穷困潦倒的？还是富得流油？
专 业	你的角色靠什么谋生？他的工作有助于他目标的实现还是妨碍它们的实现？
身体结构	此属性完全影响着你的角色如何行动以及他是如何被别人看待的。他的身材是否高大瘦长？他的步伐是否滑稽可笑？他是否微不足道而常常被人忽视？
缺陷（致命的）	我们前面谈到了缺陷。缺陷对于展现人性是至关重要的。缺陷还能够导致角色的死亡，或成为主角和他的目标之间的障碍。
特 点	是什么让你的角色与众不同？要创建一个令人难忘的角色，你就要借助于这一点。他是否吸烟？他说话时是否会用手指着脑袋？

1963

计算机鼠标的发明： 经过广泛的可用性测试，斯坦福研究所（Stanford Research Institute）的道格拉·斯恩格尔巴特发明了计算机鼠标。

1964

《粉红色的芬克》获奥斯卡奖： 《粉红色的芬克》（*The Pink Phink*，迪帕蒂-福利兰公司出品）赢得奥斯卡最佳短片单元卡通类金像奖。它是由联美电影公司（United Artists）公映的第一部"粉红豹"的动画短片。

1964

巴克什执导了《善仙女学徒》：《善仙女学徒》（*Gadmouse the Apprentice Good Fairy*）是巴克什导演的第一部卡通片，它被一个卡通迷描述为"有可能是自吉恩·戴奇离开后最佳设计的特里通作品"。

他是否有口吃? 这些生动有趣的细节被用来塑造角色, 无论你选择哪种原型, 都要让他与其他人不同。

气　氛　教堂或车祸会对角色造成怎样的影响? 他可能因为过去有过类似的经历, 而做出超出常规的反应。也许他的一生中, 他妈妈总是频繁地进出医院, 导致他不堪忍受进医院。

目　标　你的角色希望得到什么? 他最大的愿望是什么? 他怎么才能做到这一点? 他需要些什么?

梦　想　你的角色有哪些梦想? 梦想是我们想实现的雄心壮志, 只是它常常定得太高导致可能无法实现。与目标不同的是, 梦想似乎看上去遥不可及。梦想和目标也有相似之处, 因为当我们越来越接近梦想时, 它们很快便会成为我们的目标。

创　伤　你的角色经历过创伤吗? 创伤是发生在过去并影响着角色的行为的事情。这些肾上腺素会影响我们很长一段时间, 让我们思考我们想要什么以及我们相信什么。

才　能　你的角色有什么才能吗? 是什么让你的角色不同于故事中的所有其他人物?

上　瘾　你的角色喝酒吗? 抽烟吗? 吸毒吗? 吃止痛药成瘾吗? 这些东西是帮助还是妨碍你的角色达成他的目标?

定型与原型

在本章中的前一部分, 我们谈到了定型与原型, 基本思想是使用原型建立一个我们熟悉的人物, 然后利用其特点使这一典型角色人性化, 给其增添魅力。

运用前面列表中的问题, 你会让你的角色充满丰富的人格和人性。也许你的超级英雄有着易怒综合征和一个过于专断的母亲, 她似乎永远能突然出现, 突击检查她儿子。也许你的角色是隔壁甜美的小女孩, 她在秋千上被人推下来摔断了腿, 现

1964

《乔尼大冒险》于黄金时间播出:《乔尼大冒险》(*The Adventures Of Jonny Quest*) 是由汉纳-巴伯拉生产的动画科幻系列, 由卡通书画家道格·威尔迪创作并设计。但在黄金时段播出动画很快就被证明只是个流行一时的举动, 因此最后只生产了26集。

1965

《点与线》获奥斯卡奖:《点与线: 低等数学中的浪漫故事》(*The Dot and the Line: A Romance in Lower Mathematics*, 米高梅出品) 由查克·琼斯改编自诺顿·贾斯特的著作, 它获得了奥斯卡最佳短片单元卡通类金像奖。

在用她的拐杖欺负学校的孩子，敲诈他们的午餐钱。混合各种定型会给人物增添特性，利用个性的有趣因素，便可创造出动人而独特的角色。

可信度和可信性

因为角色和故事是如此密切相关，我们必须再次提到可信度。可信度并不是现实主义，它指的是角色个性中娱乐性的程度，同时还必须遵守其个性依然忠实于角色的规则。你使用人物简介和背景故事来制作规则，并借以确定你的角色是谁。如果你让这个角色去做的事情是不符合其性格或不遵守这些规则的，你最好有一个令人信服的理由这样做，否则你将开始失去观众。确定你的角色相信他所说的和所做的。原型是一个极好的开始方式，但如果角色没有可信性，你仍会失败。埃德·胡克斯用简单幽默的方式阐释了这一点：

> 一个角色即指他所有的行为。不必担心原型。你需要关心的是可信性和故事。

当你创建角色时，请明确他是谁，以及他想要什么。角色会告诉你他是谁，以及他的信仰。如果你遵循这些规则，角色将通过你的剧本和画面诚实地行动。

> "每个角色的动机都必须被你理解和相信，这样你才能把它们传达给你的观众。要想创作戏剧，必须设置出角色和角色的目标之间的障碍。有时这些障碍不得不来自角色本身。如果出于对故事的考量，而使角色不得不作出错误的决定，那就必须让观众已经完全相信和理解为什么角色会作出这样的决定，即使它显然是个坏主意；另一方面，他们的移情会有损于角色并最终破坏故事。"
>
> ——科里·弗罗利蒙特

1965

英国电视连续剧《雷鸟神机队》播出：《雷鸟神机队》（*Thunderbirds*）是由AP电影公司（AP Films，简称APF）制作的第四部儿童惊险动作系列片，并深受观众欢迎。它使用了一种称之为"Supermarionation"（即"特级牵线木偶"）的木偶戏形式。

1966

《赫伯·阿尔帕特和蒂乔纳·布拉斯的两重性》获奥斯卡奖：这部动画电影（*Herb Alpert and the Tijuana Brass*，赫布利工作室出品）赢得了奥斯卡最佳短片单元卡通类金像奖。作为现代音乐录像带的原型，这部动画是为当时赫伯·阿尔帕特和他的拉丁风格铜管乐团录制的两首流行音乐所制作。

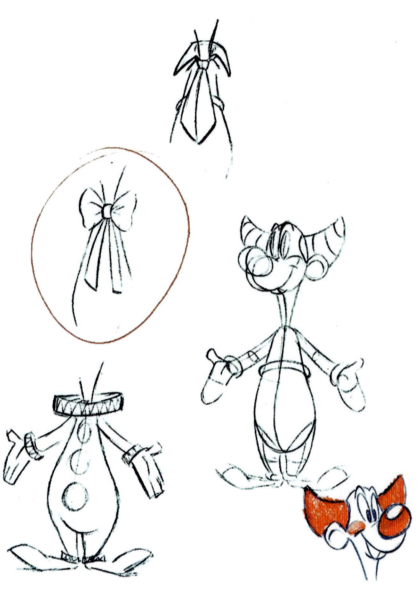

经过反复设计你的角色，你才会知道最后的设计
方案是否吸引人，并能否很好地转换成CG

1966

运动控制动画《琉璃》的推出：《琉璃》(Lapis，詹姆士·惠特尼出品）是一部运用了精确数学计算的早期计算机辅助技术制作的动画作品，詹姆斯·惠特尼使用模拟计算机设备（运动控制摄像头的原型）制作了它，这套设备由他的兄弟老约翰·惠特尼提供。经过三年的制作历程，得到的是一部令人难以置信的错综复杂的电影。

1966

迪斯尼的去世：沃尔特·伊利亚斯·迪斯尼去世。

当你为你的角色建立规则，比如他在面对故事中的情形时将如何作出情绪反应，你就必须在任何时候遵循这些规则，否则你将可能面临失去可信度的危险。我们生活中都遇到过爱讽刺别人的人。如果你创作了这么一个人，结果他爱讽刺人的毛病突然就改了，那谁都会觉得有点离谱。如果打破角色在观众心目中的形象，使他与观众对他的想象不相符，观众便会厌恶这个角色。此外，你愈是加强你的角色的特点，情节就会愈加有趣和自然。如果角色是讽刺的，并不断使这种讽刺升级，这是很有趣的。例如，一个爱嘲讽的家伙即使在用枪指着他的脑袋时仍能继续嘲讽，这个情节将比他突然开始哭泣更有力得多，尽管后者可能是人们预期的。如果你还能记得你在设计人物简介时所制定的规则，那么观众将移情于角色并希望他的愿望实现。安琪·格洛克提供了更多的关于这一点的论述，即如果你没有遵循角色的内在动机和指导原则，你将无法建立起这样一个虚构的角色：

> 我们需要让人物在其情绪层面上具有可信度。他们需要表达出我们都能感觉或是想象到的真正的感情，哪怕角色只是一个锡罐。例如，很多老电影中常常使我抓狂的一幕之一是，妇女面对暴力时将成为无助的"紧张性精神病患者"，表现出的是一种完全不正常的动物式的行为。剧作者如此无视女性内在的防御反应，是为了将重点放在男性的行动上。这让女性在情感层面上显得十分做作，而我便再也不相信这个故事了。

记住，在大部分时间里你的观众比你想象的更聪明。一个啦啦队队长是不可能爱上学校里的那个坏小子的，除非他们处于同一个社交圈子。如果把这坏小子变成一个运动员，也许是橄榄球队的四分卫——现在我们就能相信，学校里最受欢迎的女孩会喜欢上这个坏小子。可信度和可信性也同时依赖于角色的内在动机。

动 机

我们都有在早上起床的动机。为什么？通常是金钱。对于你的角色来说，其动机至关重要，因为它能保证角色不会偏离通向其目标的轨道。如果现在让你来设计某部电影中的一场戏，你必须牢记人物的目标并不断强化它——即使是用最微妙的方式。我们都在为了生存而行动着，而我们每个人认为我们所需要赖以生存的东西往往迥异于其他人。有些角色由于他们成长过程中的贫困境遇或者他们对独立性的需求，金钱和地位是其最重要的动机；另外一些人则会明白拥有一个家庭是使其感到安全和舒适的唯一途径；还有一些角色不信任任何人，所以他们的动机使他们封闭自己，并从来不向任何人倾诉内心。不管你的角色的动机是什么，将它写在纸上，在你工作时放在你的面前，它将确保你的角色的表演不致偏离轨道。接着，再写下目标。有时动机和目标是相反的，而有时则一致。

1966

日本的《森林大帝》：日本动画系列片《森林大帝》（Kimba the White Lion）诞生于20世纪60年代，它是日本制作的第一部彩色电视动画系列片。

1966

《查理布朗的大南瓜》电视特辑：《查理布朗的大南瓜》（It's the Great Pumpkin, Charlie Brown）是一部荣获艾美奖的电视动画特辑，这部广受欢迎的动画是根据查尔斯·M·舒尔茨的连载漫画"花生"改编的。它由哥伦比亚广播公司在1966年首次播出，而这之后每一年都会重播这一特辑，直到2000年。从2001年开始，美国广播公司获得了它的放映权。

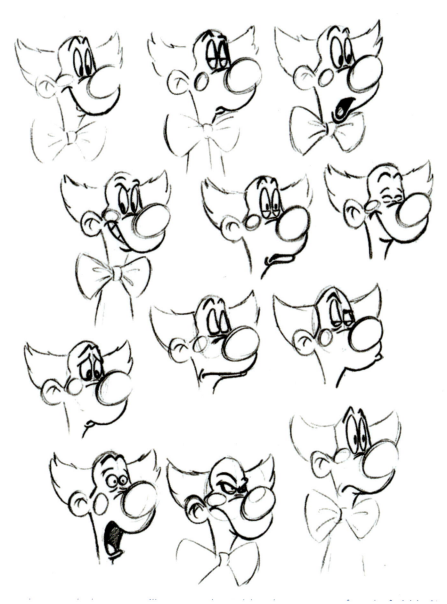

画草图是用来向建模师解释你期望CG面部模型所呈现面貌的最好方式

1966

《圣诞怪杰》：《圣诞怪杰》（*Dr. Seuss' How the Grinch Stole Christmas*）是米高梅公司为电视台制作的动画电视特辑，由苏斯的朋友兼前同事查克·琼斯导演。琼斯担任导演、人物造型设计和人物布局设计，并将格林驰的外观改良得更加适应这种媒体，比如将他改成绿色，以及让他有一张更加细长、像青蛙一样的脸。

1967

约翰·惠特尼的《数列》：《数列》（*Permutations*）是一部早期艺术电影，它完全是在一台大型计算机系统的黑白监视器上制作而成的。之后通过用光学打印机进行编辑，彩色被加入进来。这是一部优雅的、抽象的作品，由彩色圆点的结构体系组成，它展现的这种图案充满了动感的节奏。

77

《小飞象》是一个让动机和目标团结协作的优秀例子。这只可怜的小象积极努力地尝试着讨人欢心。他的动机只是为了被接受，他的目标是要回到他的母亲身边，只有她能一直接受他，包括他的大耳朵和所有的一切。这里的动机和目标是相同的，但小飞象面临的阻碍是社会对它的认同。乌鸦这一角色的出现代表着接受和认同，以及社会的弃儿们友好对待另一个社会弃儿。在写一个故事时，最好的情况是：你所创建的故事主题恰好能够强化角色的动机。

去表现它，而不是说出它

写一个叙述式故事（Narrative Story，这里指以旁白，即文学语言为主的方式进行叙事的影片）还是一个电影式故事（Cinematic Story，这里指以画面和声音的表现，即影视语言为主的方式进行叙事的影片）是一个创造性的选择。叙述式故事通常是由视觉图像前的一个无所不能的声音说出来的。如《阿甘正传》（Forrest Gump）就是一个叙述式讲故事的极好的例子。而电影式的方法则采用了更多的视觉画面及对话。《卧虎藏龙》（Hidden Dragon）是一个电影式叙事的很好的例子。当说到角色时，去表现他总是比直接用语言描述他更加有趣。即使是在晚间新闻中，当主播读出某一事件时，在他的肩膀上方显示一个画面来表现发生的内容，也能达到同样的效果。相反，叙述式影片如《阿甘正传》，通过在影片的空白处填充上主角的思考，能够提供一种电影式影片可能无法提供的理解和思考。大卫·史密斯解释了更多关于《阿甘正传》的叙述式手法是如何帮助提高影片质量的：

> 在这部文学作品被改编成电影时，影片充分利用了叙述式旁白，也许是因为这本书是从一个讲述者的角度进行叙述的。叙述式旁白可以给影片提供必要的深度，这可能是影片十分需要的。《阿甘正传》这部影片并不总是处于提供这些旁白的影片立场上，而有时这些旁白能很好地支撑故事。

当你为一个故事设计一个角色时，你需要决定是以叙述式方法还是以电影式方法来讲述故事。这将帮助你总结出角色身上的哪些因素需要通过动作或对白得以体现。在了解了你的角色是谁之后，你需要对他进行仔细的推敲，诸如他是否特别喜欢做手势，或者他的身体是否容易反应过度。当你在思考这些人物特点时，把它们记在你的头脑里，到你设计角色时你便能用到它们。身体和个性这两种结构是齐头并进的。例如，《虫虫总动员》中那只瓢虫总是在片中被特别强调，因为每个人都认为他是一个"她"。你只需看一眼他的身体结构便会这么认为。你只需表现它，而不

1967
《盒子》获奥斯卡奖：《盒子》（The Box，村上和狼电影工作室出品）荣获奥斯卡最佳短片单元卡通类金像奖。

1967
第一部电脑动画电影——《控制论5.3》：这是在加州大学洛杉矶分校动画工作坊制作的第一部电脑动画电影（Cibernetic 5.3）。它结合计算机图形学与有机的真人实拍摄影，创造了一个崭新的真实世界。然而，斯特华拉（Stehura）认为这部电影只是他正在进行的计算机图形学实验中的一个"偶然的试验"，而这些实验占用了他9年中大部分时间。

1967
《极速赛车手》系列片推出：《极速赛车手》（Speed Racer）是日本动画《马赫GO!GO!GO!》（Mach Go Go Go）的英文改编版本，它是日本动画片在美国获得成功的经营权的一个早期例子。

一定要说出它。皮克斯公司创作的角色中有很多这样的例子。在《玩具总动员》中，薯头先生（Mr. Potato Head）始终是那么性情暴躁。其实，这是因为他脸上的五官总是不断脱落！要是你，你会不会也很恼火？利用身体结构来加强角色，这是一个用来达到表现角色而不是讲述角色的重要方法。这些微妙的安排可能不会被观众注意到，而当这些角色做出的行为告诉他们角色是谁以及为什么这么做时，他们便会被吸引住。亨利·安德森谈到了如何让角色被表现出来，而不是被说出来：

> 说到动画片中的讲故事，我只相信这句古老的格言：事实胜于雄辩。如果你能表现它，就不要说出来。人物对话是刻画角色过程中的一个重要部分，除了可以从中看到一个角色面对规定情境或者面对其他角色时是怎样反应的，它们还有着很多重要的意义。这就是为什么故事一旦从文字剧本演变到故事板，它们通常就会得到巨大的提升。

请记住，你的角色可能有很多话要说，但他没有必要总是唠唠叨叨。在设计一个角色时，有这样一个三分法则。一个成功的角色是基于声音、故事、动作（Animation，这里强调的是动画中的动作设计，译者注）三方面的。这三个部分之和就相当于整体，而你在设计和创建你的角色时必须同时考虑到这三点。如果角色是一个哑巴，你就要将他设计得与他能说话时不同，这时你该如何处理？尼克·拉涅利用他在《风中奇缘》中设计的浣熊米克（Meeko）作为一个例子回答了我们：

> 它并不依赖于声音；它完全是动作的表演。为什么米克是我最喜欢的角色的原因，就是因为它没有声音，而完全依赖于动画制作和故事情节两方面。由于没有了配音人员，在这个角色的创作中，动画师、所有剧组人员和故事部门想出的噱头等等都起了巨大作用。由此可以看到，在这个角色身上，动画几乎占了百分之五十的重要性，甚至更多。

"在我为迪斯尼导演《花木兰》时，我记得我想方设法地在片中寻找着用视觉化方式来讲故事的时刻。于是我想到这样一个场景，在那里木兰决心剪去头发并代替她的父亲奔赴战场。在这组镜头里，我们使用了她在剑刃上的面部倒影、祖碑和她那一身行头，来模拟她的祖先们（我们之后会见到他们）看着她作出这一决定时的感觉。使用视觉化叙事，可以巧妙而有效地达到我们的目的。"

——托尼·班克劳夫特

1967

迪斯尼的第19部长片《森林王子》：《森林王子》（The Jungle Book）是沃尔特·迪斯尼制作的最后一部动画长片，他在这部影片的创作过程中就去世了。它基本上取材于拉迪亚德·吉普林的《森林王子》的故事。这部电影至今仍然是迪斯尼最受欢迎的作品之一。

1968

《小熊维尼与大风吹》获奥斯卡奖：《小熊维尼与大风吹》（The Pooh and the Blustery Day，迪斯尼出品）是《小熊维尼》系列的第二部短片，它获得了1968年奥斯卡最佳短片单元卡通类金像奖。

1968

《黄色潜水艇》上映：《黄色潜水艇》（The Yellow Submarine）是根据甲壳虫乐队的音乐制作的动画片。

动作和表演,相比那些在画面上充斥着一群说话的脑袋解释着他们所要做的事情,前者总是更能赢得观众。你也可以使用其他画面元素,比如服装和环境氛围,来深入刻画一个角色并显示出他在故事中的地位。在《玩具总动员2》中,每次你看到札克天王(Emperor Zurg)的时候,都会在镜头里发现有"Z"图形的存在。在地板上有Z形状的阴影,光栅的形状也是Z,而且他的服装上也有Z。这是用来表现故事的另一种方式,没有语言的叙述,却加强了人物的个性。

使用设计、环境、风格和动作等元素,来建立一个"表现,而不是叙述"的方式来为你的角色讲故事。

创作一个反派的艺术

像任何令人难忘的角色一样,成功塑造的反面角色都是基于人性的。好的反派是一个有着致命缺陷的人。一部电影不是非有反角不可,不过一个真正好的反派可以让一部电影趣味倍增。主角的成功塑造总是依赖于对手的成功塑造,反之亦然。反面角色带给影片清晰真实的威胁感。人们习惯以类似宗教中的恶有恶报来推测反派的下场。人们愿意相信不好的事情会发生在你身上——如果你是一个坏人的话。我们也想知道为什么这个角色要干坏事。观众希望以人之常情去理解一个反派。如果一个角色想对你的英雄干些坏事,你就得解释他为什么要那么干,让他的邪恶本质符合人性。如果这个反派就是个没理由的坏蛋,那么他的性格就会流于平淡而不能令人信服。当一部电影里角色的扭曲行为能让人理解时,观众就一定会告诉自己,"我明白他为什么会这么做了。"埃德·胡克斯解释了我们为什么会理解反面角色:

> 一个坏人并会不认为他自己是个坏人。每个角色在他自己的生命里都是个英雄。

如果坏人的邪恶背后没有人性和合理的原因作支撑,那么这个角色就成了一维的,并且缺乏吸引力。当刻画你的角色时,除了需要思考他是谁、为什么他是这样的,还要设身处地去理解他:为什么他会犯下这种罪恶。

1968

《2001:太空漫游》上映:《2001:太空漫游》(2001:A Space Odyssey)是一部有影响力的科幻电影,影片采用了将高水平的科技现实主义与超出人类经验的神秘主义相对比并相结合的故事情节。它也是第一部大量使用运动控制摄影法的动画影片,并荣获了奥斯卡视觉效果奖。

1968

光线跟踪技术的诞生:光线跟踪技术(Ray Tracing)被发明。IBM公司的阿瑟·阿佩尔开发了被遮挡表面和阴影的算法,它们是光线跟踪技术的前身。

1968

特里通停业:哥伦比亚广播公司旗下的特里通公司停止了它的影片创作。

是什么造就了一个出色的反派角色? （插图：弗洛伊德·诺曼）

　　同样的规则适用于反派以外的任何其他角色。必须让观众对坏人有某种形式的移情，就像是对英雄一样；否则，我们为什么要关心他们呢?《沉默的羔羊》中安东尼·霍普金斯（Anthony Hopkins）饰演的汉尼拔一角，总是一次又一次地以完美而可爱的坏人形象出现。他几乎可以称得上是迷人的。如果不是因为他爱吃人肉的这个事实，你甚至可能会考虑请他吃晚饭。一个好的反面角色是一个让你觉得有些同情他的困境的人，一个你竟然会在他身上发现无法解释的吸引力的人。

1969

《作一只鸟很难》获奥斯卡奖：《作一只鸟很难》（*It's Tough to Be a Bird*，迪斯尼出品）赢得了奥斯卡最佳短片单元卡通类金像奖。

1969

《你在哪里，史酷比》电视系列片：在电视上亮相的《你在哪里，史酷比》（*Scooby-Doo, Where Are You!*）是汉纳-巴伯拉公司在周六早晨长期播放的卡通片《史酷比》中的第一部影片，它总共创作了 25 集。

1969

UNIX的开发：UNIX操作系统是由汤普森和里奇在贝尔实验室开发的（使用了PDP-7汇编代码）。

　　反面角色可以是一个简单的障碍，而不是真实的人物，但如果它是一个人物的话，你便可以赋予它真实的人性，这会产生更多的趣味性。一个反面角色可以是"一种体制"、"一个人"、运气或者命运。设计反派的一个很好的途径，是设置一个可爱的敌手，并让他遭遇不幸，以此来解释为什么他想要报复。这将给你的反派提供为什么他是"自己生命中的英雄"的原因，正如埃德·胡克斯在前面所说的。这种反面角色的意图背后的动力，将为他本人及观众证明他所做所为的正当性。因为他自己的英雄主义思想，和愿意不惜一切代价来实现他的目标的特性，使得坏人总是成为焦点的所在。如果他的目标会妨碍到主角，那么你便有了一个强大的反派。

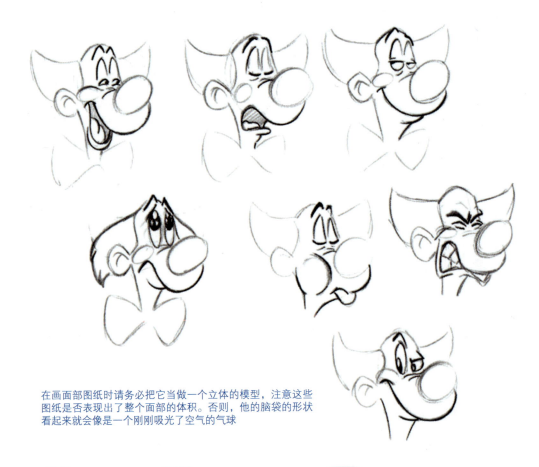

在画面部图纸时请务必把它当做一个立体的模型，注意这些图纸是否表现出了整个面部的体积。否则，他的脑袋的形状看起来就像是一个刚刚吸光了空气的气球

1969	**1969**	**1970**
图形用户界面的开发：图形用户界面（Graphical User Interface，简称GUI）由施乐公司的阿伦·凯设计开发。	**SIGGRAPH的成立**：SIGGRAPH（Special Interest Group for Computer Graphics，计算机图形图像专业组织）是一个每年都召开会议的计算机图形图像组织的名称。第一场SIGGRAPH大会在1974年举行。	**《总是对的就是对的吗？》获奥斯卡奖**：《总是对的就是对的吗？》（ *Is It Always Right to Be Right*, 史蒂芬·勃苏斯托）赢得了奥斯卡最佳短片单元卡通类金像奖。它融合了静态照片和极其有限的动作，看起来感觉就像是来自20世纪50年代的UPA老式卡通片。

要创造一个好的反派角色，另一个重要的方面是让他成为一个和你自己有着完全相反的信仰体系的人。人们很容易瞧不起一个没有任何基本人类道德的恶棍。你必须让一个恶棍具备一些人性，这样他才能是一个立体的人物，但他对于我们所被教导的价值观是相左的。如果这个反面角色已经在自己的世界中完全扭曲了"什么是好"和"什么是坏"的观念，我们就会非常想知道他为什么会发展到这种地步。

"虎克船长（Captain Hook）是迪斯尼作品中出现过的最冷血的恶棍。他是一个爱讽刺别人的家伙，他的原型来自于最初的《小飞侠》舞台剧。在《小飞侠》中有一个小噱头，现在已经没有人会那么设计了，但我却很喜爱它。那是有一个人在桁端上唱歌，唱得很难听，虎克很不喜欢他的歌声。于是他举起手枪并扣动扳机，在他开火时你只听到了"轰"的一声，他甚至头都没有抬一下。接着他又继续做他自己的事了。这是我在动画电影中见过的最残忍的事情了，但是它非常的震憾。它相当深刻地揭示了他的个性。他对一条人命根本不当回事，很随意且不在乎地开了一枪，连看都不看一眼。"

——埃里克·高德伯格

即使是最成功的反面角色向我们自己的道德观念挑战时，他仍然需要一个明确的赖以生存的动机。这一理由就是他生命的意义。斯科特·霍尔姆斯对于成功的反角有着更多的见解：

如果你的反派具备存在的理由，这将非常有用——然后这个坏人会被这个理由所毁灭。《白雪公主》里的女巫迷恋自己的美貌，并渴望超过所有其他人。当白雪公主成为最美的女人时，女巫开始疯狂地摧毁她，因为她阻碍了这个女巫的痴迷。她是一个诡计多端的坏人，她的需求或动机驱动着她的邪恶。

请记住，一个好的反派是一个有着致命缺陷的人。坏人是一个他自己世界里的英雄。他自己的障碍，应该能与观众相联系，正如它同时与片中英雄的障碍相联系一样。最后，坏人的信仰体系应不同于我们自己的，但我们能理解他们，因为这与人性的本质有关。这种信仰体系驱动着坏人去做他干的那些事。

1970

《山姆叔叔的大冒险》上映：这部电影（The Further Adventures of Uncle Sam）获得安锡国际动画电影节大奖（Annecy Grand Prize Winner），它受到了强烈的波普艺术和超现实主义的影响，是一部新颖独特的动画电影。

1970

第20部迪斯尼长片《猫儿历险记》：《猫儿历险记》（The Aristocats）之所以著名是因为它是迪斯尼本人生前批准的最后一部电影，他在这部电影仍处于前期筹备阶段时就去世了。

1971

《嘎喳嘎喳的鸟》获奥斯卡奖：《嘎喳嘎喳的鸟》（The Crunch Bird，麦克斯韦-彼托克-彼得罗维制片公司出品）获得奥斯卡最佳短片单元卡通类金像奖。

设 计

通常情况下，角色的造型设计——无论是在CG中还是在2D中——均有着相同的主要目标。这些年来流传下来一些基本规则，像是让角色从各个角度都是易辨认的等等。但是，使角色独一无二且令人难忘的最佳途径之一，就是采取和漫画家同样的工作方式。他们会选择你的脸部或身体的某个单一的部分，它可能稍微大一点或小一点，或看起来有些特别，于是他们便将这一部分作为重点进行刻画。这就是怎样让你的角色与众不同的技巧。大卫·沙伯斯基使用了《阿拉丁》中的精灵作为例子，阐述了什么是好的角色设计：

> 你想要人们注意到什么？这和你跟某些人见面是同样的道理。他们可能有某个特征，使你目不转睛。它是什么？找到那个特点，并对它重视起来。由埃里克·高德伯格设计的精灵是一个很好的例子。它的眼睛和鼻子具备这种明确的且可识别的特征。接着，你可以把它变成任何模样，它都会被人认出来。甚至当它在片中变成了杰克·尼科尔森（Jack Nicholson）的样子时，仍然能让人看出它是那个精灵。这真是个天才的设计。

这样的设计和吸引力可以说是一种难以捉摸的东西，要想将它创作出来，你就必须画上许多重复的角色草图。你还需考虑的是，这一设计是否传达出了角色的目的？一个好的设计也应该在故事中满足角色的需求。比如，如果你的角色需要执行一些动作幅度非常大的任务，你或许不该让他穿上精致的、绑手绑脚的服装。另外，如果你能设计出角色和其个性间的对比，便能进一步加强角色。比如一个恶棍可能是非常英俊的；而英雄可能是一个怪物。你可以将角色的性格设计和其外形类型进行对比，来突出一个原型的个性设计。基思·朗戈告诉我们如何做到这一点：

> 设计的另一个方面是将角色在外形上进行人格化。我绝对相信的是，如果你要做某样东西的动画，你最好有一个需要这么做的好理由。其中最大的理由便是要形成你的角色的造型设计，来强调其压倒一切的性格特征。你甚至可以拿它来做游戏。一个体格庞大、凶恶、肌肉发达的家伙却非常怕黑就是个滑稽的设计。对一个事物的设计可以欺骗你对他的想法，然后我们再揭开他性格上的掩饰，让你发现与其外表不同的东西。在让观众如何理解角色这一方面，角色设计会发挥巨大的作用——有时它也会愚弄你，让你以为你真的理解他。

1971

X级动画《怪猫菲力兹》上映：拉尔夫·巴克什的《怪猫菲力兹》（Fritz the Cat）是第一部X级（X-Rated，限成人观看的影片）的动画电影。这部影片获得了票房的热卖，它之所以吸引了众多的观众，既由于它那具有冲击力的价值观，也由于它对20世纪60年代"嬉皮士"的吸引力。

1971

罗伯特·艾贝尔联营公司成立：罗伯特·艾贝尔联营公司由鲍勃·阿贝尔和康·佩德森创办。阿贝尔加入了佩德森的工作，致力于将曾用于《2001：太空漫游》中的摄影机系统，改造为能用于一般电影特效的系统。罗伯特·艾贝尔联营公司是当年与迪斯尼签订合同，并制作了1982年迪斯尼电影《电子世界争霸战》中的图形制作的四家公司之一。

　　在这里，故事、角色和设计等所有因素都走到了一起。可是，在我们将概念草图搬入电脑中时，我们如何才能保持角色的吸引力呢？这需要对于用铅笔和纸设计出的那种吸引力的透彻理解，并需要了解如何将优美的手绘图应用到电脑生成的CG模型中去。一个CG建模师是绝对值得他的高昂报酬的，如果他知道如何进行角色的拓扑结构线（Topology）或小线（Little Lines）的布局，来有效地描述模型的表面的话。当你的角色转换成3D模型时，那些小线有时能对它有帮助，有时却会破坏它。

尽可能多地绘制出角色的表情图，这可以让骨架设计师理解你对他所创建模型所预期的样子

1971

乌伯·伊瓦克斯去世：乌伯·伊瓦克斯（Ub Iwerks, 1901 ~ 1971）被认为是有史以来最伟大的动画师之一。最早的几部米老鼠的卡通片几乎完全由伊瓦克斯单独完成。他的大部分职业生涯都与迪斯尼在一起，他还推动了一些动画中的最重要的技术进步。后期，他离开了迪斯尼，并开办了他自己名下的动画工作室。

1971

《天外来菌》在影片中使用了电脑动画：第一部使用了数字动画来制作特效的电影是《天外来菌》（The Andromeda Strain）。

1971

《点》是第一部在电视里播放的动画电影：《点》（The Point）是美国电视播出的第一部一小时片长的动画电影，它的首次播出是在"每周一片"（"movie of the week"）中。

将2D图纸转换为CG模型

在将手绘角色进行转换并使其融入CG世界的过程中，最困难的任务就是保留角色在草图中的魅力、活力和吸引力。为了保持其魅力不致丧失，它必须做出许多修改。要想成功地从2D转换到3D，建模师必须有着敏锐的审美感知能力，这一点至关重要。对于建模师来说，还有一点是同等重要的，就是他要在技术上了解，何时采用结构线来支持某些坚硬部位的清晰的变形，如肩膀、臀部以及关节内的狭小空间等部位。在进行角色的二维设计时，你最好把它理解为各部位的组合。这将有助于建模师及创建角色骨架的操作员了解：你希望角色能够如何运动。我们请骨架操作员贾维尔·索尔索纳，来介绍他用来给我们的小丑角色创建骨架的办法，因为我们对于它的结构模型和弹性（Flexibility）有着如此严苛的要求：

> 我想创造出一种角色骨架（Rig）中的自由度，并尽量消除CG艺术家通常会遇到的限制。这是一个非常有趣的挑战，而它的骨架是以一种非常不同于标准骨架的方式进行创建的。对于这种骨架来说，在模型中具有足够的细部是非常重要的——以便它能够被拉伸到极限。该模型需要能够以一种普通模型无法做到的方式进行变形，因此我们需要做出很多细部，以保证角色在变形时不致破坏造型本身。这个过程分成两个部分：身体和面部。

在动画当中，简单（Simplicity）永远是最好的规则。你添加越多的细节，模型就会越复杂，而这也将影响到这一步骤之后的每一个工作步骤，其中包括创建骨架、皮肤、纹理、灯光、动画等等。伯尔尼·安格勒对于如何让CG设计中的角色保持简单有一个很好的办法：

> 我认为这很大程度上归结于其形状是否可辨认。在大多数情况下，我也会运用这条规则，那就是"少即是多"。

1971

高氏着色法的开发： 强度插值着色法（Intensity Interpolated Shading）由亨利·高洛德在1971年开发。高洛德着色法（Gouraud Shading）在计算机图形学中被用来模拟物体表面光和色的不同效果。

1971

微处理器芯片： 对于计算机图形图像在1971年的出现，贡献最大的进步之一便是微处理器（Microprocessor）。1959年，利用了集成电路技术的发展，电子计算机的处理器小型化到了一个单个的芯片，即微处理器，有时也称之为CPU（Central Processing Unit，中央处理单元）。

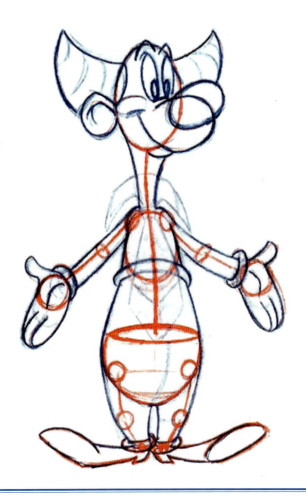

画出结构图，你便会发现角色被简单化了，而骨架操作员也能理解你打算设置关节的部位以及哪些地方需要考虑到灵活度

"2D有一种极大的自由度，这在CG中是难以复制的。在二维中，艺术家可以画出任何他想要的东西。在2D中，他可以很容易地使用挤压和拉伸技巧，但这种技巧很难在CG中再现。在CG中，你会受到角色身体上的物理限制。你只能工作在一个封闭的、受约束的环境里。角色的面部可能是最难在CG中复制的。在2D中，艺术家经常使用物理上不可能的方式进行角色面部的变形。"

——贾维尔·索尔索纳

1971

卢卡斯电影公司开始制作《五百年后》：《五百年后》（*THX 1138*）是乔治·卢卡斯的第一部电影长片。这是卢卡斯早期的一部学生作品的一个正片长度版本。

1972

《圣诞颂歌》获奥斯卡奖：《圣诞颂歌》（*A Christmas Carol*，理查德·威廉姆斯作品）这部动画卡通片改编自查尔斯·狄更斯的经典中篇小说，并获得了最佳短片单元动画电影类金像奖。

1972

ＮＥＬＶＡＮＡ公司成立：Nelvana是一家生产儿童动画片和其他系列片的加拿大公司。该公司成立于安大略省的多伦多，创始人是迈克尔·赫什、帕特里克·罗勃特和克莱夫·史密斯。

简单性让动画师创造出更加明确的表演动作。简单性也使模型与技术更容易相互配合。与你的建模师密切合作，你们的设计应能够利用技术做出顺畅的动作，而不会干扰动作的进行。阅读剧本，并估计出各种可能的动作类型或可能出现的极限动作。

如果你的角色是一只四足动物，有一种可能性是，它也许不得不站起来，令人信服地用两条腿走路。此时你必须考虑如何建立模型来处理这一技术，否则在制作动画时它的形状看起来就像是被打断了。许多节目被告知的是，这个角色不用直立行走，但后来才听到上面的家伙们说："嗯，他们现在想要让袋鼠跳霹雳舞了。"你在建模时必须为这种变化作准备。布莱恩·多利克解释了一些简单的东西，比如一个角色被固定为中立姿势时的位置，这些因素怎么才能真正与其后的动画制作环节相配合：

我最讨厌的事情，就是当我刚让角色做出基本的"我的姿态"（胳膊伸出身体）时，接着他们让我们做的第一件事就是把他的手臂放在他前面，这将导致双手必须旋转90°。如果它是条狗，用它所有的四条腿行走，就不用将它的模型制作得像一个有着外伸的手臂的平面。建模时，请保持这样的想法，即较为自然的开始姿势是中立/中间的姿势（对于活动范围来说），这能解决让我们无比苦恼的一件事，即如何处理四肢的摆放状态。因此，如果前肢在大部分时间都将处于身体前方，那么建模时就将前肢安放在他们身体前方的某处，而不是伸到侧面或后面。

一直以来我们都被告知："从任何一个角度来设计你的角色。"

在我们用CG设计小丑人物时，我们遇到了许多不同的难题。我们愿意提供一点忠告，希望在你第一次亲自尝试时能派上用场。关键是要给建模师及骨架设计师尽可能多地提供设计图纸。我们的骨架设计师，贾维尔·索尔索纳，解释了为什么这些图纸有助于他创建出最强大的骨架：

能够看到角色被设想成什么样，以及它被预期达到怎样的姿势、表情等等，这些都非常重要。它提供了一个平台，在此基础上我们开始建模，并建立怎样构建骨架的想法。

1972

扬·史云梅耶的电影制作被禁：扬·史云梅耶（Jan Svankmajer）被迫离开始了捷克斯洛伐克政府施加的7年"禁令"，在此期间他被禁止制作任何种类的电影。这段时期他担任了特效设计师和协调员的工作。1972年，他那冗长的自然科学系列的蚀刻画和铜版画也开始出现，每一幅都刻画着奇异的惊世骇俗的宇宙万物。

1972

卡尔·斯塔林去世：卡尔·斯塔林（Carl Stalling）是动画的黄金时代的音乐总监及作曲家，他为动画音乐制定了标准。他对《乐一通》短片系列贡献卓著。

为建模师绘制的小丑转面图

　　然而，使用铅笔和纸的艺术家可以轻松地跳出现有模式。对这位艺术家来说有一点至关重要，即当他在绘制模型的转面图时，必须保持结构的完整性。如果你没有做到这一点，建模师在决定应该遵循哪一张图纸时，将有资格使用一定的创造性和自主权。为了让你的角色成功转化到CG，你应该为骨架设计师和建模师提供下面列表中的全部项目：

◆ 情绪图，表现极限姿态和手势
◆ 结构图，阐明你打算将弹性和关节置于皮肤下方何处
◆ 面部图纸，建模师将根据它建立面部骨架和表情变形（Dlendshape）
◆ 在绘制你的面部图纸时，注意它的体积感

　　在给我们的小丑建模的过程中，出现的大部分问题都涉及模型与图纸的相互匹配。如果你是一个建模师，你最好在创建形状时将图纸拖放到视图窗口（View Port）。用这种方法，你将不会在设计中走弯路。我们的第一个版本的小丑在CG中看起来有点过于像只"狗"，仅仅是因为：如果你增加了形状的尺寸，他们将倾向于看起来更长。他的鼻子看起来的确很长，即使这符合图纸，所以我们将它削去一点。我们还拉长了脖子，并把它放置得更靠近头部。在手绘图中，杰米能够让它做到这里的每一个姿势，但在CG中，我们最需要的是让头部处于最中立的位置，以便基于那一位置得到一些"作弊"的姿态。

1972

弗兰克·塔什林去世：弗兰克·塔什林（昵称"提希－塔什"，Tish-Tash，1913～1972）于1936年加入施莱辛格在华纳兄弟的卡通工作室，他给导演们带来了对摄影的全新理解。塔什林的许多电影已经达到了神圣的地位。

1972

马克思·弗莱舍去世：马克思·弗莱舍（Max Fleischer，1883～1972）是一位对于动画卡通片发展贡献卓越的重要先驱人物。他给电影屏幕带来了像贝蒂·布普、小丑可可、大力水手波派和超人这样的角色，并完成了大量的技术革新。

有这么一个用于传统动画圈子的术语，叫做"抛开模式"（"Off Model"），即在角色设计中不必恪守其尺寸和体积之间的关系。传统动画可以在任何时候"抛开模式"，以给他们的画面增添魅力和亲和力。一条铅笔绘制的弧线中的微妙变化可以给予面部表情完全不同的感觉。而在CG中，你总是"被模式所困"（"On Model"）。由于该模型是一个占据空间的有形的实体，该模型将永远以正确的大小比例被渲染和观察，除非你故意打破它。

在制作CG动画时，你可以通过作弊得到与传统动画同样的魅力，并做到"抛开模式"，但你最好以角色最有吸引力和中立姿势的模型作为开始，然后再尝试为身体作弊其面部和皮肤的形状。所谓"作弊"，我们指的是让角色的形状和外形对摄影机投其所好。有时候，你希望你创造的形状能使角色在摄影机的视角内很有魅力，那就必须作弊——而如果你从其他任意一个角度看你的角色的话，他可能看上去完全是让人抓狂的。举例来说，我们使用的角色有一个异乎寻常的大脑袋，比如《精灵鼠小弟》中的老鼠角色。在这场戏中斯图尔特（Stuart，片中小老鼠的名字）必须擦掉他脸上的东西，比如玫瑰花瓣。如果他手臂的长度远远不足以够着他的鼻尖或伸到他的眼前，你会怎么办？这里就被称做为做弊。有那么几帧，你需要让他的胳膊伸长到它们通常会达到的3倍长。但是，你不能任意地使用这些作弊，除非你已得到了最吸引人和中立姿势的坚实的模型。

我们小丑的眼睛也同样机灵——因为眼睛往往会看起来过于呆板，这是由于它们在CG中只是两个球体。我们尝试着修改它们的形状和位置，以获得远超出模型处于中立姿势时的最大限度的魅力。

在CG中处理材质

当为你的角色处理材质和纹理时，记住你希望创建的风格和气氛。如果你必须将角色与真实动作相整合，你需要更少地倾向于程式化的东西，而更多立足于现实。在你创建的环境中，所有的材质都必须令人信服。具有真实动作的角色的材质还可以有更深入和细致的刻画，因为他们很有可能不会像卡通风格的角色那样压扁和拉伸，以适应周围的环境。如果你的工作是100%的CG，你可以让它更有趣一点。如果你的动画将突破真实化动作，而取而代之以卡通化的动作，那么你必须小心处理像凹凸贴图（Dump Map）、倒影（Reflection）、毛皮（Fur）、织物（Cloth），等等这些纹理。CG中的这些东西会破坏和暴露那些卡通式的技巧和作弊。最好的办法是保持材质的简单，就像埃里克·高德伯格所解释的：

1972

电子乒乓球游戏的开发：诺兰·凯·布什内尔和他的一个朋友成立了Atari公司，然后于1972年开发了一个叫做"Pong"的电子乒乓球游戏。"Pong"并不是第一款电子游戏，但它是第一款能够让玩家不用读说明书就能玩的电子游戏，这使它获得了广泛的成功。

1972

埃德·卡特穆尔创建了一种用于平滑着色的动画语言：埃德·卡特穆尔在犹他大学开发了一种动画脚本语言，并发明了一种用光滑明暗处理方式（Smooth Shaded）生成的动画。

1972

弗雷德·派克创建了第一个全CGI的人脸模型：弗雷德·派克（犹他大学）创建了第一段电脑生成的面部动画。

对于那些从优秀的手绘角色转换到CG中的角色，我用来给它们添加材质的办法是：越少越好。他们的材质越少，你就能让他们的动作达到越大的流动性和压扁、拉伸、扭曲。这样，你就可以不用在意毛皮的变形。在这些迪斯尼的2D商业广告中，他们做了极少的毛皮质地，这是很巧妙也是非常狡猾的做法。你只需在必要的地方添加材质。我们可以看到高飞的毛衣比他的皮肤有着更多的纹理。你给对象添加上材质，让人们可以看出它的质地，但不能过火。如果你希望某些对象具有流动性，你就应该给它尽量减少材质。即使是在衣服上你也不能用粗麻布，因为这种材质太明显了，它确实会妨碍动画中的某些扭曲动作。不过你可以——比如，让高飞穿上有光泽、坚硬的鞋子。

彩色样稿帮助每个人去理解你的角色所需的材质，以准确地知道你希望这个角色将呈现的外观

1973

《弗兰克影片》获奥斯卡奖：《弗兰克影片》（Frank Film，美国弗兰克·莫里斯公司出品）获得奥斯卡最佳短片单元动画电影类金像奖，并被选定保存在美国国家电影登记处。

1973

巴克什的《交通繁忙》上映：克兰茨（Krantz）/巴克什（Bakshi）的《交通繁忙》（Heavy Traffic）是一部由拉尔夫·巴克什创作的完整长度的动画电影。在它创作到一半时，巴克什与制作人克兰茨关系破裂，并被从他自己的电影创作中解雇。巴克什后来被重新聘用，尽管存在着这种分歧，他仍声明《交通繁忙》是一部让他创作得最愉快的电影。

当你在CG中工作时，材质是一个能使角色更好地融入周围世界的快捷办法。当你在设定材质将达到的精细程度时，请务必考虑到生产过程中的其他环节、以及这些材质是如何影响生产流水线的其余部分的。电脑使你能够添加几乎是无限量的细节和材质，但这里需谨慎对待。你是否真的需要它？

骨架相当于立体的图纸

"九老人"[20]所建立的12条原则中的一条，叫做"坚实的图纸"（Solid Drawing）。这意味着如果你没有很好地掌握制图手艺，你将很难成为传统动画师。这一条原则可同样适用于CG，但有些差别。你要用CG创作出好的动画，就必须使用一个重要的工具，它取代了传统的铅笔（尽管它在缩略图和素描中仍是重要的），那便是你的骨架。骨架是你在电脑上用来制作动画的玩偶。电脑制作的动画可以非常类似于传统动画中的动作停格拍摄法（Stop-motion），因为一个关键帧将涉及人偶或骨架的许多部位的移动。骨架上应被设置最少数量的控制点（Control）——同时它们也应是拥有最强大功能和灵活性的控制点。当你操纵手臂的控制点时，你应该能够获得手的翻转、手腕的旋转、对手指和拇指的调节甚至是肘部的扭曲等动作。简单是关键。你的骨架就是你的角色，正是它能为你创建出熟练而精巧的运动。

与你的骨架设计师合作共事，你便可以创建出一个CG动画师能拥有的最强大的工具——一个坚实的人偶。有了一个干净、简单的模型设计和一个坚实的骨架，你就可以开始创造你那令人难忘的角色了。当建模师、设计师、动画师和骨架设计师都在传达着他们对角色的构想，就说明最坚实的基础已经建立。建模师必须了解肌肉的走向和模型中的拓扑结构线，以确保它能够正确地变形。骨架设计师知道应将骨骼置于模型内部的哪些位置，这通常需要反复地安排调整，直到骨架设计师和建模师双方都对这种创建角色的方式表示满意。建模师和骨架设计师这两道工序可能需要花费相同的时间，这样你的时间安排就应考虑到这一点。贾维尔·索尔索纳要求我们给骨架设计师多加些介绍，他说这是你应该知道的：

骨架设计师是世界上最好的人——他们聪明、漂亮、超酷。不仅如此，他们还喜欢小甜饼。

我们听说著名的亚摩斯（Amos，一种芝士）品牌是最受骨架设计师欢迎的。
随着越来越多的动画师参与到CG中来做角色设计，CG中的设计风格将进一步

1973	1973	1973
伦敦商业动画复兴的开始：理查德·威廉姆斯邀请好莱坞动画师如亚特·巴比特，肯·哈里斯和查克·琼斯来训练伦敦的工作人员，这引发了伦敦商业动画复兴活动。	第一部利用了3D计算机图形技术的电影——《西部世界》：前卫的科幻电影《西部世界》（Westworld）作为第一部使用了电脑动画（即Pixilization，是一种用真人来做定格动画的动画技巧，也有翻译为"像素动画制作"，译者注）的娱乐大片被推出。	迪斯尼的第21部长片《罗宾汉》：《罗宾汉》（Robin Hood）讲述的是罗宾汉的传统故事，其角色阵容都是些拟人化的动物。

推进,艺术形式也将继续发展。动画师必须了解用以建立强大角色的法则,以便推动他们的动画表演。对于在CG中创造一个坚实的设计来讲,动画师、建模师和骨架设计师之间的关系是最为重要的因素。康拉德·弗农解释了目前更多动画师参与到设计中,将如何推动CG的风格和设计:

> 当一个优秀的动画师给CG输入角色的设计和风格时,无疑将有助于新风格的确立。动画师应知道他需要角色做什么,以充分得到其夸张的表演。他会去跟骨架设计师说:"你必须把关节放在这里、这里和这里,这样才能正确地移动它。"有时,建模师和骨架设计师认为他们必须将一百亿个关节放得到处都是,角色却仍然做不到你想要它做的动作。而动画师作为这个进程中的一部分,同时他又能够设计角色——这时他便可以说:"好吧,让我们在这里设两个关节,这样我们就可以看到,当它微笑时,我们就可以在这里把它的下巴揉成一团,而忽略它的脖子,等等,所有问题都解决了。"动画设计师可以帮助这些工作人员设计出能够正确做出动作的角色。很多时候,甚至在《怪物史莱克》中,这些人员创建出了角色的骨架和模型,而一旦给它制作动画时,常常发觉它的声音并不像是从那里发出来。此时它的眼睛会凸出,或每当你移动国王的嘴时,他的牙齿会伸出来(这些巨大的牙齿),你会说:"哇!我们需要重新制作它的模型和骨架了。"如果从一开始就有动画师参与的话,这本来是可以避免的。如果一旦让这些人进入建模和骨架设计的环节、甚至他们还能帮助进行角色设计的话,你就会看到:他们的个性将在角色身上显现出来,而在角色的运动方面也同样会得以体现。就像米尔特·卡尔和《猫儿历险记》及《救难小英雄》;然后你再看看《木偶奇遇记》,你就会想到弗兰克·托马斯和奥利·约翰斯顿;你在观看《幻想曲》中的"荒山之夜"时,你就看到了比尔·泰特拉;每当有一个美丽的女人在屏幕上时,马克·戴维斯都会将她的动画做得无可挑剔。这就是这些动画师工作的方式,他们用独特的方式来设计角色。在CG中,动画师将不得不参与到角色的设计中去,而他们参与得越多,他们的个性就会体现得越多。

因此我们需要更多地参与进去,了解你的骨架设计师和建模师。正是这些人员将你的角色整合为一个完整的作品,因此与他们建立起良好的工作关系是至关重要的。

在下一章中,我们将告诉你如何成为一个"星期四动画师",并真正开始让角色的表演提高到一个更高水平的。

[20]　奥利·约翰斯顿,弗兰克·托马斯.《生活的幻想:迪斯尼动画》(*The Illusion of Life: Disney Animation*),修订版.纽约:迪斯尼版,1995年.

1974

《星期一闭馆》获奥斯卡奖:《星期一闭馆》(*Closed Mondays*, 维尔·文顿作品)赢得了奥斯卡最佳短片单元动画电影类金像奖。

1974

第一部获奥斯卡奖提名的电脑动画电影《饥饿》:彼得·福德斯是这2分钟短片的导演和动画设计。《饥饿》(*Hunger*, 加拿大国家电影局出品)这部电影由计算机生成了其部分动画,影片采用了黑白动画插图背景而不是彩色背景,片中充满了超现实主义的画面,如流畅的弯曲、拉伸、变形,影片完全采取了一种崭新的形式。这部影片突出介绍了伯特尼克和韦恩的交互式关键帧动画技术。

索引3：角色简历清单

◆ 年龄

◆ 种族

◆ 高度

◆ 重量

◆ 性/繁殖：角色如何进行繁殖？他或她有性行为吗？

◆ 性别

◆ 健康：角色是残疾人吗？生来如此的吗？

◆ 智力

◆ 教育

◆ 进化周期：寿命

◆ 文化：信仰

◆ 食物/饮食习惯

◆ 夜生活

◆ 家庭：价值观？大小？

◆ 金钱

◆ 职业

◆ 身体结构：完全决定着角色如何移动，以及他/她是如何被他人所看待的

◆ 缺陷（致命的）

◆ 特质

◆ 气氛：教堂或车祸对角色有哪些影响？

◆ 目标

◆ 梦想

◆ 创伤：某些影响了角色行为的事情的发生

◆ 定型与原型

◆ 才能

◆ 上瘾

1974

埃德·卡特穆尔开发了Z-缓存和曲面纹理贴图：埃德·卡特穆尔（犹他大学）开发了Z-缓存（Z-buffer，一项处理3D物体深度信息的技术）和曲面纹理贴图（Texture Mapping on Zurved Surfaces）。

1974

第一届SIGGRAPH（计算机图形图像专业组织）大会："SIGGRAPH 74"大会在科罗拉多州博尔德召开，并取得了巨大的成功，有六百多位来自世界各地的人出席了会议。

1974

III公司成立了电影小组：信息国际责任有限公司（Information International Incorporated，简称III）成立了电影制作小组，其成员包括小约翰·惠特尼和加里·德莫斯。在1978到1982年间，III的电影作品有《西部世界》、《未来世界》、《旁观者》和《电子世界争霸战》。

索引4：角色的个性发展

◆ 移情作用产生令人难忘的角色

◆ 深化原型，优于被定型模式化

◆ 使用你自己的生活经验和记忆

◆ 一个有缺陷的角色会更加有趣

◆ 可信度和可信性取决于角色的行为

◆ 详细说明其动机和目标

◆ 表现/而不是说出来：叙述式手法与电影式手法

◆ 成功的反面角色是一个有着致命缺陷的人

◆ 焦点的设置将提高角色的设计

◆ 角色设计遵循少即是多的原则

◆ CG中的材质设定将加强其风格

◆ 角色的骨架能成全或破坏角色的夸张式表演

1975

《伟大》获奥斯卡奖：《伟大》（Great，伊萨姆巴德·金德姆·布鲁内尔作品）获得奥斯卡最佳短片单元动画电影类金像奖。

1975

《2000岁男子》首映：在这部电视特辑（2000 Year Old Man）中，梅尔·布鲁克斯扮演世界上最长寿的男人，在一系列喜剧剧目中被卡尔·雷纳采访。这部剧集出现在电视上，并被收藏进了喜剧记录。

1975

ILM成立：工业光魔（Industrial Light & Magic，即ILM）是由乔治·卢卡斯成立的一个电影视觉特效公司，归卢卡斯电影有限公司（Lucasfilm Ltd.）所有。

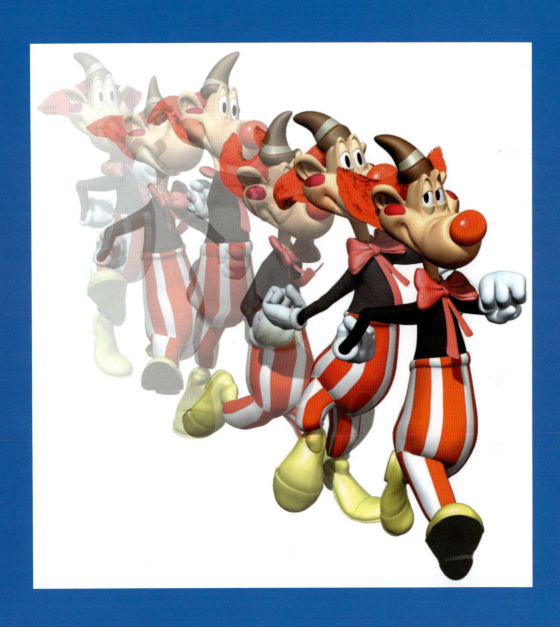

第二部分

动　画

第四章
星期四动画师

太兴奋了！当你得到一个任务，来让你做一个真正有趣的动画情节时，这就是你当时的感觉！你会做什么？你打开电脑，并开始制作动画。哦不！你怎么什么都不懂？你竟然敢这么干！这么干最多只会让你得到一个错综复杂且艰涩难懂的情节。

你必须先思考你的这场戏，并站在角色的角度，深入其内心，在故事中的那个特定的空间和时间为其设身处地着想。多年来，动画师对于如何思考自己的场景采用了许多办法。本章将介绍一些技巧。然而，就像任何创造性的事业一样，在旅途的道路上一定会遇到荆棘。在你发展自己想法的过程中，你可能会在所有的建议和方法中反复摸索。没有任何所谓的公式。使用本章中的做法，你能创作出独特的、鲜明的表演。大卫·布鲁斯特说得好：

我闭上眼睛进行尝试，接下来，情节便已经完成了。

在制作动画之前你应该考虑以下的几条关键策略：
◆ 思考和计划
◆ 创建和（或）寻找参考资料，并将情节付诸于行动（亲自尝试着表演）
◆ 绘制姿态图和缩略图
◆ 与别人分享你的想法

1975

Phong着色法的开发：裴祥风（Phong Bui-Tuong音译，美国电脑CG研究学者，于越南出生）在计算机上开发了镜面光照模型和标准的插值着色法。

1975

比尔·盖茨创建微软：在1975年1月1日出版的《大众电子学》论证了牛郎星8800（Altair 8800，历史上第一台微型计算机）的数天之后，比尔·盖茨将这台新型微型计算机的创造者们称之为MITS（Micro Instrumentation and Telemetry Systems，微型仪器和遥测系统公司），提供了在系统上执行BASIC编程语言的示范。盖茨离开哈佛大学，来到新墨西哥州的阿尔伯克基，MITS的所在地，并在那里创办了微软公司。

你最好至少用一天的时间来分析：角色的愿望是什么，以及为达成这一愿望可能有什么障碍。在动画业有一个古老的头衔，被称做"星期四动画师"。这位动画师把周一到周四的这段时间用来规划动画或购物、睡觉、去吃大餐，常常看起来游手好闲。周一到周三，动画师收集完所有的重要资料，来计划一个宏伟的工程。到了周四，动画师才真正开始做动画。

当你为镜头作规划时，你需要寻找心理姿态（Psychological Gesture）和对话中的潜台词（Subtext），来给动作表演增色。心理姿态描述了角色的心理。表演中潜台词的选择应基于心理姿态，如环顾房间、挠头或使用其他许多姿态中的某种，它们揭示了角色的大脑中正在思考的想法。判断你在同样的情形下将如何反应，然后，完全遵循角色的个性，尽量不要将自己的情绪带入剧情。利用心理姿态和潜台词，你能够赋予表演更多的深度；你还可以尝试着做这样的游戏：将角色可能说的话与他可能的想法，两者进行对比。然而，不要让动作背负过多的想法。

要创造一个宝贵的想法，简单是关键。在你制作动画时，一些关于姿势和动作的想法会不断在你脑海中出现，直到你所有的想法全都冒出来。这时候，你常常会把太多的想法加入到创作中去，而这可能使一个原本强有力的镜头变得散乱。在你规划你的情节时，花时间去真正思考和吸收一切可能的解决方案，你便会拿出数千种想法。每一个新思路都将有助于创造一个更加令人愉快和诚实的作品。马克·贝姆解释了这种做法：

我坐下并将它完全规划好，然后扔掉我的第一个想法，因为它可能太明显了，而不十分有趣。我会尽量让自己想出更多独立的想法，这样我才可以扔掉那些不好的想法。这是一个斗争的过程，但我努力看到我脑海中的整个镜头。如果我能做到这一点，我便知道我没有遗漏任何东西，而且我已经明确了一个清晰的核心概念。我常常用一天半的时间琢磨这一规划，如果我能在此期间侥幸成功的话。我会问我自己，"我确信这就是最有趣和最清晰的方式吗？为什么是这种方式，而不是另一个呢？这一想法在这一时刻是否适合这个角色？我是不是过于重视这个想法了？是不是因为我太自负了？"对我来说，给一个镜头制作动画最难的部分便是回答这些问题。那么多的想法似乎都是好的，但你知道还有一个你没想到的想法，它能真正让这个角色变得生动，让这个镜头非同凡响。你必须坚持不懈地寻找它，直到找到它为止。

现在！你是一个猎人，你需要寻找最清晰和最有趣的方式来传达镜头中角色的动作与思考。去抓住它们吧，勇敢的人！

1975

CGI茶壶被创建，并被用来测试渲染算法：马丁·纽威尔制作了一个电脑生成的茶壶模型。犹他茶壶（Utah Teapot）由马丁·纽威尔建模，并被当做一个试验对象尝试了许多种渲染算法，包括凹凸映射算法（Bump Mapping）。

1975

喷气推进实验室开放了一个图形学实验室：鲍勃·霍兹曼，一名JPL（Jet Propulsion Laboratory，简称JPL）的技术人员，认为这样做对于艺术家有机会使用高级计算机图形系统可能很有价值，于是JPL的图形学实验室开始起步。

思考和规划

将这一情节的核心进行可视化处理。角色是生气的、高兴的，还是烦躁不安的？是否有一条角色发展线贯穿整个情节？角色双方的对话中真正表达了些什么？这个镜头之前的情节都发生了什么，之后又发生了什么？这个情节对于之前和之后的一组镜头来说有什么意义？无论多么短的情节，总是会有开始、中间和结束。

在上电脑操作以前，你必须思考你的这个情节。对于如何创造出坚实的表演，思考和规划就是答案。这也是动画创作中很有乐趣的部分。它处于你和你的情节之间，你应将它视为一个用来探索和实验的激动人心的机会，而不是在你得到实际的动画的乐趣之前的一个苦差事。大概只有在这个阶段，你的想法才是原始的和纯洁的。伟大的动画来自于其表达的深度和情感。你必须思考这些重要因素，并对你的工作精益求精。如果你没有从头至尾地思考这个情节，作品将混乱不堪，而你的想法也将无法清晰地呈现。大卫·沙伯斯基讲述了他是如何开始一个情节的：

> 我将它在我的脑子里过了一千遍。我几乎一天到晚都在想着我的这场戏。我甚至一直不开始提笔，直到我已经在脑海里明确了每一帧画面。特别是当我面临压力时，我让它成为一个规则：那就是在我接到这个任务的第一天，绝不要着手作画。

对于任何创造性的工作，要想保持其重点明确，事先的计划都会很有帮助。创作的过程有时是一条曲折的道路。如果你希望你计划的重要思想被安置在这一情节中，那么你必须保持表演和动作的清晰明确，并且避免过分动画化某一角色。在你可以采取的步骤当中，规划是其中最重要的之一。卡梅伦·宫崎解释了他是如何动手规划一个镜头的：

> 在我真正开始制作动画之前，我通常花费大量的时间来规划我要在情节中完成的东西。我会思考这一幕中的要点（这场戏如何融入电影剧情），角色在这个时候的态度（他们的思维和感觉，这些可能不同于他们说的台词），以及我怎么能通过我的动画清楚地传达所有这一切。

当你在将一场戏进行可视化的过程中，做一些意识流的笔记将有助于缩小范围。只有当你思考这场戏的要求时，你才能真正开始进入故事的核心，并理解怎样采取必要的姿势和动作来将它转达给观众。花些时间找出角色的动机是什么，以及

1975
《浣熊皮》上映：有史以来争议最多的电影之一，巴克什的《浣熊皮》（Coonskin）是一部动画片，它描绘了哈林街头的暴力生活和上世纪70年代黑人的生活条件。《浣熊皮》招致了大量来自种族平等大会（Congress of Racial Equality）的争论和抗议，导致派拉蒙电影公司撤回了这部电影的发行。

1976
纽约理工学院的计算机图形学实验室成立：纽约理工学院对于计算机图形应用的第一个重点研究对象是二维动画，并开发了用于辅助传统动画的工具。在埃德·卡特穆尔的领导下，他们还为铅笔绘制的动画开发了一种"补间动画工具"（"Tween Tool"）和扫描绘图系统。它后来演变成了迪斯尼的CAPS（电脑动画制作系统）。

如何才能将它在表演中揭示出来。为了获得被观众所理解和移情的角色，角色动作和态度中的微妙差别，便是用来创作这种角色的基石。你的目标是建立一个能感动你的角色，而不只是动作加对话。

如果你手上有一盘为这一场戏录制的音乐或台词的话，那么就从这里开始。倾听对话，并注意其中的停顿和重音点；而如果你真正听它在说什么时，你可能跟不上它的速度。找到其中最关键的重音单词，并不失时机地利用停顿，以及动作在时间控制上的对比，来产生节奏。迈克·萨里通过倾听录音来思考他的情节。他说：

> "许多时候，我坐下来想这些东西，一想就是几个小时。有时我被批评在案头睡觉，但我其实是在思考动画。我没说谎。经过大量的对基本时间控制的思考，我会站起来并采取我的想法。这些思考给了我新的想法和一些更多的东西，它们对于平衡和时间控制都有帮助。"
>
> ——布莱恩·多利克

我会闭上眼睛，并让它不断地循环播放。我敢肯定如果你走进我的办公室，你会以为我在睡觉，其实我是在听，并试图想象着情节的发展。这一令人振奋的步骤可能会持续大约一个小时，直到我理清思路。

在紧张的最后期限里，你可能认为这是在浪费时间。思考了一整天情节，而没有实际的电脑操作，当然也没有作出任何动作设计，这听起来很疯狂，对不对？你错了！这是你在制作动画之前能做的最明智的事情。因为，在这一步骤中你已经在做动画了。你是在"思考动画"（Thinking Animation）。一旦你清楚你对于这个镜头的规划是什么，你就已经成功了一半。你要理解，创作的过程是一个复杂而有机的历程。当你发现对于这个情节，有新的和更好的方式来制作其动画时，你可以改变原计划。让你的这场戏开始于一个总体规划，在此基础上进行扩展。正如基思·罗伯茨所说：

如果你在制作动画时没有一个情节所需要的规划，你将浪费大量的时间。

1976

《闲暇》获奥斯卡奖：《闲暇》（Leisure，澳大利亚影片）由澳大利亚最知名的政治讽刺作家和漫画家之一的布鲁斯·佩蒂导演，它赢得了奥斯卡最佳短片单元动画电影类金像奖。

1976

苹果电脑公司的起步：苹果电脑公司（Apple Computer）于1976年4月1日成立于加利福尼亚州的山景城，创始人是史蒂夫·乔布斯、史蒂夫·沃兹尼亚克和罗纳德·韦恩，当时一套Apple I的个人电脑设备的售价为666.66美元。它们诞生于乔布斯父母的车库里，Apple I 第一次面向公众展示是在家酿计算机俱乐部（Homebrew Computer Club）。

如果说，思考和规划步骤是为你的情节所做的蓝图，那么，收集素材和真人表演动作（Act Out）就是实际执行这一计划的基石。

为一场戏作思考和规划
（插图：大卫·沙伯斯基）

使用参考资料和真人表演动作

做动画，最重要的因素之一便是观察。通过观察，即使是最没有受过训练的眼睛，也能知道运动是否是可信的，以及动作是否准确。从出生之日起，我们就观察着我们周围人的动作，洞悉每一个细微差别。无论是机械的运动，还是各种生命体的

1976

《未来世界》对彼得·方达的头部以及武士造型进行了数字化处理：为了制作《未来世界》，彼得·方达（Peter Fonda，影片主演）的头部在电脑中进行了数字化处理，并由信息国际公司（III）进行了渲染。这部影片是科幻电影《西部世界》的续集，也是第一部使用计算机三维图形的电影。此外，机器人日本武士的形象需要实现；为达到这一目标，III公司将武士的静帧照片进行了数字化加工，然后利用图像处理技术将它们作了数字化图像处理，并最终实现了背景中的武士形象。

1976

布林贴图的推出：吉姆·布林研发了环境贴图（Blinn Shader）。布林是开发纹理贴图（Texture Mapping）和曲面上的光反射的开拓者。

动作,每一种动作都是非常独特的。动画师必须观察,进行分类整理,并在作品中清晰地传达出观察结果,否则作品的可信度将会丢失。迈克·萨里说了一个故事,讲的是他如何利用参考录像,来帮助他设定电影《泰山》中的角色:

> 对于一个我将制作其动画的角色来说,要想让它成为一个令人愉悦的设计,我就必须先对它进行研究。我将尽可能地多看配音演员的资料,试着找到些可利用的东西。例如,在《泰山》中,我有幸去研究罗丝·奥多娜(Rosie O'Donnell,美国知名电视节目主持人),她拥有巨大的、方形的脑袋,而她的五官都被挤到了面部中央。于是我开始尝试画她的漫画,并由此设计出托托(Terk,《泰山》中的母猩猩)的造型。这是需要我进行多次调整的过程。

　　参考资料是一件有助于情节令人信服的东西。你可以通过各种途径找到相关资料,比如以你自己或其他动画师的录像来认识角色该如何运动,或者在网上寻找类似动作的视频,又或者找到过去成功的动画角色的例子,或利用配音演员的对话录音,以及使用任何其他类型的参考资料,越多越好! 举个例子,在《精灵鼠小弟 2》中,我们就使用了梅兰妮·格里菲斯的录音资料,她为一只小鸟玛格洛配音。很多时候,配音演员们会提供更真实的表演,因为他们不是在摄像机前表演;他们是在麦克风前表演。梅兰妮有个小习惯,在每说完一句台词之后,她会清一下喉咙。她在配音时使用了一种少女式的表情。当动画师使用了这种几乎难以觉察的姿态时,它给玛格洛这一角色增色不少,而如果你没有看这段视频资料你就无法做到这一点。
　　仅仅用脑子去揣测动作和形态,永远都比不上逐帧观看那些真实的动作来得准确。埃里克·高德伯格讲了一个故事,关于他曾参与的最困难的动画工作——因为他没有参考资料,当时他在理查德·威廉姆斯的位于伦敦的动画工作室工作:

> 在理查德·威廉姆斯那里,我参与了一个关于"超人"的商业广告。代理商想要的是一个类似于尼尔·亚当斯(Neal Adams)笔下的那种超人,这对我来说很难,因为我没画过多少写实类的动画。我们不得不用油性铅笔将它画在胶片上。幸运的是,迪克(Dick)为我提供了莱卡带。尽管,有一些事情我不得不作出改变。我从迪克那里得到了一些精美的图纸,对我帮助很大,在此基础上我开始了工作。对于由漫画书改编的动画,在没有参考资料的条件下,是很难做出令人信服的东西来的。那一次是我曾经接手的最艰难的任务。

1976	1977	1977
参展商被计算机图形图像专业组织(SIGGRAPH)批准:美国计算机协会(ACM)首次批准参展商参与年会。	**《沙堡》获奥斯卡奖**:这部黏土动画短片(Sand Castle,又名Chateau de Sable,NFB出品)赢得了23项大奖,其中包括奥斯卡最佳短片单元动画电影类金像奖。	**单帧录像带转换系统的推出**:单帧录像带动画系统(Single Frame Video Tape Transfer Systems)被推出。它们是动画生产中的一个重要发展,被用于铅笔线的测试。

在对动作作可视化处理时，先观察动作或参考对话资料，这将帮助你更加轻松地应对——即使其动作非常复杂，而且这样做还能帮助你更清晰地向观众表达你的意图。为什么不利用你能得到的各种工具来让你的情节更加出色？参考资料会帮你做出计划，你的哪些想法对于情节有利，而哪些则行不通。参考材料还有助于你对角色的个性和设计保持诚实。它有助于你的时间控制，确保你没有在给定时间内选择过多的关键姿势。它可以帮助你预先编辑你的动作选择。卡洛斯·巴埃纳谈到了参考资料在给动画作规划时的重要性：

对于在这个情节中我将要制作其动画的角色，我准备了我能找到的所有参考材料。如果我在给一个角色制作动画，我会寻找示范片、所有先前做过的有关这一角色的动画试验片、甚至视频或影片，只要涉及类似的动作或人物，我就可以将它利用到我的镜头中来。

参考材料还可以激发你对这场戏的灵感！如果你自己在摄影机或镜子前做出场景中的动作，你将看到小细节；否则，这些小细节你可能永远也发现不了。唐·沃勒用他在工业光魔（ILM）时期的一个极好的故事说明了这一点：

亲自去表演情节中的动作可以提供很大的帮助。现在的摄像机已十分方便，随时可以用它来捕捉某些特定的行动。在做《侏罗纪公园》时，我们中的许多人走到了ILM的停车场，假装我们是一群跳过树丛的恐龙！我们的动作被拍摄下来，它十分有助于让我们感受到恐龙群的威力。但当时发生了一个意外，正是它帮助我们在那组镜头中添加了一个颇有灵感的动作。那是ILM中的一位艺术家，他也被请来表演恐龙，不幸的是那天他摔了一跤，还摔断了手臂。于是，我们给这组镜头中加入了几只被绊脚的恐龙，作为对这位可怜的艺术家的致敬，他表演得太过投入以至于超出了任务的规定！我认为，它给这一躁狂的场面增添了一个很棒的、切合实际的小细节。

1977
视觉效果奖被添加到奥斯卡奖的奖项中：电影艺术与科学学院奖（The Academy of Motion Picture Arts and Sciences，奥斯卡奖的全称）在奥斯卡奖中新推出了视觉效果（Visual Effects）奖。

1977
R /格林伯格公司成立：这间公司（R/Greenberg）由兄弟俩理查德和罗伯特·格林伯格成立于1977年，他们在电脑辅助电影制作方面的开创性成就为他们的公司赢得了奥斯卡技术奖。

1977
迪斯尼的第22部长片《小熊维尼历险记》：《小熊维尼历险记》（The Many Adventures of Winnie the Pooh）是一部完整长度的动画电影，改编自A.A.米尔恩的故事书《小熊维尼》。

通过亲自表演故事中的动作，你会发现各种细微差别，如唐·沃勒讲的《侏罗纪公园》中动画师的故事
（插图：弗洛伊德·诺曼）

　　另一个重要的工具是利用你周围的环境。你可以自己表演你的这场戏，但是让你身边的伙伴也参与进来，结果会如何呢？如果你还能找到其他人为你的情节表演动作的话，你就会得到更多想法来解决镜头中的问题。你可以指导他，因为你是在观看而不是在表演。从这一技巧中，你会得到一些最好的想法。了解一下在你镜头前后的场景，同样，也将它们作为参考点。要使你的选择具有可信度，调查研究是很重要的。对于给一个场景制作动画的最先的步骤，托尼·班克劳夫特提供了更多的想法：

　　我观察这一情节周围的其他情节，检查它们之间的联系。我问自己："影片中这一情节的目的是什么？"这个问题总能帮助我不去想那些多余的动作。

1977

拉尔夫·巴克什创作《巫师的战争》：《巫师的战争》（Wizards）原本预计的是完完全全的赛璐珞动画，但由于预算问题，拉尔夫·巴克什未能完成其战争部分的镜头。结果是，为完成这部电影他不得不自己掏腰包并使用逐格动画技术完成了其未完成的镜头。这部电影的艺术风格深受斯沃恩·博德的《切奇巫师》漫画的影响，它也激励了今天许多的街头艺术家和涂鸦艺术家。

1977

《妙妙龙》的上映：《妙妙龙》（Pete's Dragon）是一部真人实拍片，但其中的领衔主演，一只叫做埃利奥特的恐龙，是用动画制作的。这是唐·布鲁斯对迪斯尼电影最大的一次影响。龙的造型由肯·安德森设计。

那些位于你的镜头之前或者之后的情节,会给你一个关于角色的精神状态的参照点。现在,尽情发挥你对这个情节的想象,去体会角色动作背后的含义。当你亲自表演这个情节时,你会真切地感受到身体上和精神上是怎么一回事。将动作做出来以供参考是最好的方法,可以借此观察一下现场的氛围,并试着用角色的大脑来思考。维克托·黄告诉我们,为什么他那台新的数码摄像机是他最好的朋友:

> 我用数码摄像机拍摄全动态视频,并将MPEG文件拷贝到电脑上。当它帮我规划一个场景时,它是我最好的朋友。用真人表演整场戏的动作,让你可以用10种不同的方案来"动画"它,而不用设置出那些单一的关键帧。从那里面,你可以挑选出你最喜爱的表演。在开始制作一个场景之前,实拍动作表演对我的准备工作来讲是最关键的部分。

最后,真人表演作为某种形式上的参考资料,将帮你获得你的原有系统之外的许多不同想法,而这些想法将越来越集中在这场戏的目标上。擅长即兴表演的演员在他们开始表演之前,有很多热身演习。这些演习有助于即兴表演者摆脱所有的陈词滥调,让他们用头脑中的想法给这场戏设计一个更适合的方案。那么你该怎样表演出这场戏的动作?你必须乐于去探索你自己对于动作的阐释。如果"你"是这一角色,你该怎么做?康拉德·弗农为《怪物史莱克》中的动画师们提供了他自己的做法,以供他们参考:

> 在《怪物史莱克》中,当我给其中一场戏提建议时,我会站起来说:"对于这个动作,我有一个建议,就是我现在理解它的方式。"我会站起来,并逐个地做出动作。他们也会时不时地将我的动作画成草图。我给他们我的想法,有时他们会拍摄下来。我会去他们的案头并再次为他们示范动作,因为我知道我的脑袋里想要的是什么。动画师们将着手处理如此巨量的素材。你给他们原材料,而他们使它发挥作用。我站起身亲自表演它们,用我的肢体语言表现它们。他们从中取走了对它的印象。他们并没有拍摄我、再逐个动作地临摹我的一举一动。他们只是看着我并对他们自己说:"好吧,我明白了。我明白他想要的是什么了。"他们从来没有去简单复制我的动作,感谢上帝。他们只是采取了大概的印象,之后我们所看到的却是他们自己对它的理解,这的确是真的、真的太棒了。

1977

迪斯尼的第23部长片《救难小英雄》:《救难小英雄》(The Rescuers)的创作是由于受到了玛杰·夏普的一系列儿童小说的启发。

1977

使用GRASS程序设计语言制作的"邪恶之眼"模拟星球:拉里·古巴为《星球大战》制作了模拟星球"邪恶之眼",利用了由汤姆·德房蒂在美国俄亥俄州用GRASS(Graphics Symbiosis System,图形共生系统)开发的UICC平台。GRASS是一种编程语言,它被用于创建二维脚本视觉动画。

1977

第一部基于玩具的动画电影《破烂娃娃安和安迪:音乐历险》:《破烂娃娃安和安迪:音乐历险》(Raggedy Ann & Andy: A Musical Adventure)由理查德·威廉姆斯导演,他在艾伯·利维托去世之后不情愿地接手了这部影片。

107

努力工作中（插图：大卫·沙伯斯基）

1977

弗兰克·克罗创建了边缘柔化处理：弗兰克·克罗创建了边缘柔化（Anti-Aliasing，即抗锯齿）和着色算法的革新方法。

1978

《特殊快递》获奥斯卡奖：《特殊快递》（Special Delivery，NFB 出品）赢得了最佳短片单元动画电影类奥斯卡奖和许多其他国际奖项，包括前南斯拉夫的萨格勒布动画电影节（Zagreb Animation Festival）的最高奖项。

1978

数字特效公司的成立：DE（Digital Effects，即DE）是纽约的第一家CG机构，也是首批公司之一，其创建目标是为电影业提供大规模的服务。他们与 Abel、MAGI 和 III 联手为电影《电子世界争霸战》作出了贡献。

在实际设计动画之前，你需要做的是为你的场景做真人表演。无论你使用的是铅笔还是电脑，这一步都是至关重要的。不必担心在周围跳来跳去或在桌边比划动作会让你出丑，因为你周围的动画师都明白你在做什么。如果他们不是动画师，你就像科里·弗洛里蒙特那么做，他们就会离你远远的，让你工作（因为他们会认为你疯了）：

在我开始给一个情节设计动画之前，我喜欢思考：如果是我自己，我会怎么做。通常，有些动作没法像动画中那样去做，因为通常场地不够宽敞。在我总结了那些动作之后，我设法找到另一个极端——完全放开地去做动作。对于这部分的表演，我喜欢在我的卧室里或走廊里进行，尤其是如果其中有奔跑和跳跃动作的话。要小心——非动画师往往不理解你为什么会在一个角落周围"飞行"，然后撞上他们。如果发生这种情况，你只需简单说明："这真是太棒了——你刚才帮我敲定了这个角色！"然后跑回你的办公桌，戴上你的耳机，并假装你已经被闪电般的灵感所吸引，直到他们不再盯着你看。通常你将在这两个极端之间的某处找到你想要的动作。

真人表演作为一种参考形式，也将有助于你摆脱陈规老套的想法。这是一个能让你真正为角色设身处地着想的最有效的方式。在你做真人表演时，视频参考是一个极为重要的工具，因为你可以"身临其境"。如果你选择性地使用参考图像，将其夸张的部分进行风格化处理，你将会设计出一些真正具创造性的表演。

姿态图和缩略草图

什么是姿态图？什么是缩略草图？对于这两个工具的定义，以及如何利用它们来为动画建立计划，动画师有着不同的想法。基本上，这些步骤是一种视觉速记。姿态图和缩略草图是创造出色表演的第一步。

在使用此步骤时，你不必是最顶尖的绘图员。画一个姿态（即使是一个简单的直立的姿态）可帮助你理解图形本身含义背后的意图。我们都知道，交叉的双臂通常意味着某人处于敌对情绪，而将双手合成尖塔状意味着判断。这些身体的姿势告诉你角色在想什么。你的姿态图是将你的想法融入动画中的关键。拉里·温伯格认为最好的做法是：

1978

弗兰克·托马斯和奥利·约翰斯顿退休：弗兰克·托马斯和奥利·约翰斯顿（"九老人"中的两位）从迪斯尼公司退休。

1978

阿德曼动画公司成立：彼得·洛得和戴维斯·史波克斯顿在英国成立了阿德曼动画公司（Aardman Animation）。阿德曼的第一部长片《小鸡快跑》（Chicken Run）发行于2000年6月。

1978

约翰·布雷去世：约翰·伦道夫·布雷（John Randolph Bray，1879~1978）在动画流程的改进方面获得了多项专利。其中一个创新是使用半透明的纸张，以更方便地定位连续画面上的造型。

你必须知道你的角色正在做什么、正在想什么，你必须充分发挥你的想象力来思考它们。即使你是在电脑上设计动画，你也应当将它们完全画在纸上。图纸让你深入地思考。对于这一点，怎么强调都不过分。

姿态图
(绘制：杰米·奥利夫)

1978

视频影碟的发明： 影碟是（Video Laserdisc，即LD）最早的商业光盘存储媒介，主要用于播放电影。该项技术为动画师进行动画片的逐帧研究学习提供了一个更为轻巧熟练的方式，因为录像带的帧与帧之间会出现视觉条纹而导致难以读解。

1978

布林推出凹凸贴图： 对于如何在三维虚拟世界中表现物体和光的相互作用，布林开发了新方法，如环境贴图和凹凸贴图（Bump Mapping）。

在为动画中某个场景进行规划的过程中，姿态图的绘制是所有步骤中最有机的组成部分。一张姿态图拥有大量的信息，因为它是不确定的，它显示出了动态线以及其姿态背后的意图。克里斯·贝利说，姿态图是他的第一步尝试，也是他思考一个场景的基础：

> 先思考，再画大量的姿态草图。在给镜头画缩略草图之前，我会画许多这种草图。这常常是个好主意，通过它你可以知道，在设置单个的关键帧之前你已经画到了什么程度。

姿态图拥有大量的信息，缩略草图则与其相反，缩略草图更大程度上是一个想法的粗略快照。它是一张小幅的速写，意味着动作或姿态的选择在屏幕画框中的显现。缩略图被使用于故事板的绘制中，它应是动画师的工具箱中的许多工具之一，利用它可以为动画创作出具可信性的动作表演。

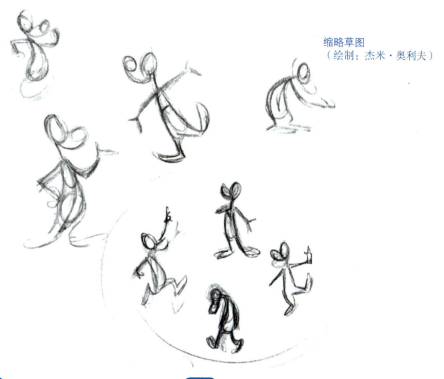

缩略草图
（绘制：杰米·奥利夫）

巴克什的《指环王》上映：这是将史诗性的小说拍摄成电影的首次成功尝试。这部电影（The Lords of The Rings）中的大部分镜头使用了真人拍摄，然后再将这些镜头进行转描（Rotoscope，即将预先拍摄好的胶片逐帧地影拓描绘下来，译者注），以产生动画的外观。

《黑洞》在开头部分使用了电脑图形图像技术（CGI）：《黑洞》（The Black Hole）是迪斯尼公司在1979年推出的一部科幻电影，它在片头处使用了CGI。这部电影被奥斯卡提名为摄影及视觉效果奖。这是迪斯尼的首部PG级（家长指导级）电影，它引导公司去尝试更多的成人题材电影，并最终导致了其旗下"试金石影片"（Touchstone Pictures）部门的成立，以处理那些被认为过于成熟而不适合使用迪斯尼标签的电影。

缩略图采取的是姿态图中所描绘的动作，并将这些想法简化为独特的姿态，用于动画设计中。迈克·萨里描述了他在想象情节画面时，对姿态图和缩略草图的使用：

> 我还是会听录音带，但我会专注于小段的对话，每过一小段时间我会让它暂停，并画出我的一些想法。这些草图远远不够漂亮。它们是很小的姿态草图，为的是得到我想要的姿态和想法。有时候，我会在旁边附上纸条，标注上图纸上没有的一切信息。我在进行一场戏的动画设计中，常常让第一天时间什么都不做，只是像这样听录音和画缩略图。你的最终任务是创作出一组镜头，而这会给你带来压力，让你觉得你好像在浪费时间，因为你没有在做动画；但事实却恰恰相反。你实际上是在节省时间，因为你在为你的场景创造一张蓝图，现在你可以用一星期中剩下的时间集中精力，用你的铅笔或鼠标创作出你要的各种关键姿态。

在你的思考过程中，会出现无数伟大的想法，为了给你的所有这些想法缩小范围，画缩略图是最好的方法。这一步骤简化了这些想法，并创建出一条直达这一情节核心的明确路线。不过，在我们思考动画时，每个人对于如何使用缩略图和姿态图都有不同的方法。创作的过程是一条曲折的道路，所以你需找到最适合你自己的工作流程。虽然迈克·萨里喜欢完全依赖于意识流来画出许多缩略图以进入情节核心，而伊桑·赫德却喜欢直接进入他对"什么是情节核心"的第一印象，并通过缩略图来发展这一想法：

> 我画缩略图时不是按照顺序来的——就是一、二、三那样。相反，我会首先画出对于镜头来说最重要的那张缩略图。我甚至可能不画出人物全身，只画出手或脚或别的什么，只要它是我认为最重要的东西。我试着用十几种不同的方式做出一组动作，再找出其中最好的。一旦我觉得我明白了我想要的最重要的东西是哪种，我就会开始将它所有相关的关键姿态画成缩略图——这些关键姿态对于想法的表达而言十分重要，但更重要的是其主要思想。画缩略图的时候，我在这一个动作上绞尽脑汁，一旦我觉得我已经画了足够的缩略图，我会按顺序计算它们，并确保它们能汇合成一个整体动作。

1979

大卫·弗莱舍去世：大卫·弗莱舍（David Fleischer, 1894～1979）是一位德裔的美国动画师、电影导演兼制片人，因与他哥哥马克斯·弗莱舍共同拥有弗莱舍工作室而闻名。从1921年至1942年，弗莱舍监督了《说卡通》、《贝蒂·布普卡通系列》、《大力水手》、《色彩名著》以及其他一些动画片的制作。

1979

Turnkey动画系统的开发：Turnkey也是技术行业中的常用术语，最常见的是被用来描述预先创建的电脑"软件包"，其中所有的部件都需要执行某种类型的任务（如视频/音频编辑），由供应商将其组合并捆绑销售。它往往包括了一台电脑的预装软件、不同类型的硬件以及各种配件。

为了创作出最棒的表演, 每个动画师都有自己的方法。几乎所有伟大的动画师都赞同的一点是, 使用某种形式的草图来设计表演, 将会使你的想法保持简单和明确。规划一个镜头的传统方法包括参考资料和真人表演以及姿态图和缩略草图, 这些方法也同样推动着CG动画这样一个更具娱乐性的媒介和艺术形式。你不能只是坐在电脑前制作动画, 你还需要用视觉化的方式去思考动画。

共　享

现在你知道这场戏的大概面貌了, 包括你想在场景中表现哪些想法。为什么不与你的同行们谈谈它呢? 一个新的角度或观点可以帮助你看到你的场景中的新东西, 而你单独看它时可能并不能看出来。只需将它展示给几个动画师即可, 看看他们对你的作品的看法。例如, 迈克·萨里用这种方法分享了他的场景:

一旦我尽我所能地进行过探索, 我就会将它展示给我的动画师同事以获取他们的意见, 甚至我会让他们在我的图纸上进行改动, 以理解他们的想法。让别人在你的图纸上涂改, 这提供了信息的源泉, 而很有希望的是, 在你的设计通过一关又一关后, 它定将有所改善。

在一些大型创作中, 你通常很难得到太多的时间与总监面谈, 除了看样片时能与他们有很短的会面。所以, 你应当积极主动地与周围的人分享你的想法并从中得到反馈。对于与你的镜头相邻的那些镜头的工作人员, 你也要和他们密切配合。镜头的连续性, 即取决于你和其他动画师们的沟通。在同一部片子中工作的其他动画师和你做的是同样的样片, 他们甚至可能对你前后的镜头更加熟悉。对于你在影片中所画的那个特定的镜头, 他们也许能提供给你更富洞察力的指导。与你周围的动画师聊天, 可以帮助你有效地加强你的想法的最终效果、以及加强其中最有效果的部分, 同时, 对于情节究竟该如何设计, 你也会产生出一个新的印象。

需要思考的十件事

用这几个思考动画的步骤将你自己武装起来, 那么, 在这一过程中, 你应该开始问自己一些什么问题呢? 你应该思考些什么呢? 对于你的这个情节和某个角色, 这里有十个问题需要你去思考。当你设计角色的动作和运动时, 你需要考虑到这十个概念。

1979

《每个孩子》获奥斯卡奖: 本片荣获了12项大奖, 其中包括奥斯卡的最佳短片单元动画电影类金像奖, 《每个孩子》 (Every Child , NFB出品) 的创作初衷是受联合国组织的邀请, 目的是为了庆祝其儿童基金会的儿童权利宣言 (Declaration of Children's Rights) 的发布。

1979

卢卡斯电影公司图形小组成立: 乔治·卢卡斯聘用了埃德·卡特穆尔、拉尔夫·古根海姆, 和阿尔维·雷·史密斯, 组成了卢卡斯电影公司计算机图形及特效小组 (Lucasfilm Computer Graphics and Special Effects Group)。这一新的团队与卢卡斯电影公司的艺术家们和程序员们共同合作, 创作出了第一个在剧场上映的百分之百的数字动画角色, 这个角色是电影《少年福尔摩斯》 (Young Sherlock Holmes) 中的一个彩色玻璃爵士。

听

听是一个宽泛的术语。不过，对于理解镜头的核心来讲，听是非常具体的。首先，聆听总监的想法将让你成功一半，因为他已明了导演期望看到怎样的样片。导演需密切配合故事板画家，为的是听取在故事板中，为什么会这样表达影片中的某个镜头的原因。故事是关键，因此，你也需听取故事是怎样在本场次前面和后面的镜头中予以表达的。大卫·沙伯斯基说：

> 没有最好的方式。如果我们真的去聆听它的话，故事便会展现在我们面前。如果你的时间有限，就听听故事吧。让自己暂时放下你所注意的最激动人心的部分，让故事告诉你什么是最本质的部分。

聆听录音中的台词对话。搞清楚台词背后真正的含义。聆听其音调，并尽量用动作表演来加强对话的作用。卡梅伦·宫崎说：

> 如果有对话，我会反复地听录音，再找到其中细微的表达和态度的变化，然后我可以将它们运用到我的动画中去。只有经历了这一进程，并对我所有的判断感觉正确之后，我才开始制作动画。

倾听其他动画师和总监给你的建议，即使你不同意。如果你能认真听取他们对这场戏的建议，你将产生一个简明和清晰的概念——这个概念正是导演在他的影片中所寻找的。

记住我们已经讨论的这十个概念，并将它们放到你的思维过程中去执行，然后再去制作动画，最终你将得到一个清晰而独特的表演。

> "对于角色在某个场景中所做的动作，需发现其内在含义。不要只是将他移来移去。角色无论是说了什么还是没说什么，如果角色做出的姿态与对话相一致，那么这将有助于表达出对话内容。"
>
> ——托尼·班克劳夫特

给你自己装备上这十个想法，并运用画草图的形式规划过程，再用动作把它表演出来，并与其他动画师分享，你就会知道，在你上机制作动画之前，如何去思考！你在思考过程中是有信息沟通的，而不是在闭门造车，思考你的情节将帮助你更明确地沟通想法。现在，让我们谈谈做动画吧！

1979

约翰·拉萨特毕业于加州艺术学院：约翰·拉萨特毕业于加州艺术学院，并进入迪斯尼公司，在那里他工作了五年并受到了电影《电子世界争霸战》中的电脑动画的启发。

1980

PDI成立：太平洋数字影像公司（Pacific Data Images，简称PDI）是由卡尔·罗森达尔、格伦·安提斯和理查德·张所开创。PDI制定了自己的动画和图形软件环境，其中包括动画脚本语言、建模、渲染和动作设计程序，所有这些软件都用C语言写于2000年，梦工厂（DreamWorks SKG）与之签订了一项协议并获得了PDI的大部分股份。

潜台词

为了让你的情节获得深度和增添更多层次，增加潜台词的设置是最佳途径之一。每一句对话，无论多么简单，都有潜台词。如果你的角色在影片的早些时候陈述了一番，后面又说了另一番话，从中证实了他一开始在说谎，这便给对话的台词中增加了潜台词。观众不一定需要知道角色的长期目的，但其长期目的会影响角色的短期行为。聆听，便是找到你的角色的潜台词的最基本途径。大卫·布鲁斯特说：

> 人类是一种多层次的生物，他们往往远远超过他们看起来的样子。我们可以说这样一件事，却暗指另一个完全不同的含义。哦，令我们感兴趣的东西正是我们的缺陷。尽善尽美对我来说绝对是无聊乏味的。

完美是一种很容易在一台电脑上生成的东西。潜台词让这种电脑生成的角色看起来更为真实，须知任何一部动画都应该表达着人性。人类有着各种缺陷。他们说谎；他们生病；他们心怀叵测；他们对花生过敏；他们受到来自其他人的伤害。深入挖掘，去倾听什么是角色真正要说的。迈克·墨菲说：

> 我总是努力挖掘着情节中的潜台词。如果角色说"我爱你"，那么他真正想说的是什么？如果这话是对他妈妈说的，它必定不同于以讽刺的口吻对他的兄弟或敌人说出同样的话。这就是潜台词，有时我们说的话恰恰与我们的感觉相反。

> **"潜台词包括对话背后的一切含义。角色可能对自己内心说的话就是潜台词。我认为，对任何一个为角色台词设计动作的动画师来说，挖掘潜台词都是一个难得的乐事，这让他们有机会对那种角色台词太少、却有着真实思维过程的镜头加以发挥。另外，动作不必过大过猛，像是那种夸张的姿态和大幅度的动作。有时一些幅度较小的或微妙的动作效果更好，也更能打动观众。"**
>
> ——卡洛斯·巴埃纳

1980

《苍蝇》获得奥斯卡奖：《苍蝇》（*A Legy*，又名*The Fly*，潘诺尼亚工作室出品）赢得了最佳短片单元动画电影类金像奖。

1980

弗莱德·泰克斯·艾弗里去世：有这么一个故事，迪斯尼并不希望自己的动画师去看泰克斯·艾弗里（Tex Avery）的电影，因为它们的幽默和动画过于极端。在40年代和50年代期间，泰克斯导演了一些最肆无忌惮的幽默卡通片。艾弗里的最有名的一个角色是《热辣小红帽》（*Red Hot Riding Hood*）和一些其他影片中的"小红帽"。泰克斯对于兔八哥和达菲鸭形象上的发展，其贡献不可忽略。

为传达出情节中的潜台词，角色不一定必须说话。在这种安静的时刻，添加一些角色眼睛的快瞥，或者刻意避免眼神的接触，或任何其他有质感的小细节，都将增加情节的深度。弄清楚角色在想些什么。角色此时是怎样的感觉？

当通过动作能揭示出人物想法时，这就是潜台词。让它体现在画面上。你有一个香蕉面包，于是你尝了尝它。你心想，"哇！这面包真的很好吃！"那么是什么调味料使这个面包味道这么好？潜台词将几乎察觉不到的成分添加到情节的核心，潜台词使这个原本很好的情节提升到了一个更好的层次。

试 验

试验是整个过程中更有趣的部分之一。这就是，当你作为一个动画师，能够尝试打破所有的公式和规则时，你已经学会创作具有原创性的东西了。去尝试你能想到的每一个可能的想法。多花这么一点时间，将给你更多的选择权，它将提升你最初的设想。不要害怕，大胆一些！这是动画制作中最具创造性的部分，所以尝试一下你可以将你的想法扩展到多远。不要让你的左脑立刻接管一个想法，并开始分析和肢解它。让你的想法流动起来，看看它能走多远，让它结束于最独特和有趣的方式之处。如果在你试验时，你的想法能够支持情节的发展方向，它们便会取得成功。通过试验，你将有能力创作出一个真诚的情节。你可以像喜剧演员和即兴演员那样，探索着做一些搞笑和无厘头的东西，一些完全不同的东西！拉里·温伯格说：

相信你自己。如果它让你感动，那么给它一个机会。不要阻碍它。巨蟒小组（英国六人喜剧团体）有一个伟大的工作原则。他们去尝试他们其中每个人的任何想法，即使其他人不喜欢它。他们给任何想法以机会来展开它。有时，这导致了失败的喜剧。但在其他时候，结果完全出乎意料和精彩绝伦。如果他们在早期概念阶段就否决了这些想法，他们就不会达到如此不寻常的高峰。

当你试着通过试验突破这场戏的限制时，你可以开始接受漫画和夸张的概念。这些都是动画能做到但真人表演做不到的。欢迎尝试各种想法。

1980

《大金刚》的推出：《大金刚》（Donkey Kong）由任天堂（日本电脑游戏软件制造商）推出。和任天堂的许多特许经营的产品一样，《大金刚》由宫本茂制作。

1980

汉纳–巴伯拉公司开始使用电脑：20世纪70年代，马克·莱沃伊（Marc Levoy）开发出了最早的电脑辅助卡通动画系统，它被汉纳–巴伯拉用来制作《摩登原始人》、《史酷比》和其他节目。

1980

宽泰公司推出Paintbox：1981年，宽泰（Quantel）发布了Paintbox，一个当时非常先进的电视图形系统。Paintbox因其优秀的图像质量和功能，目前仍被使用。

大卫·布鲁斯特说:

动画是一种夸张的艺术。这种工作需要去捕捉住印象,而不是简单的模仿。动画可以实现对时间的控制——压缩或延伸,同时它还能将动作夸张到极限。

动画师在参加动画方面的讲座
（插图：大卫·沙伯斯基）

《摇椅》获奥斯卡奖： 弗雷德里克用他导演并设计动画的一部动画片表现了蒙特利尔的工业化进程,整部动画从一把摇椅的角度来观察世界,这就是《摇椅》(Crac,弗雷德里克·贝克作品)。1981年,《摇椅》赢得了奥斯卡最佳短片单元动画电影类金像奖。

史蒂夫·波萨斯托去世： 在20世纪50年代,史蒂夫·波萨斯托 (Steve Bosustow,1912～1981) 成为UPA的负责人。他帮助启动了一个工作室,最初叫做联合电影制片公司 (United Film Production),在那里能够让他们发挥他们在动画上的各种想法。他们做了一个卡通片《选战热潮》(Hell–Bent for Election),这是一部为支持罗斯福的竞选连任制作的电影。随着这部影片的突然走红,该公司也更名为美国联合制片公司 (UPA)。

117

那些最好的演员和喜剧演员们，通常会将他们的戏份进行反反复复的试验和即兴表演。这可能会让导演发疯，因为这会在一天内消耗大量的胶片，但他们从这种热情中获得的最终表演会更加地真实和诚恳。大多数真人实拍电影的导演，会安排一个开放式的即兴表演的过程，这时演员将多次试验一个情节，为的是表达出情节中真正的核心问题，同时解决台词应怎样说，表演应如何呈现的问题；喜剧片尤其如此。这种试验同样适用于动画，它将推动情节产生新的和赏心悦目的东西。

节 奏

节奏是一个运用广泛的术语，它可适用于一些非常具体的方面。首先，时间的控制中存在着节奏。与音乐相同，动画中的节奏对于讲故事尤为重要。节奏有助于给情节增添观看时的兴奋点。大部分的情节和镜头序列都有着开始、中间和结束。有个很出色的关于节奏的例子，它贯穿在短片《小旋风》（*The Little Whirlwind*）的镜头序列中。短片的开头是米老鼠闻到了米妮老鼠晾在窗口的蛋糕的香味。于是他与米妮达成交易，他给她打扫院子，以换得品尝一口她的蛋糕。在下一个情节中，跳跃性的节奏完美地配合着米老鼠一边堆着树叶一边在周围蹦蹦跳跳，直到小旋风进入场景中。下面，小旋风跟米老鼠开起了玩笑，在米老鼠清扫了院子里的树叶之后又弄乱了它们，此时，随着动作愈加剧烈，情节中的节奏也同时变得更加激烈。随着情节的发展，米老鼠和小旋风之间滑稽的动作变得越来越激烈，直到旋风爸爸的出现——威力强大的龙卷风！旋风爸爸将院子里的东西全都撕成了碎片。结果是，当米妮拿着蛋糕出来时，院子比之前更糟糕了，而米奇得到的蛋糕被扔到了他的脸上。

在这个例子中，节奏贯穿整个短片，并在片中流动和建立起来。那么再想一想一段情节的内部节奏，以及如何在这组镜头中表现它。对于一组镜头中某个镜头的内部节奏，在影片《超人总动员》中有一个极好的例子。那是在超人先生下班回家的时候，当他走出轿车时，踩到了车道上的一个滑板并滑了一跤。接下来，由于他试图获得平衡，而不小心用手把车顶弄变了形，而这又导致他无法关上车门。接下来，他试图关上车门，此时情节中的张力越来越大，终于他大发雷霆并重重关上车门，可由于力量太大导致车窗玻璃被震碎了。现在他的情绪已经完全失控，他抓起轿车并将它举过了头顶，准备将它扔出去。可就在这时他发现邻居家的小男孩正坐在车道旁的玩具三轮车上看着他。那一刻——看着将轿车举过头顶的超人先生而处于无比敬畏心情中的小男孩的这个镜头——是无价的。这个镜头中安静的节奏，与超人先生冲着轿车而发的震怒，形成了如此强烈的对比。

1981

数字制作公司成立：在《电子世界争霸战》完成之后，德莫斯和惠特尼离开Ⅲ公司并成立了一个新的计算机图形公司，即数字制作公司。他们获得的第一个重要的电影合同是为《星空战士》（*Last Starfighter*）制作特效。数字制作公司投资购买了一台Cray X-MP超级电脑，以帮助处理电脑图形画面帧。其效果虽逼真动人，但这部电影仍然没有引起好莱坞对计算机图形的关注。

1981

《旁观者》是第一部采用了CG着色图形的电影：《旁观者》（*Looker*）中有一个虚拟的人类角色，辛迪。这是第一部采用了电脑着色图形的电影（Ⅲ公司负责此项技术）。

在音乐中，这一类节奏被称之为休止，或是节奏旋律的流动中的一个暂停，它标志着一个分割点。最后，这个休止是以小男孩的泡泡糖爆在他脸上作为结束的。这不仅是一个幽默的设计，也完全适应当时情节中的节奏。关于音乐和对话中节奏的关系，丹·福勒作了更多的解释：

> 在我开始做动画的粗略设计之前，我会寻找动作中所有的重点、速度以及重要动作发生的时刻。我寻找着动画中的节奏。在我看来，所有的动画和动作都基于节奏。我玩击鼓和音乐已经有20年了，而我在动画和电影上搞清楚的第一件事，就是电视和视频的每秒30帧，以及电影的每秒24格。由于时间是可以被分割的，于是我有了一个办法，就是精确地判断或计算帧数，用来确定我的动作将何时出现。将所有动作都分解成帧数和时间数，这对我非常有用。以帧为单位，计算出节拍或节奏，然后就可以轻松地制订出所有动作出现的时刻了。

节奏对于动画有着第二种运用。它同样可以在你创建的关键姿态（原画）中找到。一旦你知道第一张关键姿态何时出现，你就必须找到小原画和原画中的节奏，这将引导你得出之后每张关键帧的位置。如果角色在一张原画上朝一个方向弯曲，考虑到节奏，就应该让角色在下一张原画中转换成相反的弧形。为了产生动作中的节奏，你所采用的受力状态以及受力状态的变化，对于每张原画而言都极为重要。例如，如果你的角色正伸手取一样东西，为够着它摆出一种"C"字形，接下来的一张关键姿态就应是当他拿到东西时，扭转这种"C"字形，变成一个反"C"字形的动态线。

这将在角色的动作中产生一个鲜明的受力变化和节奏。物理原理在此处起了一部分作用，不过，为了使动态线转变得干净流畅，是什么驱动着场景中的受力和物理原理，是由你设定的。

> 要将各关键姿态组合成一个完整的动作，需注意其方向性和其方向的变动性。你应知道该用哪种方式进行反转，等等。你不是物理学的奴隶。相反，你是在操纵物理原理。它们仍然起着作用，但一切都将必须有助于你的关键姿势的表达。"
>
> ——特洛伊·萨里巴

1981

迪斯尼的第24部长片《狐狸与猎狗》：《狐狸与猎狗》（*The Fox and the Hound*）是迪斯尼最初的"九老人"中的三位的最后一部作品，他们是：弗兰克·托马斯，奥利·约翰斯顿和乌里·雷特曼。

1981

克兰斯顿/克苏里制作公司成立：1981年，查克·克苏里遇到一个投资商，要将CGRG（The Computer Graphics Research Group，电脑图形研究小组，1971年成立于俄亥俄州立大学艺术学院，译者注）实验室开发的电脑动画技术运用于商业领域，于是克兰斯顿/克苏里制作有限公司（Cranston/Csuri Productions, Inc.）成立了。在CCP公司7年的生涯中，它为世界各地400多个客户制作了800多个动画项目。

正如在音乐中一样，节奏可以是动画中一个模糊、凭直觉感知的部分。在观察你画的原画时，感受其中的节奏。问问你自己，这一姿态是否以一种令人舒服的方式流动到下一个姿态。如果在节奏中有个磕巴，或者抖动，或者时间控制中的怪异变化，那么问问你自己，这个情节对于节奏的要求是否和音乐中对它的要求一样多。

移 情

移情作用是动作设计的核心要素。如果观众无法移情于你的角色，一切都将白费。不管镜头长度多么短，它都必须有移情作用。当观众在角色身上看到他们自己的经历时，移情便随之发生。若观众希望你的角色得到角色自己想要的东西，这也是一种移情。观众此时会全力支持角色！卡洛斯·巴埃纳解释了为什么他会全力支持影片中能打动人的角色：

如果观众不能理解角色，那他们要么就会感到厌倦，要么不会相信发生的事情。从人物的个性特征，到日常生活、习惯和交谈，只有当我参与其中时，我才会喜爱它们，"我曾经处于同样的情况！"就在那一刻，观众与角色间的连接产生了。

动画师是生活的观察者。许多人会在他们的生活中做"读心笔记"。例如，疯狂的叔叔喜欢喝草莓奶昔、在墙上玩影偶；亲爱的奶奶用剪贴簿记录她孙子的一切事情；你还记得在校园里每天揍你的那个小恶霸吗？这些是你日常生活中的人物，你可以将他们提取出来并添加到情节中，以获得移情效果。

生活中形形色色的人物以及他们给你留下的印象，你可以将其添加到你储存的经验库中去。当然不一定必须是你自己的经验；不管用什么方法，通过给角色添加人性要素——它们可能是你在你遇到的或相关的人们身上看到的——这会使角色看上去更加真实。还记得我们在前面的什么地方谈到过观察和参考资料吗？

1981

《美国流行乐》上映：《美国流行乐》（American Pop）是1981年拉尔夫·巴克什的一部动画电影。其主要使用的动画技术是转描技术（Rotoscoping），同时还利用了其他各种混合媒介，包括水彩、计算机图形学、真人拍摄和资料片。在《谁陷害了兔子罗杰》（Who Framed Roger Rabbit）的上映引起了动画业的复兴之后，这部影片又被人重新发现。

1982

《探戈》获奥斯卡奖：《探戈》（Tango，金戈尔·雷布琴斯基作品）赢得了奥斯卡最佳动画短片奖。片中有36个处于不同人生阶段的角色——代表着不同时代——在同一间屋子里互动，他们不断地做循环运动。全片从一个静态摄影机的角度进行观察。金戈尔不得不绘制并上色了约16 000张赛璐珞胶片，并在一个光学印片室中制作了几十万张底片。

伊桑·赫德说：

> 我相信观众需要融入影片的角色以及情境中去。这并不意味着角色需要与观众相像，或这种情境必须类似于观众经历过的某些事情。它只是必须有一个能支撑它的真实感。你可以讲关于一个吃苦耐劳的煤矿工人的故事。我敢肯定观众中没有一个人之前开采过煤。但是，如果你做过研究，了解这些人的生活，他们怎么吃饭、他们听什么、他们与家人及朋友之间如何相处，等等，你便可以发掘出足够的事实来与观众建立连接。如果规定情境让人觉得可信，并拥有其真实感的话，观众的情感便能与之相连接。

移情是能让观众身临其境地体验角色和情境的最强大的因素之一。刻画你的角色时，把他当做你的一个老朋友，或一个你将与之在剧组共事的演员，去了解他的个性。许多动画师将他们创作的角色当做一个家里的朋友，一个亲戚，甚至是一位他们一直盼望能与之合作的著名电影明星。如果你移情于你设计的这个动画角色，即使他碰巧是一个坏人，你也会给这个角色注入人性，让观众同样能够理解他。如果你在设计动画之前首先让自己去感受角色，而不是去担心他看上去会怎么样，你就能创建出移情效果。一旦你发现你自己开始移情于你设计的这个动画角色，观众便也会跟着你走。

简　化

有句成语叫"返璞归真"，或K.I.S.S.（Keep It Simple Stupid, 简称K.I.S.S.）。这句话已流传了多年。"简单"适用于动画的每一个组成部分：节奏的简单、姿势的简单、想法的简单以及动作的简单。太多的姿势和动作将导致无法清晰地传达主题。动画是一种视觉传达，正如任何一种艺术形式一样。保罗·伍德说：

> 一个令人难忘的角色产生于反复推敲的优秀动作。有一些对于角色的发展并不重要的动作行为，让它们保持简单明确。因为你不希望角色表现得平淡乏味，或过于复杂。

1982

布鲁斯工作室的《鼠谭秘奇》：《鼠谭秘奇》（*The Secret of NIMH*）赢得了"有史以来最充满活力的动画片之一"的赞誉。令人惊讶的是，这整部影片是由唐·布鲁斯领导的少数独立动画师在车库中制作完成的，历时两年。

1982

《电子世界争霸战》的上映中有超过15分钟的CG画面：《电子世界争霸战》（*Tron*）是最早运用了CG的电影之一，片中包含了15分钟、235个场面的电脑生成的图像。虽然这部电影被批评为表演蹩脚和情节混乱，但它作为电脑动画的一个里程碑仍值得称颂。

简单，给观众的眼睛以时间——用来休息并欣赏某一时刻。眼睛总是会注意动作最夸张的那些东西。让最夸张的动作传达出某些含义。首先明确你的想法，将它们简单地罗列出来，然后在确保这些想法的确是最重要的之后，给那些姿势添加你想要的任何"调味料"和生命力。否则，你想法中过多的要点会把你弄得头晕脑胀。这些要点须遵循情节的发展方向。

伯特·克莱因告诉我们怎样让想法保持简单：

> 第一步我找出最难得的那个点子，然后第二步是给它添加趣味性。清晰度是最重要的却常常是被忽视的方面。

此外，当你的情节里有一个以上的角色时，保持他们动作的简洁，使观众可以专注于他们应该观看的部分。你有这种控制权！当两个角色有所互动时，最好先控制住更具侵略性的那个。如果你想要画出重点明确的动作，就须让它保持简洁。人的眼睛会寻找动作。如果在一个情节中，观众应该听一个角色的对话，而同时需观察另一个角色的反应，此刻，简单性将帮你聚焦观众的视线。

> **"当我担任总监时，我做的最多的事情常常是让动画师简化他们的设计。一次又一次，动画师——尤其是操作电脑的那些——总是在动作里放了太多东西，有太多的冲突足以让人眼花瞭乱。应保持其简单和适当。观众一次只能够真正理解一个动作，这样眼睛会比较舒适，所以你需要让所有动作相互配合，并提取出动作中最关键的那部分。"**
>
> ——拉里·温伯格

此外，一个角色可以完全静止不动，却依然能表现出他的情绪。还记得在托尼·富西莱（Tony Fucile）设计的超人先生的早期预告片中，他看着地板上的皮带的情节吗？当托尼将他的动画文件交上去进行渲染和打光时，灯光师吓了一跳，以为

1982

《星际迷航记Ⅱ：可汗之怒》片中用视觉特效制作了"创世纪"产生器：ILM（工业光魔）的计算机图形部门为制作《星际迷航记Ⅱ：可汗之怒》（*Star Trek Ⅱ: The Wrath of Khan*）开发了制作"创世纪"产生器（Genesis）的视觉特效。这是第二部改编自流行的科幻电视连续剧《星际迷航》的故事片。影迷们普遍认为它是这一系列电影中最好的一部。

1982

蒂姆·伯顿的《文森特》：《文森特》（*Vincent*）是一部1982年的短片，由蒂姆·伯顿进行编剧、设计和导演。这是一部定格动画，故事基于伯顿写的一首诗。目前市场上还没有这部影片的单独发行，虽然它可以在《圣诞夜惊魂》DVD的额外篇中找到。这部电影由文森特·普雷斯（美国著名恐怖片演员）配音旁白，他也是伯顿终身的偶像和灵感来源。

他弄丢了所有文件中的动画。而事实上，整场戏只有一个关键帧。谈到简单，动作并不总是与情绪相吻合。特洛伊·萨里巴解释了简单的必要性：

当你第一次开始做动画时，你会倾向于，"我要往死里画！我要把鲜血、汗水和泪水全部倾注到我的场景中去。我要移动每样东西，而每件东西都很突出，所以将会是一个重叠动作（Overlapping Action）紧接着另一个重叠动作。"　最难的事是你坐在那里说："有时我真的需要知道，在他的眼睛里，处于这样的情境中，到底是怎么回事。"所以，我必须让每样东西保持静止。有时，只是让它静止不动，这才是最难的。这场戏中什么是最重要的？是一个利用了物理性夸张的喜剧性情节？还是这样一个时刻：我需要保持物体静止，而把焦点放在一个微妙的动作上，这是有难度的。

在你详细研究了所有其他步骤之后，你能得出的结论就是简单。一旦你已经尝试着找到最佳想法，接下来认真听取所有给你的建议，并利用它们找到情节的核心，此时简单性将跃居首位并亟需充分对待。给简单一个大大的拥抱，并扔掉所有多余的废物。

质 地

质地是另一个广义的名词，可适用于动画中不同的特定部分。时间控制中有质地。关键姿态中有质地。对比两个角色之间的动作时也有质地。在动作的选择中，同样有质地。

首先谈谈动作选择中的质地，心理姿势（Psychological Gesture）是一个动画师需配备的最有力的工具之一。一个关于心理姿势的例子是，空中乘务员正在进行她的日常例行事宜，告诉乘客把他们的托盘放成垂直位置，然后她吸了下鼻子并擦了擦它，或者将手放在嘴前打了个呵欠。这些手势给情节中最初的动作设定添加了质地。这个情节与这个空中小姐有关。但是，在此之前可能有另一个情节，很明显她在那里经历了很多事情。你可以通过心理姿势如打呵欠来表现它。或者，也许她会挠挠头，因为这是她第一天上班，她对自己没有信心。这又回到了潜台词或者寻找情节中的潜在意义中去了。正如基思·朗戈所解释的，通过心理姿势和动作产生的质地，给你的镜头增添了更多的生命力：

1982
吉姆·克拉克（Jim Clark）创建硅谷图形公司：硅谷图形公司（Silicon Graphics, Inc.），通常称为SGI公司，它以一个图形显示终端的制造商开始起步。SGI公司集中它所有资源，用来创造最高性能的图形计算机。

1982
骨骼动画系统的开发：骨骼动画系统（Skeleton Animation System，SAS）由美国俄亥俄州的CGRG开发。戴维·塞尔彻为骨骼动画和生物动画开发了面向运动目标的动作描述的性能。对于自主式腿部动作描述的这一领域，他的系统和基本理论作出了其中最重要的一部分贡献。

123

我喜欢让我的角色用他们自己最自然和最舒适的方式进行互动。像是挖耳朵、吸鼻子、动嘴唇、拾掇衣服，等等。如果这些使用得太多会显得嘈杂，但是不时地采用少量的这种东西却可以真正地让角色变成一个真实的、活生生的人。如果角色之间的关系是良好的，我也会让他们以一种更加自在的方式与对方打交道。

为了说明在时间控制中质地的需要，最佳途径之一，就是去了解用CG生成的停帧动作（Moving Hold，即当动画中人物的基本动作保持不变时，但其中一些微细的部分仍然轻轻地移动，这样可以防止停帧时画面过于死板。译者注）。传统动画中，在画停帧动作时，一旦图纸被画了一遍又一遍，一种生命力便被添加到动作当中。动画师在一个停帧动作中，一遍一遍地画出同一张画面，由此创造出的有细微移动的线条，将在动作中产生一种栩栩如生的生命力、振动感和质地。在CG中，因为没有绘画的参与，这种质地很难实现，而且要在电脑上复制一个关键姿势实在太容易了。特洛伊·萨里巴解释了CG生成的停帧动作对质地的需要：

停帧动作在3D中比它们在2D中要困难很多。在2D中，你只需提供两张原画和一份长长的摄影表，接下来让人一遍又一遍地描摹那些线条，而正是这些线条，赋予了停帧动作以某种生命力。而在3D中，它却过于完美了——像是，"哇，你得在那儿加上些细微的差别，给它添上点儿随意性。"为了得到这种随意性，各部分必须打破，而各零部件都必须完美。

质地是能给你的动画增添生命力的东西。正是它，使你的动作超越电脑生成的那些毫无生气的中间帧，而更具魅力。如果你的动画富有质地，那么没有人会指责它太机械，或看上去太曲线化。曲线化（Spliney）是动画师的大敌，它使动作看起来像是在水中。尼克·拉涅利说明了为什么动作中的每一帧都是有价值的：

1982

变形的开发：在1982年的SIGGRAPH大会上，汤姆·布莱汉姆用视频序列帧显示了将一个女人的形状扭曲和变形成一只猞猁的形状，这一展示震惊了在场的观众。由此诞生了一项新的技术，称之为变形（Morphing）。1987年，卢卡斯电影公司为电影《风云际会》使用了该项技术。

1982

讯宝图形部门成立：讯宝有限公司（Symbolics, Inc.）的第一任首席执行官、主席、创始人是罗素·诺特夫斯克（Russell Notfsker）。讯宝公司设计和生产了一系列的Lisp机，一种被优化用来运行Lisp编程语言的单用户计算机。Lisp机是最早的一台商用工作站（尽管那时这个词还未发明）。

在工作室里，有一件关于3D的让我很困扰的事情是，有些人认为一旦他们确立了关键帧，他就不必再做任何其他操作了！比如，你不用再去打破口型同步的形状。在2D中，你必须一张张画出口型。而在3D中，它只需一开一合就可以了。因此，他们就变懒了。当你让它这么动时，它可以动得很好——动作没有问题——但这样的操作不会给它带来任何生命力。它没有任何挤压和拉伸。它不会让人感觉到生动，因为你没有逐帧地编辑过它并赋予它生命。我想这就好像2D动画中的"一拍四"（即每秒仅6帧画面）那样，没错，它是在运动。它的运动没有说服力，但它确实在动。现在很难看到还有人希望动作中的每一帧都能有用。我想很多电脑动画人员都是如此。他们考虑的是琳琅满目的视觉效果。这就是为什么他们的动作看起来太电脑化（Computery）和有漂浮感（Floaty）的原因——因为他们不去思考动作的质地和重叠性（Overlapping），来使完成的作品更具说服力和可信性。

在动画中，质地能够以另一种简单而明确的方式被运用，那就是，通过将两个角色进行对比。如果一个角色的速度快，活力四射，而另一个速度慢，萎靡不振，通过其动作风格的鲜明对比，两个角色都被加强了。这是一个非常成功的用来展现角色中对比和质地的方法。想象一下，一个高大魁梧的男子和他四岁的女儿走过一个游乐园。其中父亲应该是一种缓慢的、稳定的动作，而女儿可以是轻盈的、东张西望的和欢快的。要将这种已经在传统动画中使用多年的思想真正普及，CG动画还有一段很长的路要走。埃里克·高德伯格提供了一个他最喜欢的例子，那是泰克斯·艾弗里的《乡村小红帽》中的情节：

城市狼和乡下狼进入一家夜总会，城市狼领着乡巴佬狼向前走。乡巴佬狼表现出一副对什么都新鲜的样子，边走边嚷着："女孩儿，女孩儿，瞧那些女孩儿！"城市狼则继续稳步前进，他的鼻子一直在空气中嗅着什么，就像罗奈尔得·科曼（Ronald Coleman，演员）那样。我们到现在仍未在CG动画中见过像这样用整个身体和姿态来传达角色身份的做法。

通过在你的时间控制、关键姿势以及动作的选择上使用质地，动画将开始具有生命力和个性。在给动作添加质地时，集中精力解决其简单性和节奏感，这将给角色带来可信度。

1982

《野兽家园》是梅吉公司制作的试验片：梅吉公司（MAGI）为迪斯尼的电影《野兽家园》（Where the Wild Things Are）制作的试验片是一个很有趣的产品，它使用了3D场景、摄影机控制，以及2D角色动画。这部试验片由约翰·拉萨特监督，在结合CG背景和传统动画时使用了数字合成技术。

1982

欧特克公司成立和AutoCAD的发布：欧特克公司（Autodesk, Inc.）是一家设计软件和数字内容公司，由约翰·沃克和其他12个创业合伙人在1982年成立。2006年，欧特克以1.97亿美元收购了Alias公司，连同其3D动画软件套装，Maya。目前其公司总部设在加利福尼亚州圣拉斐尔市。

诚 实

让角色保持诚实，是让观众相信剧情的基础。一个腼腆的角色不会没理由地突然跳出来在大庭广众之下跳舞。一个愤怒中的角色在行动时不会顾及其他人。当然，潜台词可以挑战这些古怪的想法，但那种超出角色范围的表演的例子是非常特殊的。布莱恩·多利克提供了兔八哥是如何对他的性格保持真实和诚实的：

> 让兔八哥看起来愚蠢和无能就太偏离他的性格了。他总是占有主动权，即使他失败了。

如果你的角色是尖刻的、乏味的和消极懒散的，那么他的动作通常会保持简单和低调。如果在一个故事中，角色是古怪的、亢奋的和神经过敏的，那么角色极有可能永远也不会变得对他周围发生的事情漠不关心。你必须学会用角色的大脑去思考，设身处地为他着想。若角色的特质是观众所熟悉的，他们便会移情于那些特质。若角色的行为违背了他们的性格，观众就会认为，这些行为扼杀了他们的想象，并削弱了表演和故事的影响。为什么你的角色做他正在做的事？他的动机是什么？而如果你处于同样的位置你会怎么做？

作为一个动画师来讲，你在很大程度上充当的是一个演员的角色，对于你的角色是个什么样的人，你必须保持诚实；即使当角色正在经历一个成长发展线，并在逐步了解他自己。反派是一个很好的例子，其中，对于这个反派是个怎样的人、为什么他会做这些邪恶的事情，你必须充分地运用诚实来阐述。那些最好的反派应当是：他们的行为出人意料、但同时保持着忠实于他们的性格身份以及他们在做这些事的原因。当一个人的反应与我们预期的极为不同，他便背叛了我们的信念系统。

眼 睛

眼睛对于动画和表演来说非常重要。眼睛是进入灵魂的窗户，而灵魂又被思想所控制。如果说思想推动着角色，那么眼睛则讲述着故事。当眼睛的快瞥和掠过被用在情节中适合的地方时，它们可以传达出比身体或手的任何姿态更多的讯息。有一个很棒的关于眼睛的快瞥或眼珠快速转动的例子，是在影片《海底总动员》中。《海底总动员》中的角色多利（Dory），每当她想不起事情时，就常常用眼珠的快转

1982

卢卡斯艺界（Lucasarts）的成立：在1982年5月，卢卡斯电影公司已经成立了卢卡斯电影有限公司游戏小组。卢卡斯希望他的公司拓展到娱乐业的其他领域，所以他与雅达利（Atari）公司联合，开始制作电子游戏。这一合作的第一批成果是些极为成功的动作游戏，如《滚球大战》和《弗莱克塔鲁斯拯救行动》。

1982

巴克什上映了《嗨，美女》：对于《嗨，美女》（Hey Good Lookin'），巴克什的最初设想是拍一部有几个动画角色的真人实拍电影，类似于《谁陷害了兔子罗杰》。然而，华纳高层告诉巴克什，将真人实拍和动画角色放在同一画面上让人觉得不可信，并推迟影片的发行，迫使巴克什回去将那部分真人实拍的胶片画成动画，于是他用制作其他三部电影的间隙时间完成了这一后续工作。

来表示她正在思考这件事。眼珠的转动显示了思维的过程，无论是害怕还是焦虑，或是简单的思考。当我们思考问题时，我们常常会环顾四周。安琪·格洛克说：

> 如果你去看真人实拍电影的话，你会看到，演员的眼睛是非常灵活的。如果它们不转动，角色看上去就像是在发呆。如果你将它们配合以其他面部动画，角色看起来就会比那些眼神固定的角色复杂得多。

有句古话说的是，只有两种时候，目光接触是有意义的，那就是爱与恨。在一个角色将吻某个人或揍某个人时，此时往往需要眼神的接触。眼睛可以转达出激烈的情绪。在表现出高兴或恐惧时，眼珠会扩张。眼睛自身的微妙运动，可以赋予不安、说谎或困惑等情绪以人格化。康拉德·弗农提供了他的经验，关于如何指导CG动画中怪物史莱克的眼睛的处理：

> 在《怪物史莱克1》中，角色的眼睛看起来并不能真正感染观众，因为它们就像是乒乓球，只不过是表面有着虹膜和瞳孔的乒乓球。然后，电脑程序员参与进来，他们实际上将虹膜设置成了一个透镜，外加一个能扩张的瞳孔，这样你便有了一双真正的眼睛。你可以锁定他的眼珠，并与对方相互对视。你会发现，人们开始看时并没有意识到这一点，但他们顶多看上一会儿就会意识到这一点，因为角色真的是在凝视对方的眼睛。

欲望总是在眼睛中流露，即使这种欲望被隐藏在动作背后的潜台词中。眼睛的快速转动可以显示一个角色的挫败感或恐惧。换言之，这种眼神的游移很少发生在当某人被唤起一个诚实的情感时，比如爱或恨。一些最强大的表演来自于眼睛。

记住，眼睛的处理需非常谨慎。眼睛阐释着角色脑袋中的一切的想法。

> "我的工作总是从眼睛开始。表演总是来自于眼睛，通过它，你能够将角色真正塑造成一个怎样的性格、它是怎样行动的以及它想要些什么。在你建立了所有这些以后，角色便呼之欲出了。"
>
> ——达林·麦克高恩

实　施

现在！你做了这么多事——睡觉、闲逛、听录音、到处乱蹦、和其他动画师聊天、购物、打乒乓球和踢足球、一遍遍地画缩略图、游手好闲、看DVD以及玩电脑游戏或与你的室友玩拼字游戏。你已经做了所有的事，除了为你的场景制作动画。

恭喜！现在是星期四！你现在是"星期四动画师"，而你有一个最后期限。实施就是将你认为对于这一幕最好的想法兜售出去。如果你有一场戏，其中角色要求婚，于是你开始埋头苦干，但如果你对你所表达的想法半信半疑，这场戏便会让人感到未完工。充分表达出角色是什么样的感觉，并真正推动它。这个角色在同一时间表现出兴奋、焦虑、犹豫以及不情愿。致力于表现出这些想法！特洛伊·萨里巴解释了他对一场戏的实施：

我不必担心该用哪些技巧来达到我的目的。我会稍后再考虑那些。此外，技巧部分应该成为你的第二天性，直到那时你才可以称自己为动画师。预先作出计划和决定，这样做有很多好处，因为"在某一时刻，我会顺利到达这一步"；而在这一步，我将对它加以实施。

1983

电子游戏《龙穴历险记》：电影电子公司（Cinematronics）发布的《龙穴历险记》（*Dragon's Lair*）是第一款影碟电子游戏。游戏中播放有精美的迪斯尼式的动画，由前迪斯尼动画师唐·布鲁斯和他的工作室制作。这是第一款可以让玩家控制一个完全逼真的角色的电子游戏，而不是一个以像素为单位的小精灵。

1983

粒子系统的推出：卢卡斯电影公司的比尔·里夫斯发表了一篇关于粒子系统（Particle Systems）建模技术的论文。这篇论文还推广了运动模糊（Motion Blur）技术。

索引5：需要思考的十件事

◆ **听**（Listen）：听取总监的建议。倾听故事。聆听你的角色。

◆ **潜台词**（Subtext）：在情节或对话中，什么才是角色真正要说的？

◆ **试验**（Experiment）：不要害怕尝试新事物。

◆ **节奏**（Rhythm）：动得太快，观众会困惑——动得太慢，他们又会觉得无聊。

◆ **移情**（Empathize）：在角色身上找到一件观众能认同的东西，并将它充分运用到角色点点滴滴的行为中去。

◆ **简化**（Simplify）：少即是多。千古不变的真理。给观众喘口气的机会，让他们品味你正试图表达的这一时刻。

◆ **质地**（Texture）：质地使万物看起来真实可信。

◆ **诚实**（Honesty）：你的角色真的在演出他的个性吗？他又是如何看待自己在这个社会中的位置的？

◆ **眼睛**（Eyes）：当眼睛的快瞥和掠过被使用在情节中适合的地方时，它们可以传达出比任何身体姿势或手势更多的讯息。

◆ **实施**（Commit）：通过创建一个可信的、动人的、能让你的观众哭泣的角色，把你在思考动画时所决定的这些想法付诸实践。

1983

《火与冰》上映：这两位有着无数崇拜者的英雄人物，拉尔夫·巴克什和弗兰克·弗雷泽塔合作了《火与冰》（*Fire and Ice*）。这部动画电影使用了转描的工序。此片无论在票房上还是在评论界都未获成功，但后来却成了它的两个创作者的影迷们所推崇的经典。

1984

《哑迷》获奥斯卡奖：《哑迷》（*Charade*，约翰·米尼斯作品）获得奥斯卡最佳动画短片奖。

1984

CG性感机器人的30秒商业广告：罗伯特·艾贝尔联合公司制作了第一部电脑生成的30秒商业广告，用于"超级杯"赛事。同时，兰迪·罗伯茨和康·佩德森创造了一个看起来很炫的镀铬女性机器人角色。

第五章
用帧作单位

无论你的个人背景是定格动画、2D动画还是CG动画，毫无疑问，对于尝试用电脑来做动画，你迟早都会在某一天受到挫折。电脑生成的最后画面总是跟预期存在差距。电脑动画有远程遥控的特性，它不像2D或定格动画那样切实有形。当你在电脑上制作动画时，你会发现有着数以万计的控制点供你使用。为了成功地制作出电脑动画，你必须建立起一个高效的工作流程。可能通常的情况是，这些电脑中的工具不但复杂，而且会导致徒劳无功和动作的机械呆板，所以你必须制定一个工作流程，使这一过程更加精简和容易，并且是一种符合你个人需要的人性化设置。

接下来，某天你终于掌握了它的窍门，软件却发生了变化，于是你不得不开始学习新的工具！那么作为一个动画师，究竟该怎么做？对于电脑动画中的机械性和遥控性，尼克·拉涅利为我们提供了一个最好的解释：

> "用电脑来制作动画，就好像去掉双手的参与，而试图使用机器手臂在那些塑料容器里处理有毒的东西。"
>
> ——尼克·拉涅利

这有点儿像开车。当你第一次坐进一辆汽车——就好像这台电脑——你开始学习：车内有着这么多的装置，而你必须操作这些让你头痛的东西。然而，几年后，你只需坐进去，它便成为了你的一部分，而你轻轻松松就将它开走了。你觉得你似乎不需要反应时间，你在转向时，仅仅就像在走路或跑步时想做的那样，你很舒服地就做到了。和电脑相比，唯一的区别是，在大多数情况下，汽车的变化很小。它们仍然只有少数踏板和齿轮还有一些让人头疼的东西，而在电脑上会有新的快捷键，等等。在2D中，无论你去哪个工作室，你坐下来，他们给你一张工作台、一张纸和一支铅笔，你就可以开始工作了。就是那么简单。而在CG中，基本上每次你去做不同的工作时，你都要重新回到学校上课。

1984

鲍勃·克莱派特去世：罗伯特·爱默生·鲍勃·克莱派特（Bob Clampett, 1913 ~ 1984）是一名动画师、制片人、导演及人偶操纵师，他因在华纳兄弟的《乐一通》系列卡通片以及电视节目《豆子和塞西尔》（*Beany and Cecil*）中的工作而闻名。1935年，他设计了华纳公司的第一个大明星，猪小弟，它出现在弗里兹·弗里伦的电影《我拿不到我的帽子》（*I Haven't Got a Hat*）中。

1984

首款商用3D软件"波前技术"："波前技术"（Wavefront Technology）是第一款商用3D软件套装。

一旦消除了对这台机器的冰冷特性的抵触情绪，你就会认识到，很快你就能学会如何轻易地驾驭它。用不了多久，你便能信心十足地出发了。但是，不要让自己成为一个软件操作员，因为技术和软件中的工具和方法变化极快，而你有可能很快就被抛在后头。对于电脑动画软件和供应商所开发的工具，科里·弗罗利蒙特有这样一个理论：

> 有一件事是我从不会忘记的，那就是，我们所操作的大部分软件都不是1.0版。各种不同的软件之间是互相竞争的，并不断升级。它们总是试图在某些方面做得更好，同时也确保它们不会被其他软件淘汰。考虑到这一点，我可以认为，所有的软件都有着自己的某种方法，去做到我想要它做的每件事，程序员决不会将它遗漏。这其实就是这样一个问题，就是搞清楚——他们是怎么看待我应该做某件事的。而通常，如果有一些功能（但愿不会）被遗漏了，这就是一个明显的漏洞，很容易找到是谁弄糟了它，因此，对于这款软件的能力范围之外的部分，常常会给予预先警告。这种认识使我很容易地就从这个软件跳转到那个软件，却仍然可以运用自如。尽管，在我倒换过来以后，仍然得用几个礼拜的时间来熟悉各种快捷键。

对于新版本中的这些变化，你尽可以持开放的态度，因为这些软件每更新一个版本，你作为一名电脑动画师的工作也将变得更加容易。开放的心态，也将让你的继续就业机会大大增加。用电脑制作动画，包括需了解电脑所提供的工具，也包括需顺应技术发展的趋势，这些趋势推动了各种工具的升级。对于电脑动画师来说，更重要的是，如何创造性地利用这些工具创作出可信的角色表演。

本章将介绍电脑动画工具，如图形编辑器（Graph Editor），并说明其重要作用，它能防止你的动画做得过于机械化。对于动画领域中2D和CG两种方式之间的分歧，我们将加以阐释。同时，我们还会介绍如何将传统动画师的工作方法应用到电脑中去。关于许多电脑生成的动画中的细节，例如如何避免不能令人信服的运动和时间排布（Timing，本书中又译为"时间控制"、"时间间隔"或"速度"。译者注），在本章中也将深入阐述，包括重量、时间排布中的对比、现实性与娱乐性、场面调度，以及送审流程。CG动画师为获得更多用动力学模拟的动作（Dynamic Poses）而开发的技术，如打破骨架（Breaking the Rig）、停帧动作（Moving Holds），以及使用动态模糊画面帧（Motion-Blur Frames），都将在这里加以论述。那么，就让我们开始吧。

1984

缓冲区隐藏面算法的产生：罗兰·卡彭特是一位电脑图形学研究学者和开发者，同是也是皮克斯动画工作室的创始人之一和首席科学家。在他的许多发明中，缓冲区隐藏面算法（A-Buffer Hidden Surface Algorithm）就是其中之一。

1984

《魔蛋》在SIGGRAPH（计算机图形图像专业组织）首映：《魔蛋》（The Magic Egg）是一部囊括范围很广的视觉片段作品集，它们的创作者来自不同研究机构和北美地区各大学的18个电脑动画团队。这些团队结合了矢量图形（Vector Graphics）、分子模拟技术（Molecular Modeling Techniques），并运用了数学计算的模拟延时摄影（Time-Lapse Photography），为了使用IMAX（Image Maximum 的缩写，是一种能够放映比传统胶片更大和更高解像度的电影放映系统。译者注）的圆顶投影进行放映，需要预先将图像进行扭曲处理。

你是愿意像科学家那样走数学化的道路，对你的动画中的曲线进行细致雕琢？还是愿意较舒适地用一个更直观的方法——知道每个关键动作应该是什么，并将重叠动作和跟随动作（Follow-Through）添加到关键帧中去？这取决于你的意愿，但最好的CG动画师通常对这两种方法都能理解，并根据镜头的需要使用最适合的那一种进行工作
（插图：弗洛伊德·诺曼）

曲线化、黏稠、电脑化和"水中式"的运动

许多经验丰富的动画师对于CG动画的最大抱怨，就是其动作看起来会"曲线化"、"黏稠"、"机械化"，或"像在水中运动"。这是因为电脑用数学方法本能地产生完美的中间帧（In-between）——如果你让它这么做的话。由于电脑的直线性特性，它对于那些在任何有机的、生物体的运动中自然形成的弧线动作，永远都不会给予支持。你必须学会自己去控制这些动作，以确保不会发生这种水下的、缓慢的、不自然的运动现象。

1984

《风之谷的娜乌西卡》上映：本片（英文译名Nausikaa，又译Kaze No Tani No Naushika）的导演是宫崎骏，他将因为其工作室制作的一连串的动画巨作，而最终成为日本的沃尔特·迪斯尼。本片在美国公映的老版本名为《风之勇士》（Warriors of the Wind），是一个被剪辑过度的版本，从而呈现了一个完全不同的故事。

1984

麦金塔电脑的首次推出采用了一则获克里奥大奖（Clio，即克里奥国际广告奖）的商业广告：在"超级杯"比赛期间，苹果电脑公司用一则60秒的商业广告推出了麦金塔电脑（Macintosh），这个名为"1984年"的广告是为了纪念奥威尔的著名小说《1984年》，它由奇特/戴依公司制作。广告在现场的播放推动了一项新的电脑技术，将"超级杯"变成了一项以广告为主的活动，并作为当时的一则热门新闻，标志着一个广告时代的开始。

作为动画师,你需要将电脑看成一项工具,让它服从你的命令。不要采取这种懒惰的方法:设置完关键帧,然后就把它丢给机器进行数学计算,以填补关键帧之间的空白。卡梅伦·宫崎解释了如何防止在动画中出现"看起来电脑化"的问题:

> 不要只会设置关键帧,然后让电脑为你生成动画的中间帧插值。尽管它是电脑动画,但是记住:你让电脑做的越少,你的动画就会越好。当你将每个关键帧插入到你的动画中时,请确保你了解在屏幕的背后正发生着什么[也就是,运用好你的曲线、渐快(Slow-in)和渐慢(Slow-out)],以及它将如何影响屏幕上角色的动作。

当你在电脑上制作动画时,尽量避免做出有漂浮感(Floaty)的动作
(插图:弗洛伊德·诺曼)

1984

约翰·拉萨特离开迪斯尼去了卢卡斯电影公司:1984年,在迪斯尼将拉萨特(John Lasseter)提议的动画项目《勇敢的小面包机》,又译《电器小英雄》(The Brave Little Toaster)交给别人以后,他便失望地离开了公司。埃德·卡特穆尔劝服拉萨特来卢卡斯体验一个月。拉塞特在这里找到了自己喜欢的东西,于是他再也没有离开。

1984

数字制作公司因为它的CGI模拟技术而获得奥斯卡技术成就奖:数字制作公司(惠特尼和德莫斯创办)依靠电脑生成的图像实现了对电影摄影术的实际模拟,并由此获得奥斯卡技术成就奖。1984年,数字制作公司用一台Cray X-MP超级电脑为故事片《星空战士》(The last Starfighter)制作了第一批如照片般真实的电脑图形图像。

　　所有动画师用电脑制作动画时，都曾在这方面遇到过麻烦。你很容易地便选择了这些曲线，用它们来定义你的动作，然后，改变它们的插值（Interpolation），使它们成为两个关键帧之间的一条平滑的样条曲线（Spline），接下来，你开始不明白：为什么它看起来如此缓慢和呈胶着状（Rubbery）。在这里，图形编辑器是你的朋友。充分理解这些曲线所代表的含义，并懂得如何将"质地"添加到你的动作中去。而且，这并不表示你需要添加一百万个关键帧。CG动画在某些地方处于定格动画和2D动画之间。避免设置太多的关键帧，否则动作将变得波浪起伏或过于复杂，适量的关键帧也便于修改。

　　动画中的术语"曲线化"（Spliney），通常指的是电脑生成的"漂浮状"（Floaty）动作——此时，图形编辑器已经在这些曲线的每个关键帧之间设置上插值，成为一条样条曲线，而不是阶梯式（Stepped）或夹具式（Clamped）的关键帧。天然的生物和角色是不会用那种方式运动的。自然界中的运动充满了奇异、美妙的质地和节奏。看看梅布里吉（曾用连续摄影技术捕捉各种动物的动作，译者注）的书籍中人类和动物的各种动作，你会从中看到一些不可思议的东西。当动画师决定让角色如何从一个姿势移动到另一个姿势时，他必须将生命添加到角色身上。在图形编辑器中调整时间和速度，以及调整关键帧的间距，都将赋予动作明确性和生命力。由于电脑趋向于产生精确而均匀的时间间隔（Timing），大卫·布鲁斯特阐述了如何控制并防止这一现象：

　　控制住这场戏。这意味着你需要更细致地去调整你所理解的那些动作，而电脑的特性只能是抽象地概括。

　　了解如何改变每条样条曲线的切线（Tangency），从而将一条曲线的控制线（Bias）变得更加陡峭，可以帮你避免这种"漂浮状"动作的产生。贝塞尔（Bezier）控制柄描述了你的曲线的形状，每个控制柄用一条控制线对曲线进行控制。如果曲线很陡峭，就像驾驶花式车时遇到道路中的急转弯，其斜线的角度急剧变大。如果曲线上的控制线被用来显示柔和的"转折"，那么控制线的斜率会比较平缓。可以把图形编辑器中的这些曲线想成是过山车。如果控制线是陡峭的，动作的感觉就会像坐过山车那样经过一个突然弯曲的路段。如果控制线是平缓的，那么它的感觉就更像过山车到达一个平坡的顶端。

1984
卢卡斯电影公司小组推出运动模糊效果：《安德列与威利的冒险》（The Adventures of André and Wally B.）是一部由约翰·拉萨特为卢卡斯电影公司电脑图形学项目制作的动画短片，在当时是一个具有真正突破性意义的创举，其最大特色是首次使用了CG动画中的运动模糊。

1984
《星空战士》使用了大规模的电脑图形技术来生成真实的对象：《星空战士》（The Last Starfighter）是第一部使用了大规模的电脑图形技术来生成真实对象以取代实物模型的主流电影。片中总共有30分钟的动画，耗费了450万美元。

没必要为了让运动有一个陡峭的控制线，而把每一帧都设置成关键帧，你可以通过改动曲线的权重控制柄（Weighted Handle）来达到目的。让你的动画只有少量的关键帧，以保持其轻巧灵活。这样修改起来也容易得多，因为你需要处理的用来描述动作的关键帧减少了，或者说动作中需注意的节点减少了。同时，这也让图形编辑器变得更为简洁。在这一步骤中，首先让关键帧保持简单，如果你仍看到"漂浮状"的运动，那么开始给它增加更多的关键帧，或调整样条曲线中的张力，以打造出你所需要的动作中的质地。

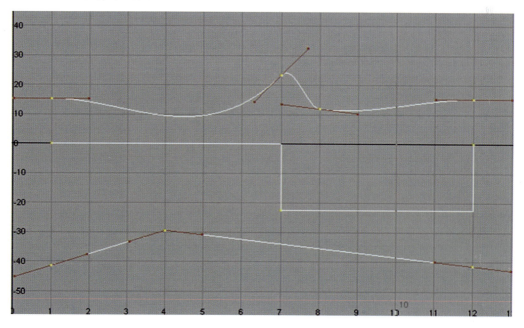

最顶级水平的曲线，是将贝塞尔控制柄的控制线设置为一个陡峭的角度，以得到较快的速度（Timing），而不是诉诸于多个关键帧。中等水平的曲线，是那种为了角色演出的调度，被设置为阶梯式（Stepped）时间排布的类型。最低水平的曲线，则被设置为直线式（Liner）时间排布。了解如何在编辑器中操纵你的曲线，才能避免让电脑替你做动画

CG动画中的另一个问题是，动画师面对数目如此庞大的控制点（Control）时，会变得不知所措。一些CG动画师在电脑上工作时忘了去思考整体姿势，因为在他们面前有这么多控制点被用来做动画。当你在制作手绘动画时，你不得不考虑整个姿势，因为每一条线都必须与下一条线相连接。

　　而在电脑中，每个关键帧代表一个单独的控制点，你可以在窗口中移动它。你能够用100个关键帧来建立一个姿势。传统动画师所说的"关键帧"（Key）是指：由一张关键帧画面（Key Frame）构成的一个整体姿势。而当CG动画师使用术语"关键帧画面"（Key Frame）时，它们既可以指代手腕或手指或颈部单独的关键帧，又可指代它们所组成的整体姿势。因此，在用电脑做动画时，你可以将数以百计的控制点添加到原来某个单一的"关键帧"姿势上。拉里·温伯格给我们提供了他在谢里丹学院（Sheridan College）的经历，那里的动画师面对如此众多的控制点而变得越来越懒：

　　我在谢里丹学院作了一年的访问，有一件事给我留下了深刻印象，就是他们那里接受培训的人员在上机操作之前，首先要通过传统动画的训练。而最最让我吃惊的是，当他们切换到使用电脑时，其制作出的动画的质量便急剧下降。他们不再去思考细节。当你画画时，你必须思考每一根手指，每一条四肢以及面部的每一根线条。可当你使用电脑时，你倾向于放下一些简单的事情，让电脑快捷地生成中间帧，你爱上了这种方式，却没有真正仔细观察过它。你不能因为电脑而让自己变懒。你需要训练你的眼睛来进行观察。如果可以的话，先将它画在纸上，直到你感到满意为止。然后再用电脑把它做出来。

　　另一个让CG动画看起来有"漂浮感"的原因是，使用相同的时间间隔设定出关键帧实在是太容易了。对于初学者而言这么做是情有可原的，以一种平均的方式设置关键帧，能够让你在使用电脑时保持思路清晰。这是一个良好的开端；但是，你必须通过对运动速度进行偏移，将时间排布调节到一种更加自然的状态。对于如何识别哪些是过于平均的时间间隔，最好的办法是，当你看你的动作时，只需念给自己听，"一哒哒、二哒哒"，逐一地数出秒数。如果这些关键姿势都定格于相同的时间间隔，并且身体所有部位的关键帧都被设置在同一张关键帧画面内，那么它就会看起来像个机器人一样不自然。

　　大多数有经验的动画师只需观看回放，即可看出这类问题。角色看起来就像某个合唱队里的一名成员，而不是一个活生生的、有血有肉的、个性化的角色。你可以尝试一下用均匀的速度走出房间。这是很难做到的，因为人类受到情绪、重量、平衡感和身体状况等等许多因素的影响，会做出有机的运动。只有机器人才会有均匀的、机械性的速度感。对于为了避免产生漂浮感而需要将时间排布进行偏移的问题，唐·沃勒提供了极好的阐述：

1985

康摩多公司推出最新的阿米加电脑：康摩多公司（Commodore）设计推出了最新的16位电脑，阿米加1000（Amiga 1000）。这是一台操作灵活的广播级质量的个人电脑，其系统是一款广受欢迎的早期动画系统。

1985

麦克斯·海德努的推出："麦克斯·海德努"（Max Headroom）作为一个风格化的头部造型出现在电视上，与其粗糙的原色背景形成对比。麦克斯的形象实际上是参照其真人原型——演员麦特·弗里沃——用乳胶和泡沫橡胶的假体装扮而成，再叠加上一个运动中的几何背景。将这些东西通过巧妙的编辑组合在一起后，便呈现出了一个电脑生成的使许多人信以为真的人类的头部形象。一开始，其背景并不是电脑图形，而是手绘的赛璐珞动画。后来，其美国版本采用了Amiga电脑生成的图形。

我见过的大多数的这类型问题都是，当CG动画看起来过于电脑化时，它通常源于这样一个事实，即所有的物体都在同一时刻以同样的速度开始移动！它们全都太均匀，而且通常节奏太慢，看起来一副懒洋洋的感觉，没有重量感！对于那些已经具备必要的动画才能和技巧的艺术家们，他们确实应该学习和了解一下重叠动作以及从中可以获得的惠益。重叠动作、时间控制、重量的幻觉，这些要素的有无，可以决定着动画的成败。上面这些类型的时间排布和动作是不容易实现的，我觉得它们正是许多不够完美的动画艺术的症结所在！

除了均匀的时间排布之外，CG动画师很容易把所有的关键帧安置到同一张关键帧画面上，这也会导致机械性的运动。试着让你的手臂放下来，让你的拳头打在桌子上，并使你的手臂从肩到手腕的每一个关节，同时进行移动和击打。这样做会造成身体上的伤害！作为一名电脑动画师，你必须知道，角色的主体的动作发生之后，他的哪些部分将跟随其初始运动而继续移动，你还必须将时间排布得令人信服。这里的二级动作和重叠动作有两个原则，请参考奥利·约翰斯顿和弗兰克·托马斯的《生活的幻想：迪斯尼动画》（迪斯尼版，1995年）[21]一书，这应该是一个你已经了解了的动画中的基础理论。如果你是一个动画师，这些原则就应该是你的第二天性，对于如何设计这些部分的移动，你不应该被它难倒。

熟能生巧。简单的动画测试，如跳上和跳下、奔跑以及循环行走，将教会你这些基本的概念。在使用电脑来塑造动作时，所有方面都将由你决定。作为一名电脑动画师，你现在是原画师（Lead Animator，本书中又译动画主管、首席动画师）、助理动画师（Breakdown Artist，负责绘制小原画）、动画员（In-Betweener，负责加动画）、修形师（Cleanup Artist，负责清稿和修形）集于一身。这意味着：你既要用主要的关键帧创建出动画的大致雏形，也要像助理动画师和动画员那样，用具备娱乐性和令人信服的方式来描述运动。

图形编辑器

在本节中，我们将特别谈一谈一个电脑工具，这是每一位在电脑上工作的动画师都应该了解和使用的。无论你使用的是什么软件，图形/曲线编辑器都是其中最有用的工具之一。它将你的动作用一种2D的方式来表达，使用它，你便能做出不同凡响的动画来！

你可以使用图形编辑器这个工具来给你的动画添加重量、质地和节奏。你能够直接操纵曲线来解决问题。图形编辑器还可以帮你调节渐快和渐慢、时间排布（Timing）和空间幅度（Spacing）。最后，它可以帮你排查错误，如动作中的万向节

1985

皮克斯图像电脑进入市场：皮克斯图像电脑是由皮克斯公司于1986年5月制造的一台图形设计电脑，旨在面向高端可视化市场，如医学。这套昂贵的系统售出情况并不理想，直到1987年皮克斯才招徕了少数买家。到1988年为止，皮克斯只售出了120台皮克斯图像电脑。最终，他们以200万美元的价格将这台机器的技术出售给了维康公司。

1985

一篇关于生物动画的论文：吉拉德和马切耶夫斯基在俄亥俄州立大学发表了一篇论文，描述了反向动力学和动力学在动画中的使用。他们的技术被运用于动画《音语舞》（*Eurythmy*）中。

锁（Gimbal Lock）或峰值（Spike）。大多数2D动画师转到CG领域中时，都对这个工具感到头痛。刚接触图形编辑器时，会觉得它有一个奇怪的、复杂的、数学式的外观，以及一系列让人理解起来头大的弯曲的线条。它看起来就像是意大利面条。图形编辑器类似于传统动画师使用的摄影表（Timing Chart），它们提供着相同的信息。有一些2D动画师尝试不去使用图形编辑器，但他们很快发现，了解该工具能使他们的职业生涯变得简单得多，就像尼克·拉涅利所做的：

> 我使用图形编辑器的频率超过了我的想象。在我第一次看到图形编辑器时，我并不能理解这一点。现在我终于理解了。如若不使用图形编辑器，你怎么能做出动画呢？3D中的问题是，你发现有些地方错了，却不知道是什么原因造成了这个错误。但是如果我进入图形编辑器并检查其峰值，我便知道该怎么办了。在图形编辑器中，整个场景中的动作都呈现在一个平面上。你可以在同一时间看到所有的曲线。我修改这些曲线，并让它再次生效。图形编辑器对我来说，就像是从四个方向观察你的舞台，在同一时间看到各个角度，而不是从摄影机的角度去看——那样的话，你必须不断旋转你的场景以看到所有的东西。在图形编辑器中，你可以同时看到所有的动作，并看到你需要调整的部分。

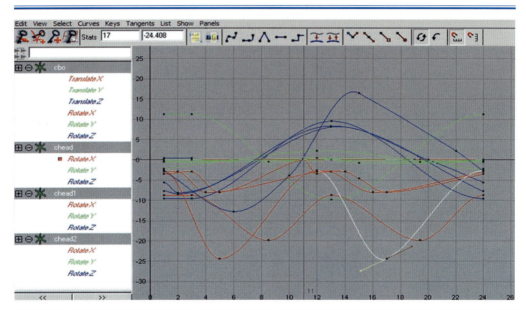

图形编辑器中的曲线操纵着时间的排布。通过改变这些曲线和调节每条与曲线相切的控制线，可以让你的曲线形成更陡峭的角度，从而减少运动的飘浮感

1985

波士电影公司由理查德·艾德兰德创办：波士电影工作室（Boss Film Studio）的创始人和总裁是理查德·艾德兰德（Richard Edlund），一位在特效行业中拥有着无与伦比的声誉的传奇人物。在与工业光魔合作为《夺宝奇兵》和《星球大战》三部曲制作特效之后，艾德兰德集中波士公司的力量完成了《捉鬼敢死队》和《2010年》的特效。波士电影公司是现存为数不多的曾驰骋前数码时代的机构。它于1997年8月28日停止了生产。

1985

《爱心熊》上映：《爱心熊》（*The Care Bears Movie*, 奈尔瓦拉公司出品）是第一部采用了流行的"爱心熊"（Care Bears）玩具作为角色的电影。这部电影经常被列为首部基于一个玩具生产线的影片，但事实并非如此。这一荣誉实际上应归于1977年的《破烂娃娃安和安迪：音乐历险》。

阶梯式、直线式和样条曲线式

是使用还是不使用样条曲线——这正是问题的所在。每个动画师都有着自己独特的方式来处理动画制作的流程。大多数人都先用阶梯模式，然后用直线模式工作，当他们做完最后百分之十的誊清工作（Cleanup）时，再用样条曲线的方式将该项工作完成。阶梯式模拟了传统动画中所谓的动作检查。它告诉电脑按照动画师的意愿一直保持一个姿势，然后突然跳转到下一个关键姿势。它以一种非常清晰的方式表达了动作，将观众的视线吸引到场景中的主要动作上。这一方法清晰地呈现出每个姿势，给观众足够的时间来欣赏某一时刻。藉此，动画师能够在将镜头中的许多具体工作付诸实践以前，就让其运动、时间和动作选择获得批准。今天，大多数CG动画中的管理者都能理解什么是阶梯式关键帧测试。

对于CG动画中的审批（Approval），其最佳结构是，其中的导演、总监和动画主管都能够接受你用这种阶梯式、直线式、然后样条曲线式的方法来制作电脑动画。然而，有时候，你会遇到某位真人电影的导演，他无法理解甚至看不懂阶梯式关键帧测试。你也可能为一名动画主管工作，他更支持动画分层的方法，于是你将不得不相应调整自己的工作流程。我们将在第七章更多地讨论这一话题。当你已经完成了阶梯式关键帧测试之后，下一步就是转入直线式曲线，它不会突然从一个姿势跳转到下一个姿势，但它的每一个关键帧之间看起来会非常机械。线性曲线可以让你看到需要在哪里设置较次要的关键帧，并开始塑造一个更加自然的动作。

通过在图形编辑器中使用线性模式，你强迫自己用这些曲线来刻画动作。如果你没有为你的渐快和渐慢动作设置次关键帧（Breakdown Key，类似传统动画中的小原画），很明显你将让电脑为你做动画。线性曲线使动作看起来十分机械，你可能必须设置更多的关键帧来避免这种效果。亨利·安德森介绍了在他的动画师们制作动画时，他是如何指挥他们解决"电脑化"外观的问题的：

我会要求那些在我的项目中工作的动画师们，在一个场景的前几个步骤中使用阶梯式插值来制作动画。这使得在电脑中做动画更像是在手绘动画中做动作检查。一旦时间排布已经完成，动画师将开始做小原画和中间画，现在以线性模式进行工作。接下来，你会在越来越小的帧数范围内设计动作细部，直到你的动画看起来更流畅，只有到那时，你才开始在你真正需要的地方进一步调节整个数据曲线中各样条曲线的微小局部。当我做CG动画师时，我使用了这个方法，我认为它给了动画师在每个关键帧和中间帧之间的最大控制权。同时，它也保持了动画的简洁——这也是我偏爱的东西。

1985

迪斯尼的第25部以及第一部使用CGI的传统动画电影《黑神锅传奇》：《黑神锅传奇》（The Black Cauldron）中有一些物体的动画是先在电脑中制作完成、再将其轮廓印刷到赛璐珞片上的。这部电影是迪斯尼公司试图接触那些幻想小说青少年爱好者的一次尝试，但这一冒险被证明并不成功。评论家批评这部电影缺乏影片吸引力，以及其非典型黑暗面的描写。由于影片在票房收入上的失败，加上影片本身的黑暗风格，导致迪斯尼公司几乎不承认这部电影达15年之久。

1986

《一个希腊的悲剧》获奥斯卡奖：《一个希腊的悲剧》（A Greek Tragedy，妮可·凡·戈登作品）赢得了奥斯卡最佳短片单元动画电影类金像奖。

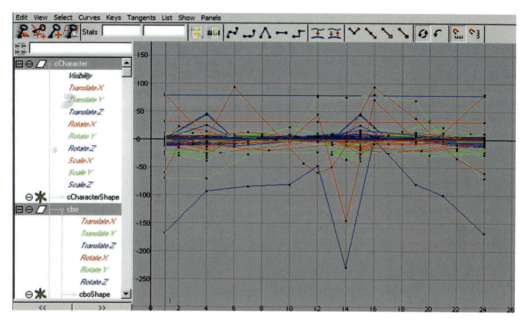

图形编辑器中的直线式曲线

　　用线性模式工作，将逼着你只看关键姿势，并明白该如何从一个姿势过渡到另一个姿势而不用增加太多的中间帧以至动作变得让人费解。这是一个好方法，你可以清楚地看到电脑将在何处使动画看起来太过曲线化。

　　"我曾经与一位动画师一起工作，他一直保留他所有的样条曲线，直到我已经批准了这个镜头的设计思路，然后他将至少花费一天的时间来调整样条曲线以获得清晰的动作，并让行动变得柔软而真实。这家伙真是个天才！通过这种方式，他的想法被百分之百地投入到他的姿势设计和大致的时间排布中去，直到这个镜头获得批准。太多的人担心当他们的镜头行不通时，中间帧该怎么办。这就像给一块还没做好的蛋糕加糖霜一样。"

——克里斯·贝利

1986

伊瓦克斯娱乐公司成立：伊瓦克斯娱乐公司（Iwerks Entertainment）成立于1985年，创始人是斯坦·金赛和唐·伊瓦克斯，两个迪斯尼前高管。它通过在1996年作为第一家专门投资特殊场馆的开发商而变得众所周知，其投资的虚拟现实影院遍布世界各地。该公司的命名是为了向唐的父亲，乌伯·伊瓦克斯致敬。

1986

《美国鼠谭》上映：虽然《美国鼠谭》（An American Tail）中所有动物角色的动画由手绘完成，但人类角色使用了动画转描技术进行绘制。这部影片在第一次上映时成为当时票房最高的动画长片。

使用直线式工作模式的另一个优点是,它可以帮助你保持所有事物简单明确,并使其更容易修改。理论上,你总是可以在样条曲线和线性模式之间来回切换,以看到动画是怎样进行的,但这里很重要的一点是,只有当你已经固定了每一个关键姿势之后,才能转入样条曲线模式。一旦你觉得你已经以阶梯状模式和线性模式完全设置出你的时间排布,你就可以开始用样条曲线模式将所有动作整理得更平滑了。

当给2D和CG动画架起沟通的桥梁时,你会看到这两个学科并非所有地方都那么不同。你可以采取许多传统动画师用来制作手绘动画的工具,并将它们应用到电脑动画领域,在其应用中二者只有非常细微的差异。最好是能采用那些最伟大的传统动画中已经制定的所有原则,并将它们应用到你的CG动画中去。现在有许多的书籍和网站解释了这些动画中的原则。我们提供了一个简短目录,它们由奥利·约翰斯顿和弗兰克·托马斯在他们的《生活的幻想:迪斯尼动画》一书中所定义,并由娜塔哈·莱特富特(Nataha Lightfoot)阐述,收录在附录E中,以供参考。

本章将深入探讨如何将传统动画原则应用到电脑中去。本章还详细说明了CG动画师在电脑上工作时,是如何为这些原则找到了新的应用方法的。2D动画和CG动画之间存在的一些分歧是每个动画师都应该思考的,不管他们来自怎样的背景。

姿势设计和分层

关于如何制作动画,无论在CG圈子里还是在传统动画圈子里,都有两个思想流派。一种方法是将整个姿势用一张关键帧来表现,细到手指和身体的微小局部。另一种方法是在动作中分层,开始时只设计大的体块动作,一旦较大的动作被确定好时间排布后,便开始逐步向下新增动作,一直到身体各局部的动作设计。有时候,这两种技术会交替使用。

第一种方法需要推导出角色身上所有部位的姿势,直至各个指头。面部元素、手指——一切局部都是关键姿势的一部分,这迫使动画师总是在思考行动路线以及该路线将在何处从一个姿势流动到下一个姿势,需考虑的要素遍布全身。运动中的各种偏移被放在每张被确定的关键帧画面之中。每张关键帧的角色轮廓已包含了这些偏移如何发生在整个骨架的树状结构中。埃里克·高德伯格告诉我们他喜欢以怎样的方式处理CG,并如何确保它能包含所有他在2D动画中喜欢的东西:

我总是会以一种对2D的感受力来对待CG。我怎样才能让CG看起来更像我所钦佩的那些动画,更像我所热爱的那些动画?它确实需要一套与通常的CG所不同的规则和不同的思

1986

《妙妙探》,迪斯尼的第26部长片和第二部由CG辅助制作的传统动画电影:《妙妙探》(*The Great Mouse Detective*)因为其较早地使用了CGI而名声在外。该片常常被认为是第一部使用了CGI的动画电影,但这一荣誉实际上应归于1985年的《黑神锅传奇》。

1986

3D软件TOPAS发布:水晶石图形公司(Crystal Graphics)推出了TOPAS,是最早出现的为个人电脑开发的高品质3D动画软件之一。多年来,在基于PC机的3D动画领域中,水晶石图形公司一直保持着主要竞争者的地位。

维方式。首先，给CG角色的整体构思大致设计出一个框架，然后，再将四肢、面部、衣服和手指等各局部的姿势进行分层——这与我喜欢用来处理动作的方式完全相反。当我在进行手绘时，所有部位的姿势都会被画出来。

这种设计出全部姿势的方法，是传统动画师和CG动画师都在使用的。一些动画师在制作动画时，会设计出每个完整的姿势，并清理每张画面，直至其想法被纯粹而明确地表达。然后，他们将使用第二种方法，也就是将动作分层，以此获得更多的次要行动纳入那些次关键帧中，并去刻画那些应该有着更流畅动作的部位，如附件、服装和头发等。

第二种流派对于如何在电脑上设计关键姿势，更关注处理其分层技术，就像前文埃里克所说的。为计算出重量，首先要去分析臀部的位置，然后根据其重心（COG，即Center Of Gravity）算出其重量。在使用电脑做动画时，分层是十分有意义的，因为电脑上的关键帧实际上是一个所有层次上的关键帧的集合，而不是一张图画。在CG动画中有着数以百计的控制点，而其中的一些控制点只需要几个关键动作，而一些位于其他层级上的控制点则需要许多关键帧来定义其动作。通过分层，你可以更容易地理解所有这些数据。

约翰·拉萨特为1994年的SIGGRAPH大会的第一项议程"动画技巧"（Animation Tricks）撰写过一篇论文，题目是《电脑动画技巧》（*Tricks to Animating Characters with a Computer*）[22]。文中介绍了他在电脑上制作动画的早期尝试。在论文的"关键帧"章节，拉塞特阐述了他如何学会处理模型的层级。为减少在电脑上建立一个整体姿势所需要的大量关键帧的数量，他使用了分层技术。使用这种方法，他可以在多个层级上控制动作。特洛伊·萨里巴进一步解释了为什么对于一个2D动画师的思维过程来讲，分层办法并非真正是其第二天性，但它却能行得通：

> 我总是惊讶于一些动画师采取的分层方法，特别是当2D动画师如此拥护分层的时候。这不是2D动画师的思维方式的问题。在行走动作中，CG动画师做的第一件事是移动其重心，将它向上和向下移动。作为一名受过2D训练的动画师，对我来说这完全是一种背道而驰的做法。CG分层技术需要改变关键帧来产生偏移，而不是让一个原画姿势自身去产生偏移。我理解这么做背后的原理，但在2D中，你是在原画姿势中得到偏移的。一种办法无所谓好坏；我只是感到惊讶，2D工作者所走的这条路是这么简单自然。我知道很多非常有才华的动画师，将它使用得非常好，并使动作十分美观。有些动画师在做动画时完全是一名科学家。

1986

ILM（工业光魔）的电脑图形学部门与公司脱离并成为皮克斯公司（Pixar）： 1986年，史蒂夫·乔布斯以1000万美元的价格，从乔治·卢卡斯处收购了卢卡斯电影公司的电脑图形部门，并命名这一新的电脑动画工作室为皮克斯。协议的一部分是，卢卡斯电影公司将继续获得皮克斯的渲染技术。皮克斯与迪斯尼公司签约生产了许多电脑动画电影，对于这些影片，迪斯尼将共同出资并进行销售。它们以这种伙伴关系制作的第一部电影《玩具总动员》（*Toy Story*）在1995年上映时，给皮克斯工作室带来了声誉和如潮的好评。皮克斯继续开发他们的渲染硬件，最终把它发展成了RenderMan渲染器（一款顶级渲染器，广泛应用于好莱坞影片包括动画和真人电影中的特效镜头，译者注）。

使用了分层技术的动画师能够理解这些电脑曲线，并能够在动作中用这些曲线有效地创建出次关键帧和动作的质地。分层涉及一次只制作身体某一部分的动画。这并非是一项更好的技术；它只是一种更精确的方法，它接受了这样一个事实，即当你知道如何通过滑动每一帧来偏移它们时，第二动作是非常容易在电脑上制定的。

你使用什么样的手段达到目的并不重要。重要的是：避免让你的电脑代替你来做动画。迈克·萨里就他进行分层的方法作了一点解释：

> 我用分层的方法工作。在大体设计完一个镜头之后，我会从第一帧检查到最后一帧，琢磨角色的某一个部位，然后回到开始，并选择另一个部位进行同样的过程，直到敲定我需要的所有关键帧，以得到我想要的动作。

有时，将这两种技巧结合起来运用可以两全其美。

分层中的最后一个思考：如果你在关节部位结合动画分层，然后为每个关节偏移排布时间，它便可以成为一个真正强大的工具，让你迅速获得流畅的第二动作。这种方法你只能在电脑上实现它。例如，如果你想要一个摇尾巴的动作，你通过分层来处理它，你将在尾巴根部最接近身体处制作第一个关节的动画，并将曲线复制到结构树下的每个关节处。然后，你可以为每个关节向前一帧滑动曲线。每个关节将比上一个关节迟一帧。这将快速创建一个流畅的摇尾巴的动作，还可以用更多不同的时间排布将它调整得更加自然。大卫·沙伯斯基提供了他在《精灵鼠小弟2》中运用此技术的经验：

> 我在《精灵鼠小弟2》中做了一只飞行的鹰，我使用电脑来帮我完成中间帧，生成了它将翅膀向上和向下均匀扑打的动画。然后我将其节奏减慢，再将这整个动画进行调整：将每个翅膀关节上移一帧。于是，它动起来的效果看上去便少了机械感，而变得非常自然了。

通过滑动关键帧产生的分层和偏移，可以快速地在电脑上产生一些好的效果。

无论你选择什么方法，都是为了设计出关键姿势。无论是用2D的方法（将整个关键姿势作为一个关键帧），还是用CG的方法（通过分层得到关键姿势）。但是，当你与你的总监或导演打交道时，有时候你需要灵活些。根据他们的职业背景，他

1986

Softimage公司成立：丹尼尔·朗格卢瓦（Daniel Langlois）于1986年成立了Softimage公司。接着，在1987年初，他雇用了一些工程师来帮他实现他在商业3D电脑图形软件上的远见。Softimage软件在1988年的SIGGRAPH展览会上推出，并成为了欧洲动画的行业标准，截至1993年，全球有1000位以上的用户安装了这一软件。

1986

特纳·特德和他著名的浮动铬球：特纳·特德（Turner Whitted）在SIGGRAPH发表的论文中的著名形象，许多漂浮在棋盘面板上的铬球，被普遍认为是电脑图形学中第一个现代的射线追踪方法的实例，并为他赢得了"美国计算机协会计算机图形图像专业组织卓越成就奖"。

们可能希望看到整个姿势。他们可能不能理解你将计划使用的分层技术，以及为什么动画中还没有出现手指或面部的姿势。妥善处理与上司的关系和不同意见对你将来的业务是至关重要的。这个问题和其他关于与他人顺利合作的问题，将在第七章"事态严重"中更深入地阐述。最好是同时了解这两种方法，并将它们熟练掌握，以备不时之需。

打破骨架

很多时候，尽管那些IK（Inverse Kinematics，反向动力学）的解决方案或其他总监们会告诉你：你可以这样给它设定关键姿势，但是你就是想打破控制手臂的制约因素，并把胳膊放在你想要的地方。那就这么做好了！是什么阻止了你呢？如果你想到了某个姿势，并通过缩略图把它画了出来，那么你将创作出的动画往往需要突破某种局限！不惜一切代价去得到那个最生动的姿势。如果你想创造一个姿态，你可能需要突破解剖学上的定律（作弊）。然而，正是这种做法让你的姿势具备吸引力！只要打破骨架能使姿势更吸引人，你便能得到更加出色的角色表演。

如何成功地隐藏"作弊"是关键。如果你想要一只手臂高举在空中，你可以将肩膀隐藏在头部的后面，并将它向上方伸展，使之超出其自然状态。观众永远不会比你更聪明。你的姿势将看起来更加充满活力和有趣。埃里克·高德伯格告诉我们，为了得到他头脑里所构想的最生动的姿势，他喜欢用什么样的方法来打破骨架：

我对于CG的办法是，"我能打破什么？"我清楚自己的目标是什么，以及我喜欢的是什么，目前为止我做的所有的CG动画几乎都是复制那些已经在2D中建立的东西，再将它转换到CG媒介中来。为了实现这一点，你必须去做很多事情。它们基本上可以归结为作弊。当我说作弊的时候，我指的是那些观众看不出来是在作弊的姿势，他们会认为那是正确的。

在从一个作弊的姿势运动到一个对于骨架来说较正常的姿势时，你需要非常小心。因为一不小心，作弊就会穿帮。如果你的角色有皮毛或布料或骨架上的某种力度变化，作弊会破坏这些技术元素，进而影响到后面的工作流程。如果你隐藏了作弊的部位，比如为了让手臂提高到骨架的允许范围之外，而采用将肩部姿势隐藏到脑袋后面的方法，那么你便成功了。阴影也是即将进入最后画面的元素，因此，在你隐藏作弊姿势时也要将它们考虑在内。毛皮、织物、力度变化和其他针对骨架的技术解决方案可以被折衷用来做出你想要的姿势，但这是一个小小的冒险，所以你需要就你正在尝试做的东西而与你的数字团队进行沟通。

1986

汉森的"瓦尔多"项目引进了动作捕捉：因其"提线木偶"（Muppets）而鼎鼎大名的吉姆·汉森带着创造一个数字木偶的想法，接触了数字制作公司的布拉德·德格拉夫。汉森还带来了一个"瓦尔多"（Waldo）遥控器（其名称源于20世纪40年代罗伯特·安森·海因莱因的科幻书），他曾用它来远程控制他的一个木偶。

1987

《植树的人》获奥斯卡奖：《植树的人》（L'homme qui plantait des arbres，弗雷德里克·贝克作品）的上映获得了国际评论界的好评，并成为有史以来获得殊荣最多的动画短片之一。它获得了奥斯卡最佳短片单元动画电影类金像奖。

动画师背后的团队（那些为动画师创建工具/骨架的人员）和动画师之间的关系偶尔会变得紧张，但这可以通过幽默来进行化解，就像迈克·泊尔瓦尼在这幅插图中所画的那样

　　在你考虑打破骨架之前，一个好主意是先在你的骨架设计师旁边做这样的操作。除了总监，骨架设计师和动画师之间的关系是最重要的伙伴关系。无论是动画师和总监的关系还是动画师和骨架设计师的关系，它们都能确保你的动画获得成功。你们都需要与对方和睦相处。正如绘画的手艺是一个2D动画师的基础，骨架设计师和骨架就是你是否能用电脑制作出高水平动画的基础。出色的骨架对于帮助动画师全面实现他的想法是极其重要的，因为骨架中设定的任何限制都将影响到你能实现的运动范围。尼克·拉涅利告诉我们他曾使用了一副受到限制的骨架的经历：

1986

　　Omnibus电脑图形公司敌意收购了数字制作公司和罗伯特·艾贝尔公司：1986年，美国的两个最大的电脑图形机构被Omnibus电脑图形公司敌意收购，它们是数码制作公司（于6月被收购）和罗伯特·艾贝尔联营公司（于10月被收购）。

1986

　　《顽皮跳跳灯》是首部被提名奥斯卡奖的CG动画片：《顽皮跳跳灯》（*Luxo Jr.*）是在皮克斯动画工作室作为一家独立的电影工作室成立之后，于1986年制作的第一部影片。从技术上来看，影片示范了阴影贴图的使用，用来表现影片中的动画台灯所造成的模拟光线和阴影的变化。从电影角度来看，它叙述了一个简单而有趣的故事，还生动地刻画出了有个性的角色。

在《四眼天鸡》中到处都是这些背景角色，它们的骨架相当糟糕，因为它们没有足够的控制点。它们不像主要角色的骨架那样完善。你只能做出跟你的骨架同等档次的动画。你要知道，如果你有一个差劲的骨架，你对它所能做出的操作也将非常有限。在《四眼天鸡》中，用这些背景角色的骨架，你甚至无法将手臂抬高到头部以上，它们是如此地受限制。这是件非常糟糕的事。

了解你的骨架设计师并跟他打好交道，因为这种关系将使你的工作轻松许多。想过得轻松舒坦是人类的天性，所以你必须向骨架设计师提出你需要何种工具来让动画看起来更加出色。确定你在那些姿势中设置的打破或作弊不会出现穿帮，否则，你的失误将在审批中被拎出来。与你的总监一同从技术层面上检查这些姿势，以确保它们不会引起任何问题而影响了之后的工作流程。

使用次关键帧

次关键帧（Breakdown）是用来控制中间帧（In-Between）和防止"电脑化"外观的最佳途径。记住，次关键帧还有表达情绪的作用。如果角色伸出一根手指，其动作中的次关键帧出现了许多的振动，这可能意味着某种蕴含更多能量的情绪，比如愤怒。如果这里的次关键帧将同样的伸手指动作描述为一个看起来更像无目的的指向，其情绪便可转化为淡漠。次关键帧发生在当你使用两个关键姿势并将另一关键姿势插入前两者之间的时候。

次关键帧还可以帮助你定义动作背后的意图。即使你设计的是一个眨眼的动画，眼睛也不应仅仅以直线方式进行运动。你如何处理你的次关键帧，将决定动作表现出的是嗜睡、兴奋还是蔑视。每一帧都很重要。对此，尼克·拉涅利的结论是：

有些人认为一旦他们确立了关键帧，就不必再做任何其他操作了！比如，你不用再去打破口型同步（Lip-Synch）的形状。在2D中，你必须一张张画出口型。而在3D中，它只需一开一合就可以了。因此他们就变懒了。当你让它这么动时，它可以动得很好——动作没有问题——但这样的操作不会给它带来任何生命力。它没有任何挤压和拉伸。它不会让人感到生动，因为你没有逐帧地编辑过它并赋予它生命。现在很难再看到还有人希望动作中的每一帧都能有用。我想很多电脑动画人员都是如此。他们考虑的是琳琅满目的视觉效果。

1987
《辛普森一家》出现在《崔茜尤玛秀》中：《辛普森一家》（The Simpsons）电视系列动画，最初是在《崔茜尤玛秀》（The Tracey Ullman）中作为附加节目播出的一系列动画短片。它是有史以来持续时间最长的连续剧，也是持续时间最长的动画节目。《辛普森一家》是有史以来评价最高的卡通片，其平均观众的数量曾一度超过了2500万。

1987
诺曼·麦克拉伦去世：诺曼·麦克拉伦（Norman McLaren, 1914~1987）是一名苏格兰籍的动画师和电影导演。1941年，他应邀到加拿大为其国家电影局（National Film Board, 即NFB）工作，为的是开创一个动画工作室并为加拿大培训动画师。在NFB工作期间，麦克拉伦创作出了他最负盛名的影片《邻居》（Neighbours, 1952年），并赢得了来自世界各地的多个奖项，其中包括加拿大电影奖和奥斯卡奖。

"你必须考虑角色的反应是什么。角色先会思考——他的目光将根据他的想法发生改变，然后是他的身体，接着是他的肩膀，之后到他的手臂，最终是手指做出指点的动作。这里有很多的关键帧。这些工作是你不该让电脑做的。永远不要指望电脑来'填帧'，否则角色表演将受到影响。"

——大卫·史密斯

动画师们正在一个骨架设计的演示现场听取意见
（插图：大卫·沙伯斯基）

1987

日本动画（Anime）的繁荣：1987年，日本生产了24部影院动画，以及72部用于录像带播放的动画长片。Anime指的是一种原产于日本的卡通动画的风格，具有独特的人物和背景风格，其视觉效果明显有别于其他形式的动画。

1987

边效软件公司成立：边效软件公司（Side Effects Software）成立于1987年，它在用于电影制作的高端3D动画及特效软件方面处于世界领先地位。这家公司以其独一无二且屡获殊荣的"电影特效魔术师"（Houdini）技术引领了程序动画领域内的潮流。

次关键帧是你应熟练掌握的另一项工具，它将有助于消除动画中电脑化的外观。不要懒惰地去让你的电脑来定义次关键帧。控制住动画的每一帧，它能给你的工作添加令你惊喜的吸引力。

"逐帧"地做动画，还是"一拍二"地做动画

一些较传统的动画师喜欢制作"一拍二"式的动画，这意味着每两帧画面就须设置一个关键帧。他们将所有的动作曲线保持为直线形，并通过在每两帧即设一个关键帧的办法来表现动作，就像创作传统动画的方式那样。在处理紧密的时间排布和某些特殊的运动时，这种方法确实是有帮助的。有时你不得不以这种超高精度来制作动画，以使动作看起来正确无误。但是，如果你用这种方式来制作整场动画，那将会有许许多多的关键帧，这会导致修改起来极其困难而耗费大量时间。只要最终作品看起来正确，你的方法就不存在真正的问题。只要记住，你有越多的关键帧，修改进程就会越复杂。而且无论何时，修改总是会有！

中间帧

中间帧是次关键帧和关键帧画面之间的那些帧。在你设置完第一层次的主要关键帧之后，中间帧便是给你的动作添加生命力的第二个层次。中间帧步骤将用来完善关键姿势的时间排布。中间帧之间的动作间距的选择将决定这些姿态背后的意图。次关键帧能够表现出动作的目的，并消除那些漂浮状的CG外观。中间帧将进一步强化每个关键姿势的作用，并为动作设置出时间排布和空间幅度。如果你不控制住你的中间帧，就将面临着动作出现电脑化的风险，这也是我们一直在讨论的。如果次关键帧经过了深思熟虑，并被添加上已经融入关键姿势中去的重叠动作，你的中间帧便能够顺畅地流动起来。

> "用直观和自然的方式打破电脑给你的时间排布。电脑生成的是严格的中间帧。而人类的动作则不同，它是有机的。"
>
> ——托尼·班克劳夫特

有些动画师使用白板笔直接在他们的电脑屏幕上画出各种运动路径（Arc）和形状。这个办法可以用来很好地安排你的中间帧和它们之间的空间幅度。直接在屏幕上画出的图形标记能确保动画的运动路径和空间幅度没有差错或峰值，而动作的空间幅度将被设置在你认为应该放置的地方。你可以按照运动的轨迹，通过选择一个

1987

Omnibus公司倒闭： 1987年3月，Omnibus公司开始拖欠加拿大债权人的3000万美元。其中一些债务是前一年收购数字制作公司和罗伯特·艾贝尔联营公司的结果。5月份，Omnibus公司正式停业，所有员工被解雇。

1987

都市之光公司成立： 都市之光公司（Metrolight Studios）由詹姆斯·克里斯托夫、金子密和多比·希夫创办。他们因1989年的故事片《全面回忆》（*Total Recall*，又译《宇宙威龙》）而获得认可。该项目需要为角色制作出骨架动画以通过一个未来的安全装置。这一装置能检测到任何物体，从武器到椎间盘突出。都市之光公司获得了当年的奥斯卡视觉效果奖，这也是用CG制作的故事片第一次获此殊荣。

点，如脑袋上的鼻子，在屏幕上的每一帧放置一个小点。在你一步步检查动画时，沿着点对点的模式，便可以看出运动路径的走向。你也可以画出你希望头部将跟随的路径，并逐步调整头部以遵循这一路径。如果你在做一个镜头时的时间紧迫，你甚至可以在依照导演和总监的意见进行动作修改时，直接在屏幕上画出缩略图。

一些动画师在制作中间帧时，还会逐帧观看真人动作的参考资料，以帮助他们弄明白下一帧看起来应该如何。不惜一切地去关注你的中间帧，不要让电脑代替你做它们。在2D中，关键帧动画师画出整个关键姿势，而次关键帧动画师和画中间帧的动画员将按照你的摄影表计算出中间帧画面。而在CG中，你负责一个动作的所有画面帧。有时，这甚至比2D动画难度更大，因为许多传统动画是画成"一拍二"的，而你现在做的是"一拍一"。记住，每一帧都是有意义的！

创建重叠动作和第二动作

重叠动作是一种用来描述运动的受力状态的技术，比如用来描述角色全身的重量，包括角色身穿的任何织物。重叠动作是传统动画原则之一。如果你的角色完全停止下来，其结构上的各个不同元素以及织物也将停止于不同的时间。这便是重叠动作。身体上的不同部位将以怎样的不同速度到位，这取决于它们的相对重量。这是一种微妙的动作，但是观众能感觉到这种动作。在将这一传统原则运用到电脑动画中时，你必须采取十分谨慎的态度。在使用电脑制作动画时，你可以通过偏移帧很容易地生成精确的重叠动作。但是，如果你没有在电脑生成精确的动作之后再进行调整的话，它可能会变得循环和老套。正如前面所讨论的，如果你了解如何一层层逐步打破关节的话，那么在关键帧中分层和偏移的方法将行之有效。无论你是使用分层还是偏移关键帧的方法，或是关键姿势中的重叠动作法，你都必须了解你头脑里真正想要的最后动作的样子。否则，这一动作将永远无法正确移动。如果你懂得怎样在关键姿势中创建你为动作指定的重叠动作，你将最有可能创造出最真实的对于重量感的描述。

任何活着的、呼吸着的角色，它的所有部分都不会以同样的速度移动。若要让电脑为你创建重叠动作，这很容易，但你必须记住的是，每一帧都是有意义的。你必须告诉电脑你想要多大幅度的重叠动作，从而确定重量。根据你允许的重叠动作的幅度大小，一个角色的耳朵可以像兔子那样松软，也可以像猫那样耸立 。电脑只能

1987

德格拉夫/瓦曼公司成立：德格拉夫/瓦曼公司（deGraf/ Wahrman）由前艾贝尔公司的雇员迈克尔·瓦曼和前数字制作公司的导演布拉德·德格拉夫在他们的原公司倒闭后共同创建。1988年，德格拉夫·瓦曼公司为硅谷图形公司开发了"会说话的头像麦克"（Mike the Talking Head）实时系统，用他们新的4D机器展示了它在实时领域的能力。"麦克"被一个特别制造的控制器所驱动，允许单个的操作人员来控制角色面部的许多参数，包括口腔、眼睛、表情和头部位置。

1987

节奏与色彩公司成立：由前罗伯特·艾贝尔联营公司和Omnibus公司的拉里·温伯格创建的R&H公司（Rhythm & Hues，即R&H），是行业内最有信誉的一家CG企业，也是娱乐业中角色动画和视觉特效的最具权威性的制造商。

以一种靠数学计算得来的近似值来决定在你所设置的每两张关键帧画面之间，这些物体能移动多少。不要依赖电脑来为你生成重叠动作。迈克·萨里解释了如何将这种2D办法运用于CG中：

> 我认为我最大的成功就是，我采用了2D的方法来规划一个CG镜头。我将骨架上的每一个控制点当做一个可能的铅笔记号，并同时记住基本的挤压和拉伸，以及最重要的——重叠。重叠比其他原则更容易被忽视，因为当动画师需要为影片完成一个情节时，他们常常依赖电脑为他们做出重叠动作。

在你创建重叠动作时，一个很好的办法是，先使用电脑通过数学方法偏移关键帧完成工作量的一半。但是，你必须了解怎样给动作添加质地。我们已经谈论了由均匀的时间排布造成的漂浮状外观，以及如何防止这一现象：通过调整图形编辑器中曲线的控制线，以及设置更多的关键帧。通过将这两种技术配合使用，可以给动作添加质地。如果你不去给重叠运动添加质地，它便会显得老套和机械。

利用不同的质地，将让你的重叠动作充满个性。兔子在跳跃动作中，其耳朵的重叠动作的循环，最初用均匀的时间排布进行创建，以得到看起来基本正确的动作。之后，动画师必须给这一循环添加质地，以显示重量上的变化，或使一只耳朵比另一只重量轻。很多时候，有生命的物体会偏爱使用一边的肢体。例如，如果你是个左撇子，你正走在沙漠中，没有指南针，想象你是走在一条直线上，实际上，你会走成一个圆圈，因为你的左腿用力更多，而这导致左边的步幅也将更大。利用这样的原理，便很容易获得一个角色跳上跳下的重叠动作的循环。手臂和耳朵应以不同速度和周期性的时间排布进行弹跳、弹跳、再弹跳。对于如何在电脑上创建重叠动作，尼克·拉涅利作了更多的阐述：

> 第二动作应该和主体动作占用你相同的时间，试图将它表现出来吧。这对3D来讲是一件好事——因为3D中的第二动作制作起来容易得多。我的意思是，你可以让某些对象做一个循环动作，只需让它一次次地重复，然后作一点细微的调整即可。

1987

克莱泽/沃尔查克设计公司成立：在Omnibus公司停业之后，那里的一位电脑动画师杰夫·克莱泽，联合黛安娜·沃尔查克成立了一家新公司，克莱泽–沃尔查克设计公司（Kleiser–Walczak Construction Co.）。这家新公司的专攻领域是人体数字动画。1988年，他们用一个名为Dozo的电脑生成的角色，制作了一部三分半钟的音乐电视，并运用运动控制器输入了她所有的动作。

1987

ReZ.n8公司在洛杉矶成立：保罗·西德洛之前一直在克兰斯顿/克苏里制作有限公司担任创意总监，直到他离开那里并创办了自己的电脑图形工作室ReZ.n8。自那时起，ReZ.n8就一直在生产高品质的电脑图形方面保持着领军人的位置。

下一步工作是根据重量的变化改变这种循环，比如一个受过伤的膝盖的动作；角色变得越来越累；角色在起飞和着陆过程中的一些简单差异；或随便别的什么东西。就像在沙漠中行走的那个例子一样，一些小变化能影响到重叠动作对重量的描述。只要你确保时间排布对于这一运动不是一成不变的，便能获得良好的效果。

创建主要及次要人物

在传统动画中，动画师的层次体系是结构分明的。在手绘电影中，监督动画师（Supervising Animator）通常为整部电影负责某个角色。这个人便是这一角色的核心人物，负责处理大部分与这一角色有关的情节，即使这场戏中有其他角色。传统动画师很少处理场景中的所有角色。偶尔，如果在两个角色之间有很多的相互作用——例如，角色在跳舞或战斗——监督动画师会让其他动画师处理所有角色，包括主要角色。在这些情况下，监督动画师有时将为角色的大小和位置提供粗略的图纸，甚至是一个大概的方框表示角色应放置在哪里。

在CG中，最好是让CG动画师处理所有的角色。在电脑生成的动画中，如果是有着繁忙、互动的多角色场面，Z轴的采用导致此刻几乎不可能只有一个动画师做这项工作。在传统的动画中，动画师可以依据对方的整套的图纸来互相画出对方的动画。在CG中，由于角色会在3D空间内与对方发生身体上的接触，这种多个动画师合作的方法并不总是合适。在制作多角色动画时必须记得的最重要的事情是，用一种欣赏的方式对比他们的动作。这种对比的一个很好的例子是，华纳兄弟的《乐一通》和《欢乐小旋律》系列卡通片中，"史派克斗牛犬"（Spike the Bulldog）和"切斯特小狗"（Chester the Terrier）两个角色：

史派克是一只身材魁梧的灰色牛头犬，永久皱着眉头，喜欢恃强凌弱。切斯特则刚好相反。它体型娇小而性格活泼，有着黄色的皮毛和棕色的、自信的耳朵。在史派克缓慢前进时，切斯特总是在它旁边非常活跃地跳上跳下。在制作多角色场面时，增加这一部分角色的对比是非常重要的。不要脱离实际地去设计角色的动画。确保你的角色和背景以及场景中的其他角色都能密切配合。

1987

传统动画原理被运用到3D电脑动画中：约翰·拉萨特在皮克斯发表了一篇论文，文中描述了传统动画原则。在座的听众是《安德列与威利的冒险》（Andre and WallyB）和《顽皮跳跳灯》（Luxo Jr.）的创作人员。

1988

《爱丽丝》是扬·史云梅耶的第一部定格动画电影：这是一个令人难忘的奇异的电影版本（Alice），改编自刘易斯·卡罗尔的小说《爱丽丝梦游仙境》，影片将一位真人演员和各种各样从复杂到极其简单的邪恶的动画木偶结合在一起。史云梅耶以他的超现实主义动画和电影而闻名，并极大地影响了许多其他艺术家。

CG工具

　　总结了这么多CG的劣势，那么CG到底有没有什么地方让动画师的工作变得更容易了？是的，无论你相信与否，电脑确实有一些优势。首屈一指的，便是其工作流程和便于修改。为得到如"播放预览"（Playblast）等工具所提供的这种即时反馈，动画曾经走过一条漫长而艰难的道路。一些工具，如"撤消"按钮，还可以提供方便的修改，就好比一块橡皮。关于CG已经为艺术家开发出了更多工具，伯尔尼·安格勒告诉了我们更多：

> 　　我认为，一般来说，相对于传统媒介，数字化的工作流程提供了一个迷人的后勤优势。撤消（Undo）是一个美妙的发明。自20世纪80年代后期以来我一直在这个行业，我还可以说，在那以前CG动画主要是一项技术工作，需要花很多时间试着让软件做到它无法做到的事。今天的软件已经普遍解决了基本功能，并给实际的艺术工作腾出了时间。

　　你从电脑上得到的反馈是非常及时和有益的。一个好处是，你能在几秒钟内实时地看到你的关键姿势运动起来。此外，能够对某些对象进行删除操作，或者通过连续的撤消按钮使操作步骤后退的功能也是同样强大的。更值得一提的是，你可以从各个不同的角度查看你的动作，这个功能是传统动画中从未有过的。2D动画一向需要一个漫长的过程来看到每张原动画在连接成动作时所呈现的效果。将画张进行连续翻动，是用来观看动作如何进行的最快方式，但它做不到完全正确。汤姆·斯托提供了一个有趣的例子，是关于一些过去的2D动画师为了看到他们的画张动起来的效果而常常必须做的：

> 　　在20世纪30年代，马克斯·弗莱舍用了一种十分缺德的显影法（Developing）来制作所有影片。在每个动画师的工作台之间都有一桶显影剂（Developer）。当他们拍摄实验片时，他们将卷轴交给动画师，然后他把它拉出墨盒，把它倒在桶里，接着把它拉出来，并观察它直到它变成黑色。这简直是疯了！谁知道显影剂中有什么样的毒物被吸收到你的皮肤里？

　　除了可以得到更快的动作反馈之外，电脑所提供的控制点数量之多，可以增加传统动画中从未有过的细腻程度。使用CG骨架提供的所有控制点，可能让决定什么

1988

《平衡》获奥斯卡奖：《平衡》（*Balance*）赢得了奥斯卡最佳短片单元动画电影类金像奖。

1988

迪斯尼和皮克斯开发CAPS：电脑动画制作系统（简称CAPS）是一个包括软件程序、摄像系统和自定义磁盘的专有收集，由沃尔特·迪斯尼公司与皮克斯公司共同开发。其目的是使传统动画影片的描线、上色及后期制作过程电脑化。CAPS程序的第一次使用是在《小美人鱼》中彩虹场面的结尾。在那之后的电影完全用CAPS制作完成。

应该移动令人非常头痛。手绘线条的魅力是CG很难复制的，但CG能够在灯光、肌肉张力和皮肤的褶皱等方面生成的一些微妙之处，也是手绘动画几乎不可能实现的。

> "我认为CG的优点之一是动画的精细程度。它允许我们使动作达到一种我们以前从未见过的细腻程度。在我个人的经验中，那是电脑最出色的功能之一。在我逐帧观看真人动作的参考资料时，我总是惊讶于其中所有发生的细节。在一个简单的微笑中，不仅仅是嘴唇在动……现在的动画中，脸颊的动作也参与了进来，还有鼻子、鼻孔、眼睑、眉毛、面部肌肉，等等。"
>
> ——卡洛斯·巴埃纳

对于2D动画师来讲，一直与模型打交道始终是一项让他们头痛的任务。你可以让任何东西变形！你可以依据你的想象对它进行拉伸和挤压。在做动画时，一个合理的结构对于保持角色的可信度是非常重要的。传统动画师倾向于在他们的工作台上放置设计草图或角色模型，这些东西可以在他们画动作时帮助他们从任意角度观察角色。

早期的CG并没有"突破模型"（Off Model，即打破原来的模型来制作动画，译者注）的做法。创建骨架的人员以及其他CG工作者甚至不敢想象他们可以随意变动骨架的样子，却仍然能保持其完整性而不会让其看起来是破损的。这就是为什么早期的CG适合于制作僵硬的角色，比如昆虫或玩具。直到工具得到进一步开发以及更多的传统动画师转入CG之后，这种以可控的方式进行变形的能力才开始出现在CG中。电脑艺术家必须学会如何改动模型来得到一个令人满意的形状并去适应摄影机的需要，同时仍忠实于角色的体积和形状。早期的骨架更像是木偶。如今，骨架必须更加灵活和富有弹性，并赋予动画师更多的控制权，以便动画师能够将模型挤压和伸展到最吸引人的形状。

这就是为什么许多传统动画师将电脑生成的动画看做是定格动画的延伸或虚拟的木偶片的原因。如何让骨架偏离模型，这在今天是技术上最重要的任务，也一直是骨架设计师工作中最重要的部分之一。在CG中，很难让角色脱离模型。骨架设计师正在每天努力工作以突破角色骨架的限制，为的是给动画师更多的控制权来处理这一要素——即许多CG动画中一直欠缺的——夸张。埃里克·高德伯格拥有关于这方面的第一手经验：

1988

《谁陷害了兔子罗杰》上映：这是一部划时代的电影（*Who Framed Roger Rabbit*），影片结合了动画和真人表演。片中的动画角色采用了手绘而非电脑动画；模拟光学效果被用于增加阴影和灯光，使得这部真人卡通片呈现出更加逼真的3D外观。这部影片赢得了四项奥斯卡奖和一项颁布给理查德·威廉姆斯的特别奖。这部电影振兴了原本已经在走下坡路的动画行业。

1988

《风云际会》普及了变形特效：卢卡斯电影公司在《风云际会》（*Willow*）中采用了变形技术，片中有一位女巫变化成一系列的动物，并最终变形为一个人类形象。多年来，《风云际会》已经发展了一批推崇者，并在今天被认为是同类题材中最好的影片。

手绘动画的方法要比在CG中从模型、骨架再到动画的方法更加简单快捷。关于CG动画技术本身的演变，我想说一些振奋人心的话。我们当时在迪斯尼用CG制作了《神灯》（*The Magic Lamp 3D*，2001年），它花了我们一年时间来完成。用一年的时间来生产5分钟的CG动画！如今，在2005年，我们制作完成的这些迪斯尼乐园的商业广告，它们是与《神灯》相同水准的CG动画，并具备同类型的挤压、拉伸和扭曲，却只花了比曾经的纪录还要少的时间。是的，我知道50周年商业广告其中的几个，在制作中使用了泡泡糖和铁丝网，以便能在如此短的规定时间内完成。但是，它的完成竟然只用到了规定时间的一小部分！这意味着：第一、该技术已能够适应动画师的要求；第二、对于为什么要将对象进行扭曲、拉伸以及脱离模型，以创造出一个充满活力的关键姿势，CG工作人员有了更多的认识。现在，他们已经可以在CG中考虑到这些需要。如果你说你不可能在CG中完成这些要求，这无疑是愚蠢的，因为你可以。现在看起来困难和复杂的问题，在未来的两年后将会变成寻常的问题。

CG本身就是一个难题，虽然它已重新面临着许多传统动画师用笔和纸工作时所遭遇的相同问题。电脑动画师在CG中将始终面临的一个难题是，电脑生成的类似水下的漂浮状动作，尽管有一种情况可以让它看起来成为你的优势。这种在CG中很容易实现的漂浮状特性，在制作水下角色如鱼类时，可以成为优点。如果你尝试用手绘的方法制作一个复杂的水下动作，这将是个相当艰巨的任务，但在电脑上，你只需设置几个关键帧并让它循环，这个动作便完成了。

最后一点，在CG中，摄影机的角度和观察范围很容易改变。这有时会成为一个不利因素，因为它使人们太容易创造出摄影机的运动，而导致出现那些仅仅为了运动而做出的运动。这样的摄影机将总是能被人意识到它的存在；而实际上，你不应该注意到它。在CG中，你可以创建出真人电影中不可能完成的摄影机运动。在传统动画中，改变摄影机的运动方式是一个大工程。事实上，要改变一个已经画完的摄影机的运动，如果不完全重新绘制物体的每个面，便几乎不可能完成。而在CG中更改摄影机方向，这几乎不成问题，但角色的姿势仍需返工，为的是适应摄影机的需要。然而，观察角度并非是一个难题，因为摄影机总是能为你把它计算出来。

"在制作《鲨鱼黑帮》（*Shark Tale*）时，所有场景都是在水下。若是打算用2D动画来制作，那简直会要人命。对角色水下摇摆动作的反复的定位描绘将占用许多原本用来制作动画的宝贵时间。在CG中，我在图形编辑器中设置了几个关键帧，于是在不到一分钟的时间里，我就让我的角色浮动了起来。"

——迈克·萨里

迪斯尼的第27部长片《奥利弗和同伴》利用了CGI特效：《奥利弗和同伴》（*Oliver and Company*）是迪斯尼电影中第一部大量使用了电脑布局设计和道具的影片；以往的电影如《黑神锅传奇》和《妙妙探》，只在少数几组镜头中使用了它们。

《锡兵》获奥斯卡奖：《锡兵》（*Tin Toy*，皮克斯公司出品）赢得了奥斯卡最佳短片单元动画电影类金像奖，导演是约翰·拉萨特。它是奥斯卡奖得主中第一部100%由电脑生成的影片。它也标志着写实主义的人类角色第一次出现在电脑动画影片中。

《小脚板走天涯》上映：《小脚板走天涯》（*The Land Before Time*）最初由环球影业于1988年在电影院公映。

155

总之，2D有许多优势是CG无法触及的。2D所具备的魅力和热情，如果没有骨架设计师和动画师大量的精雕细琢，电脑是很难达到的。2D可以通过使用线条和形状中的急剧变化来表现其作品的风格。但是，CG也可以帮动画师快速得到反馈。CG中有一个"撤消"按钮，通常，这是我们许多人都希望能终生拥有的。在电脑中，改变一个动作可以做到相当快速而方便，而不像在传统媒介中，如果一个动作不符合你的要求，你可能需花费无休止的时间来重新绘制它。可以快速改变摄影机的能力是CG的另一个优点，不过使用时需谨慎。当CG中的摄影机发生改变时，动画师仍必须重新设置关键姿势，以配合新的摄影机取景的要求。当然，这需要较大的工作量，但这种改变角色姿势来适应重新调度的摄影机的做法，与再次从一个不同角度完全重画整个场景的做法相比较的话，前者仍要容易得多。使用其数量庞大的控制点，CG有能力促使动画超越你的最大想象。

将你的CG动画推动到一个更高的水平

迪斯尼的"九老人"帮助确立了动画中的原则，所有动画师都是运用这些原则来学习动画技能的。我们列出了这12条原则，并在本书的附录E中给每条原则作出了简要说明。本节将介绍如何将其中一些想法进行更广泛的应用，并将其运用到CG流水线的实际生产过程中去。成功地将这些概念应用到你的工作中去，将是把一切工作流程结合起来的黏合剂。为了将你的动画推进到一个更高的水平，你必须在进行所有这些步骤时，去关注这些关键的细节。最后三小节专门介绍了生产流程，以及如何推动你的动画从故事板阶段直至最终完成。在这里，我们将解释重量的重要性、时间排布中的对比、现实与夸张的对比、口型同步的风格、停帧动作、对细节的注重、运动模糊、绘画技巧，以及审批、修改和誊清等过程。那么就让我们开始吧！

重　量

重量是件棘手的事情。一头大象和一只老鼠可以在一个写实的、非卡通的世界里以同一时间跳到空中，老鼠将比大象跳得高（当然，相对而言）。为什么？因为，即使大象比老鼠体型大，你可能仍会认为它有着比老鼠更加强有力的肌肉，因而也更有力，然而大象必须克服大得多的重量来进行空间上的移动。这是一个关于重量的例子。如果大象跳得高于老鼠，你就不会相信它是一头真正的大象。你训练有素的眼睛会知道，要移动大象的整个重量将耗费太多的力气，因此它几乎只能将身体跳到空中一至两英寸*，而老鼠则不仅可以跳到0.5英尺*的高度，而且能够轻易而快速

*1英寸＝25.4毫米　1英尺＝0.3048米

1989

智能射线渲染器的发布： Mental Ray渲染器是由智能图像公司开发的生产高品质产品的渲染应用程序。顾名思义，它支持射线追踪来生成影像。这项技术于2002年获得了AMPAS（全称Academy of Motion Picture Arts and Sciences，电影艺术与科学学院奖，即奥斯卡奖）的技术成就奖。

1989

《深渊》上映： 詹姆斯·卡梅隆的《深渊》（The Abyss）获得1990年奥斯卡最佳视觉效果奖，其中包括一段电脑生成的"水触手"［（Water Tentacle，被称为"伪足"（Pseudopod）］。《深渊》共获得了三个奖项，另外两个分别是科幻恐怖片奖和美国电影摄影师学会奖。

远见卓识的原创型人才

完成这一切，从设计到交货。

动画师们

他们是追逐潮流的，他们是发愤图强的，他们是才华横溢的，但最重要的是，他们热爱这一行。

他们是追逐潮流的，他们是发愤图强的，他们是才华横溢的，但最重要的是，他们热爱这一行
（插图：未知艺术家）

1989

皮克斯公司开始营销RenderMan：皮克斯的第一款工具RenderMan，是一款渲染软件系统，用于制作极具真实感的图像合成。它帮助电脑图形艺术家将材质和色彩运用到屏幕上的3D图像的表面。皮克斯将这款工具授权给第三方，并最终售出超过了100 000份。近几年来，在其他项目正在开发的同时，RenderMan成为皮克斯的主要收入来源。

1989

《小美人鱼》上映：迪斯尼的《小美人鱼》（*The Little Mermaid*）国内总票房超过8000万美元，并由此获得了贷款，这使得迪斯尼的长片动画部在一连串危急的商业上的失败后起死回生，同时也标志着长达十年之久的迪斯尼动画电影的成功时期的开始。

157

地做到这一点。同样，一只蚊子掠过水面的动作，感觉上会比一只恐龙冲过一片旷野要轻得多。这就是我们所说的重量。你必须在动画中将重量描述得令人信服，否则动作将缺乏可信度。

你将再次用电脑来处理构成一个角色整体的各个部分。你将通过移动一个角色的手臂、腿部和躯干来描述它的重量。你需要找到它的重心，并根据这一重心表现出重量是怎样分布在整个身体上的。重心几乎总是位于胸部和臀部区域的中心，除非角色正被一些东西击中。如果是这样的话，重心就来自于角色被击中的地方。你要明白，你不能只是抬高了一条腿，而不表现出相应的重心变化。当重心改变时，身体的所有部位都会有所反应。

"有一些人用的是一种'电脑木偶'式的做法——当他们想让一个角色转头时，他们仅仅转动头部，而让身体保持不动。我总是在说：你不能这样做。你必须稍微调整身体的其他部分，以显示出为了平衡身体的移动而发生的重心变化。这就像回声效果。归根结底，每一个动作都是对重心的回应，重心是动作的根源，也即胸部的中心。一切动作皆是如此，不论你做什么。当你移动手臂时，胸部也会略有旋转，而肩膀将去适应这个动作，这一连锁反应将一直推及整个身体。你将头部转到左侧，胸部也会略向左侧旋转。"

——尼克·拉涅利

我们该如何在动画中表现重量？当我们在电脑上制作动画时，如何将传统动画中相关的技巧和原则转化到CG中来描述重量？为什么对于刚刚接触电脑动画的人来说，如何表现重量是一个难题？这一切又将回到你的关键帧。电脑是一台机器，因而它能够创建机械运动。你必须考虑到，重量的表象是如何逐级传递到各层关节并直至被耗尽的。大型动物需要时间来产生动量。试着想象一辆18轮大卡车从静止状态到高速行驶，或者反过来，从行驶状态到停下来。沉重的卡车从行驶在高速公路上的速度到停下来需要很强的力的作用，将这种力量表现出来，比如发出刺耳声的轮胎、燃烧着的刹车片、晃动中的驾驶室和拖车等等，这对于卡车的重量是多么精彩的表现。现在想象一只蜂鸟飞过来并悬停在花上。蜂鸟和卡车这两个物体都

1989

Autodesk公司推出Animator：在1989年的SIGGRAPH大会上，Autodesk公司推出了一款新的基于PC的全功能2D动画及绘图软件套装，即Autodesk Animator。这是Autodesk公司进入多媒体工具领域的第一步。这款工具的纯软件动画回放功能达到了令人赞叹的速度，并成为在PC上播放动画的行业标准。

1989

《古惑狗天师》上映：尽管《古惑狗天师》（*All Dogs Go to Heaven*）得到了来自评论界的积极的评价，但它在票房上却是失败的。其票房收入仅为2700万美元，其中部分原因是由于迪斯尼的复兴之作《小美人鱼》的上映。

将停下来,但它们的重量有着天壤之别。必须表现出这一动量并再让它消散。克里斯·贝利告诉我们,为了将动作中的力学表现得自然合理,重量是多么重要:

> 我见过的最糟糕的事情是,在行走动作中,CGI角色的脚以"渐慢"的速度着地。脚应该在一帧内从全速到突然静止(相对而言)。还有更糟的是,生物体的动作颠簸不平,就像劣质的定格动画,这对于CG动画来说,几乎就和"曲线化"的感觉一样糟糕。可悲的是,一些动画师偏偏没有足够的敏感性来使CG角色的运动和静止都显得自然。或许是由于缺乏对重力的了解,我看到很多CG中动物的奔跑,看上去就像影片的快进,这是因为CG角色身体的改变方向的速度,比它在现实中其质量所允许的速度更快。

当物体在支撑某些重力时,这时重力的变化都可以通过其结构的压缩和拉伸得以体现。在你负重时,重力可以通过膝盖的下压来表现;而在表现一名跳水者的重力时,可以通过跳板的弯曲来表现。人类四肢的轻微震动或"摇晃"可以用来表现超负荷的重力。你所设置的每个关键帧都将帮助你描述角色的重力,所以在重力发生变化时,不要想当然地去设置你需要在表现手法上采取的那些细微差别。记住在重力变化时,全身的每一部分是如何被牵动的,并确保你所有的次关键帧都被用来描述这些变化。

时间控制中的对比

在电脑中,生成均等的时间排布是那么容易。如果你使用角色身上数以百计的控制点来设置关键帧,那么使用"一拍四"来为所有这些控制点设置关键帧会更容易,并最终生成均匀的时间排布。千万别这么做!必须加以控制!先定下你的关键姿势,然后技巧性地实现时间排布。这一技巧性步骤是动画中最困难的部分,也是最重要的。

要让动作看上去自然合理,时间排布中的对比是十分重要的。舞者会花费数年的时间来努力使他们的动作紧密地配合节拍。如果你一边数着节拍,一边看你的动画,你注意到其所有的关键姿势都以均匀的时间进行排布,你这时便知道,你需要改变时间间隔,以获得更多的对比,这样动作看起来才不至于好似排练过那样机械。均匀的时间排布不是你的目标,除非你做的是一个合唱队的动画。电脑不能帮

1989

手冢治虫去世:手冢治虫(Osamu Tezuka, 1926~1989)最著名的作品是日本漫画《铁臂阿童木》和《森林大帝》。

1990

《动物物语》获奥斯卡奖:《动物物语》(Creature Comforts,阿德曼动画有限公司)赢得了奥斯卡最佳短片单元动画电影类金像奖。

1990

梅尔·布兰科去世:梅尔·布兰科(Mel Blanc, 1908~1989),被誉为"有1000种声音的人",是第一位在电影界获得声望的配音演员。梅尔·布兰科于1936年加入华纳兄弟影业公司,并很快因给各种卡通人物配音而闻名,包括兔八哥、翠迪鸟、猪小弟、达菲鸭和许多其他角色。

你创建出时间排布中的对比，这得靠你自己。斯科特·霍尔姆斯提供了他在电脑上设置时间点的方法：

> 我会为电脑作所有的决定。我将决定哪里是重心的位置，哪里是次关键帧的位置，以及时间点该如何排布。当我完成一个镜头时，电脑并没有为我作出任何思考。如果你的镜头看起来像是电脑做出来的——这种情况时有发生，那么它看起来有漂浮感的原因也不是"完全由电脑做出来的"。我认为电脑就像是一个最糟糕的工作助理，它就像一个永远无法理解曲线或是渐慢和渐快的家伙。每次交给它任务时，你必须跟它讲清楚应该做些什么。所以，我让机器参与其中的部分越少越好。通常我会自己设置出所有需要的关键帧，并保证每一帧都看上去正确。

我们冒着让读者厌烦的风险再说一遍，计划每一帧，将让你的时间排布看起来更加自然。爵士乐作曲家甚至会打破他们已经创作好的节奏，来使他们的音乐更加有趣。你需要对你的动画做同样的操作，即调整运动中的时间排布，以获得更出色的效果。你的关键姿势的时间排布应该具备节奏感、质地和流动感，就好像美妙的音乐一样。在音乐中，主歌和副歌之间的节奏和停顿需要加以变化以抓住观众的兴趣，你的动画也是如此。你决定着关键帧的位置，所以请将它们左右移动，直到时间点排布得让人感觉舒服自然。不要让电脑为你做动画，因为，相信我，电脑是你工作中最糟糕的助理，而且它永远不会理解需要采取哪些措施来使动作具有可信性。

写实，还是娱乐夸张？

有许多CG动画师陷入了写实主义的误区。电脑增加了这样一种写实主义的环境，包括三维空间、灯光、毛皮等等，这使我们忽略了什么是用于观赏的娱乐性。

看着一只动物向你走来，和看着一只动物有目的地向你逼近，哪一种更有趣？观看某个人求婚，和观看这个人在求婚的同时，还在与内心对于承诺的恐惧作斗争，哪一种更有趣？让你的作品避开陈词滥调和老生常谈。如果角色是焦虑或郁闷的，不要让角色摩擦他的后脖梗，就像所有其他人做的那样（或者说得更确切一点，不要滥用）。找出最能够表现角色困境的关键姿势，并把它发挥得淋漓尽致。

在你要制作的动画当中，娱乐价值应该始终是你首先考虑的。如果娱乐性对于这一场景有意义的话，甚至可以忽略其真实性。当观众在屏幕上看到不可能发生在现实中的事情时，比如难以置信的角色的悬空，观众仍然会选择相信它，因为它往

1990

理查德·威廉姆斯荣获特别成就奖：因为其导演的动画《谁陷害了兔子罗杰》，理查德·威廉姆斯（Richard williams）被授予了奥斯卡特别成就奖。在这之前，这个奖项仅颁给过一部动画片，那就是沃尔特·迪斯尼的《白雪公主和七个小矮人》。

1990

迪斯尼的第29部长片《救难小英雄澳洲历险记》：这是电影《救难小英雄》的续集（The Rescuers Down Under），也是迪斯尼公司出品的第一部动画续集，而且是唯一一部（除了《玩具总动员2》）有剧场版（相对于导演剪接版，译者注）的动画影片。

往以一种可信的方式被加以表现。电子游戏和惊险动作片充分运用了这一现象。将关键姿势夸张到超越真实的程度，以获得一种极端的漫画式的娱乐效果。利用你的时间控制来强化故事，让故事能够吸引观众的注意力，而不要让观众游离于故事之外。让角色的某个重要关键姿势多停留一帧，也许就能实现你的想法。抛开骨架对动作的约束，充分发挥你的想象力：怎样才能加强这一场景的艺术效果。如果你想让角色在跌一个屁股蹲儿之前，让他在空中多停留一帧，那么就这样去做！通过不断推动自己来找到最有趣和最富想象力的方式来制作动画，将确保你逐渐成为一个艺术家。仅仅满足导演要求你为场景提供的那些东西，你的作品将陷入平庸。深入进去，找到怎样才能使这个镜头脱颖而出的方法，这将加强它在故事中的地位。

对话和口型同步的风格

对话是用来刻画角色的关键要素。给角色的身体动作配合以对话，就像是给刚刚出炉的蛋糕洒上糖霜。没有糖霜的蛋糕和有糖霜的蛋糕味道是不一样的。

设计CG中的对话的第一种办法只需要采用我们所说的"汉森法"（Henson Method）。这意味着口型在应该开启时就要开启，应该关闭时就要关闭。为什么吉姆·汉森的人偶在它们说话时让人觉得可信？原因之一就是：口型在它应该开启的时候开启，在它应该关闭的时候关闭。显而易见，导致可信度丧失的最大原因就是错误的口型同步。斯科特·霍尔姆斯提供了一个巧妙的窍门，以确保他在设计口型时能够正确地配合其节拍：

把你的手指放在你的下巴下面，并与演员一起说台词。它将很明确地告诉你下颌骨开合的次数，以及开启到何种程度。这是一种用来找到对话中重音和节奏的简单方法。

除了斯科特的诀窍，大多数CG软件提供了一个极好的工具，用它你可以在时间轴中看到声音的波形变化。波形图中所显示的声音较高的地方，通常就是口型开启的地方，而声音静下来的时候，则通常指的是口型的关闭。

在电脑生成的动画中，角色面部通常由一些表现了情感和语言交流的形状所建立，这些形状是预先设想好的并被装配在一起。给这些形状进行分层，将创造出更多的表情，并拓展面部可以表现的动作的范围。一个好的面部骨架应该能够处理这种分层以创建更多的形状。迈克·萨里说：

1990

格里姆·纳特威克去世：迈伦·"格里姆"·纳特威克（Myron "Grim" Natwick，1890~1990）是一位美国动画师和电影导演，他被认为是有史以来最伟大的动画师和导演之一。他最有名的作品是他为弗莱舍工作室创作的极受欢迎的动画角色，贝蒂·布普。在迪斯尼，纳特威克是《白雪公主和七个小矮人》中的一名首席动画师，他的设计对于片中的女主角那栩栩如生的形象起到了重要的作用。

1990

3D Studio的发布：Autodesk公司成立了一个多媒体部门，并推出了第一款动画工具，3D Studio软件。3D Studio在基于PC的3D电脑动画软件领域已占据主导地位。

> 我试着花时间寻找和设计出那些与给定角色所不同的嘴部形状。我发现在CG中，很多时候，对话被一带而过，因为嘴部形状已经创建，于是懒惰的动画师就会直接使用它们，而很少去调整它们，给它们一个更加独特的外观。

虽然我们现在讨论的是关于面部和嘴部形状的问题，但这里还牵涉到一个同样重要的问题：将两条眉毛看做一条完整统一的动作路线进行考虑。CG中的控制点让你能够打破这一路线，因为它们被分为左右两条，这为你提供了更多的灵活性，但应该存在这样一条动作路线，让你能够依据它制作出眉毛的动作。想一想杰克·尼科尔森那扬起一边眉毛的动作，那是一种极有趣的表达方式。而这条眉毛的动作路线应连接着另一边眉毛的动作路线，而另一边的那个动作方向线应该是方向向下的。

最后，当你聆听对话并确保你需要强调哪些时刻的时候，注意角色情绪的传达和变化。这正是娱乐性价值能真正得到"增强"以表达角色情绪的地方。眼睛对于表达情绪的变化是至关重要的，所以同样不要忘记它们。关于眼睛和眼睛的快速转动，已在第四章深入论述过。

移动停帧

对于大多数动画师来说，设计"移动停帧"是其工作中最有趣的时刻之一，他们都希望在其负责的镜头里能有这一部分。移动停帧经常使用于当角色思考的时候，而观众此刻会暂停下来并体会这一动作节奏中的重音。角色在从一个关键帧移动至下一个关键帧之前会停止移动并稍作休息，以突出动作中的重点。但是，角色也不能完全停止运动，否则就会失去了生命力。

在CG中，移动停帧是极为短暂的动作之一。在一些传统动画中，只需通过某一单张的画面的一系列非常严格的拷贝，便可创建出移动停帧。绘画线条中所固有的偏移缺陷，给形象提供了一定的生命力——即使是微弱的移动，因此它看上去不像在CG中那样死板。在CG中，需要有一些更多的动作的质地来获得移动停帧；否则，CG这种媒介将暴露其深度缺陷，而使一切物体看上去似乎是死亡的和没有生命力的。CG动画师不得不补充一些微妙的变化，使停帧真实可信，并让观众品味角色的这一姿态。

移动停帧还为眼睛和面部的表演提供了更多时机，因为身体一旦停止移动，观

1990

《可视化与电脑动画杂志》：约翰·威利公司开始出版《可视化与电脑动画杂志》（*The Journal of Visualization and Computer Animation*）。这份期刊致力于刊登使动画工具更易被最终用户操作的技术发展方面的研究性论文。

1991

《操纵》获奥斯卡奖：《操纵》（*Manipulation*，丹尼尔·格里夫斯导演）获得奥斯卡最佳短片单元动画电影类金像奖，丹尼尔·格里夫斯的电影使用了一种被称做真人动画（Pixilation）的技术，逐帧拍摄了动画角色旁边的双手的画面，使它们看上去似乎是一个互动的关系。

众会立刻观察角色的面部以获知角色此时的想法。关于如何创建一个成功的移动停帧，埃里克·高德伯格为我们作出了更多解释：

> 在CG中，当角色正要从一个位置改变到下一个位置时，在此停帧期间，你应该设置一个移动停帧。这样，你就会获得和手绘中同样的效果，即在此移动停帧中，微妙的移动贯穿始终，这种移动可以是一顶帽子或耳朵、头发、衣服的重叠动作，也可以是某个轻微的面部变化，如眼睛的快速转动或眨眼。

在移动停帧过程中，眼睛变得非常重要。它们传递着角色的想法。当身体的其他部位停止移动时，观众会注视其面部以期待找出原因。这是给你让眼睛讲述故事的好机会。你可以让角色眨几次眼，好像他对处境感到惊讶、震惊或正在思考。你也可以让角色环顾四周，仿佛他是做贼心虚、失落或迷惑的。或者，你只需让角色看着场景中的另一角色，让他的注视稍作停顿，成为动作节奏中的一个重音，这将产生一个既有感染力又十分微妙的极好的时刻。

在一个成功的移动停帧中，重量扮演着同样重要的角色。简而言之，你不能简单地突然停止身体的移动，这是不自然的。正如我们前面所说，当人们在一个关键姿势上稳定下来时，不同的身体部位将在不同的时间内停下来。电脑只会突然停止一切部位的运动，因此你需要给其补充质地。手臂可能会摇摆，身体可能会转圈，头发是最轻的，它将会最后停下来。比方说，你闯进一个房间，很兴奋，因为你最好的朋友这天将进城来拜访你。可是，你发现你的狗咬坏了你所有的鞋（但愿不要！）并懒洋洋地躺在床上，嚼着游戏机的电线。这时，你将停下来，用一个动作上的停顿来弄明白你所看到的，并衡量该如何作出反应。这是设置移动停帧的一个极适合的地方。你的奔跑停下来后，重量将移遍你的整个身体，直至恢复常态。当你立定时，手臂、头部和躯干都将恢复平衡。最后，所有不同局部都将停下来，而观众将注视着你的脸，期待看到你的反应。

观众看着这张脸的时刻也正是你一直等待的时刻，所以请重视这一刻。你甚至可以使用早些时候在"时间控制中的对比"一节中我们介绍的工具，使这一停帧真正脱颖而出。如果前提是一个活泼滑稽的情节，就让接下来的时刻与前一时刻的移动停帧在能量上产生戏剧性的变化。在你看到你的狗做了些什么而你本人仍处于移动停帧之后，你可以让这一时刻与下一时刻变得抓狂形成对比：你胡乱摆动着双手跑过去，手忙脚乱地为你朋友的拜访整理好地方。移动停帧中的时间控制将给这

1991

《美女与野兽》获得最佳影片奖提名：迪斯尼的《美女与野兽》（Beauty and the Beast）是第一部获奥斯卡最佳影片奖提名的动画片。面对其他四个竞争者它最终没有获得这一奖项，但它赢得了金球奖和奥斯卡最佳原创音乐奖和最佳歌曲奖，并引领了最近一次的迪斯尼动画长片的黄金时代。

1991

《莱恩和史丁比》首映：《莱恩和史丁比》（The Ren & Stimpy Show）在尼可罗登电视频道首次亮相，立刻吸引了儿童和成年人的注意。在一两个月内，它就成了有线电视节目中最受欢迎的节目，其风头盖过了当时所有其他动画节目和普通电视节目。

一场景中的张力一次滑稽的释放。在移动停帧中，你同样可以引入我们在第四章中谈到的心理姿态和潜台词。

正如我们在第四章讨论过的，心理姿态是一种动作机制，它揭示了角色在不说话时的想法。因为在移动停帧中，身体的大部分处于静止，角色也不再说话，这是有效地使用心理姿态的最好的地方之一。可以利用抓挠的动作或眼睛的快速转动等心理姿态得到更长的移动停帧。它们可能是一些最难处理的时刻，但却蕴含着丰富的动作和表演。斯科特·霍尔姆斯谈到了移动停帧：

> 一个移动停帧看上去好像是最简单的东西，但如果一个停帧看起来有飘浮感或是错误的或僵硬呆板的，它将破坏你的整个动画。一个糟糕的停帧会在瞬间打破动作的可信度，并破坏那种动作中生命力的幻觉。我会尝试添加重叠动作来帮助打破一个停帧，但如果角色每个局部都已到位而它仍需停帧的时候，我会思考其重力的位置并尝试制作其臀部的动作：让它多占一点重量，或让它逐渐停止于某个关键姿势。如果我只是简单地取走一张关键帧来制作移动停帧，它将很难达到我想要的效果。在某些地方，我不得不打破动作曲线并挑选一个关键帧来作此处理。在《怪物电力公司》中，有一个极好的移动停帧：苏利打开门，停在那里站立了片刻，同时环顾周围，然后他定住了眼神。没有其他动作，然后他说了一声："阿布"。

当你在设计移动停帧时，不断地问自己它是否感觉起来正确。有时候，这真的很难辨认，因为它其实是主要动作的一个节奏分支。务必记住，移动停帧是能够产生表演和幽默的最好机会之一。

注意细节

写这本书的过程中我们采访过的一位作家一针见血地指出她对于动画和细节的观点。劳拉·麦克里利说：

> 从作家的角度来看，动画中的视觉表演有时比声音的表演更能表达故事。没有什么比这更糟的了：我们从韩国取回在那里制作的一场戏，却看到一个角色在整场戏中眼睛都不眨一下地凝视着空中。卡通片中的时间控制和情绪全都表现在细节当中。而从我所经历的来讲，上帝也是这么做的——所以你才能拥有我们现在这个充满细节的世界。

正如劳拉所指出的，一个简单的眨眼可以让一场戏变得有趣，并表现出角色的想法。沃尔特·迪斯尼总是说，"思想就像飞行员。"意思是，无论角色正在想什么，

1991

汉纳－巴伯拉公司被特纳公司收购：尽管汉纳－巴伯拉公司一直在努力恢复其曾经在该行业令人羡慕的地位，但最终还是被特纳广播公司以3.2亿美元的价格买下。

1991

迪斯尼和皮克斯签订协议：1991年，皮克斯在对本公司的电脑部门作出了大量裁员之后，以2600万美元的价格与迪斯尼签订了生产电脑动画长片的协议，其中第一部影片便是《玩具总动员》。

1991

《落跑鸡大冒险》上映：这部影片（*Rock-A-Doodle*）是埃德蒙德·罗斯坦德的《雄鸡》的动画版本。鉴于其低票房和稀少的观众，这部电影并没有得到来自评论家的好评。

它都能够推动表演。所以，细节能向我们透露角色的想法。细节包括手、眼和面部。作为动画师，对于在这些虽然小但却非常重要的部分中加入的微妙动作，我们必须密切加以关注。为了推动这些细节的发展，我们需要加入各种细微的差别、微妙的变化和角色的表情，这也是电脑动画过去所缺乏的。我们不能因为技术问题如穿透和碰撞等，而把角色处理得好像数字化的麻风病人一样，不能接触对方或自己。我们必须接受一个事实，即用电脑生成的动画有着立体感，并始终不断地将这一点向前推进。康拉德·弗农解释了詹姆斯·巴克斯特是如何在《怪物史莱克2》中推动这一媒介的：

詹姆斯·巴克斯特在《怪物史莱克2》中作了一些惊人的动画尝试，菲奥娜（Fiona，女主角）把她的手放在脸上，并拉拽着它们穿过脸颊。在她这么做时，她的眼睛陷落下去，她的两颊和她的嘴唇也陷落下去，当她移开她的指尖时，它们又都突然恢复原状。当你画画的时候，你可以将一根手指伸到皮肤里面，而皮肤会出现褶皱，因为你在挤压它。然而在电脑中这么操作的话，它不会有任何反应。你不能让某个物体实实在在地触摸别的物体，因为那么做不被技术所支持。詹姆斯让手的动画穿过面部，然后做出眼睛陷进去的动画，皮肤也跟着陷进去，这些动画都棒极了。不幸的是，它花了那么长时间……人们通常不会把动画做到这种程度。电脑程序员会看着它说道："不要那么做！"而我们一直在推动它的进步。这是一种全新的概念。可以这么说，《玩具总动员》有点像《白雪公主》的CG动画版。

记住，在你所有的动画中注意细节，将会推动它比以往任何一次更进一步。人们很容易被CG中那么多的控制点所迷惑。就像驾驶花式跑车，你在第一次将会很紧张。但是你最终会掌握你的节奏和工作流程。在这一工作流程中，记得密切注意那些必须添加的细节，以表达角色的心理状态，以及如何才能以一种最珍贵的方式进行表达。不要把电脑当做一个障碍，把它当做一种工具，它有着几乎无限的可能性，就像詹姆斯·巴克斯特对菲奥娜做的那样。

运动模糊、挤压和拉伸

这些日子，运动模糊正在被更广泛地运用，因为它是一个宝贵的工具，可以用来创造逼真可信的动作，或者在快速动作中消除闪烁效果。当你在制作任何高速动作时——例如，一个棒球投手的扔球动作，或网球运动员的发球动作——当你停帧观看影片中的这一动作时，你会看到其身体某些部位出现模糊。传统动画师通常在描述运动模糊时，会使用拉伸到极限形状的画法，或使用类似于干刷的效果（即速度

1991

ILM（工业光魔）出品了《终结者2》：第一部《终结者》电影的预算相对较低，而《终结者2》（*Terminator 2*）则是当时最昂贵的电影。利用电脑技术的发展，导演詹姆斯·卡梅隆在他的影片《深渊》（*The Abyss*）中制作出了令人印象深刻的特效。在《终结者2》中，他使用了所有最先进的技术手段。《终结者2》赢得了四项奥斯卡奖。

1991

硅谷图形公司（SGI）的Indigo工作站的推出：Indigo，被电脑艺术家亲切地称为紫盒子，它被认为是那个时代最强大的图形工作站，是当时硬件加速3D图形渲染领域的佼佼者。

线，译者注）。画面效果越模糊，角色的动作就会显得越快。在CG中，运动模糊是一种特效，可以使用于数字图像，使快速运动更加流畅。不论是使用这两种方式中的哪一种，这种模糊都不应该被肉眼看出来（除非你正在逐帧地浏览动画）。

当越来越多的传统动画师进入电脑动画领域之后，一种制作运动模糊的新方法出现在CG中。现在CG中的模糊的画面帧作为极限动作被生成，就像手绘动画那样。这让运动看起来更流畅，而且赋予了角色更多挤压和拉伸的性能，它们的观赏效果真的很有趣。正如那些被用做后期效果的运动模糊一样，这些模糊的画面帧不应在银幕上停留太久，否则，角色的外观将会显得过于黏稠，而其预期的视觉效果也将失败。在2D世界中，这些画面总是表现在某一单帧中。一些最好的手绘动作模糊的例子可以在20世纪40年代和20世纪50年代华纳兄弟公司的卡通片中找到。查克·琼斯的《多佛小子》（*The Dover Boys*）有一些特别欢闹的效果。但是，要小心，除非需要用它做出明显的喜剧效果，否则，动作模糊应该是被感觉到，而不是被看到。

通常的建议是，模糊画面应该只是被运用于手指被拉伸或手臂被拉长超过自然长度的时候。这些原画姿态应该只持续一帧或两帧，用来暗示一种极限动作。想一想当一个拳击手被攻击时他的脸的样子。只有当摄影机使用的是超高速快门速度时，我们才能看到扭曲的形象。否则，眼睛的视觉暂留将仅仅在我们的脑海中暗示被击中这一动作。在动画中存在同样的问题，但在动画中我们可以夸大关键帧，以获

在CG中一个模糊动作帧与非模糊帧的例子

1991	1992	1992
《美国鼠谭：西部历险记》： 这是1986年的影片《美国鼠谭》的唯一——部剧场版续集（*An American Tale:Fievel Goes West*）不过它后面还有两个音像版的续集，在它播出之后又出现了其电视系列片续集《老鼠韦福的美国历险记》。	**《下楼的蒙娜丽莎》获奥斯卡奖：** 《下楼的蒙娜丽莎》（*Mona Lisa Descending a Staircase*，琼·葛兰兹导演）获得奥斯卡最佳短片单元动画电影类金像奖。	**卡通频道的首播：** 卡通频道（Cartoon Network）于1992年开播时只有200万用户；到1995年，已增加到了2200万户。自1992年开播以来，卡通频道一直是广告赞助式有线电视频道中的收视率最高的频道。

得更强的娱乐效果。在CG中，打破模型和创造这些模糊帧的功能越强大，电脑动画中即将演变形成的风格就会越多，而且角色看起来像木偶的程度就会越少。

绘画技巧

这是动画师中的一个沉重的辩论话题，无论对于定格动画、2D动画，还是CG动画，这一点都是一样的。基本的共识是，每个人都需要做到画技高超。即使你只用圈线组成的人物杆形图（一种结构草图，译者注）为你的情节画出你所想象的画面，也可以帮助你去了解角色姿势，因为在你为它做示范动作或者直接制作其动画时，有些姿势可能是你理解不了的。绘画帮助你思考怎样让情节发展得更加符合逻辑和出其不意。绘画帮助你理解整部影片。作为视觉艺术家，我们绝不能认为任何其他的艺术形式对于我们是无用的。艺术家那些精通各种媒体和保持开放的态度，会比那些只坚持在一个方面闭门造车的人们更先进。想想达·芬奇，他从事着雕刻、油画、素描，同时还研究音乐、戏剧和自然科学。你所学习的任何一种技能，都将不可限量地提高你的综合水准。绘画是一种沟通的形式，它超过了言语能表达的东西，那句老话说的"一张图画胜过千言万语"真的是再正确不过了。尼克·拉涅利告诉我们他曾经和一位不会画画的动画师合作的一段经验：

> 我让一个制作"威尔伯·罗宾逊"（Wilbur Robinson）的工作人员画图，因为他在设计一个形体的姿态时遇到了困难。我要他画出角色，并将它看做一个2D形象。我希望他说，"如果我把它画出来的话，它会实现我想要的样子吗？"而不是在那里一动不动地说，"噢，这是它的骨架，所以这是我能做到的最好的东西。"击败你对画画的恐惧，如果你能做到的话。工作室里的有些骨架制作得非常精细，如果你使用它进行工作的话，你可以得到你想要的各种关键姿势。我认为我最好问他早期的工作经历，所以我问他能否画画。他说："不，其实我不太会画。我的专业背景来自3D动画。"我没有再跟他说什么，因为，如果他不画出来的话，我怎么能给他相关建议呢？我认为，绘画真的能够帮助动画师获得良好的角色姿势和轮廓。

所以，我们知道手绘是很重要的，但为了在电脑动画领域内取得成功，你是否要做一名熟练的绘图员？不一定。一张简单的人物杆形图就可以达到和一张绘画相同的速记功能。缩略图往往非常粗略，它们在理论上相当接近人物杆形图。只要在草图中描绘出一个动作中的动态线，那么对于姿态的基本理解，以及你如何才能由那

1992

亚特·巴比特去世：亚特·巴比特（Art Babbitt, 1907～1992）为迪斯尼的高飞狗角色的发展作出了重要的贡献。虽然这个角色以前就已存在，但它主要是作为背景角色出现，它最初被叫做"疯癫狗"。巴比特制作的这个角色的动画塑造了高飞的个性。亚特·巴比特后来成为了工会活动的积极分子并最终被迪斯尼解雇。他的名字最后一次出现在影片字幕上是在1948年，当时他已经流落到UPA公司。

1992

《最后的雨林》上映：《最后的雨林》（*FernGully: The Last Rainforest*）是一部关于环保题材的电影，讲述了居住在一片叫做"芬谷林"的澳洲雨林中的精灵们的故事，那里正面临着来自采伐者的威胁。

个姿势过渡到下一个姿势便很简单了。学习相关的课程以了解更多关于解剖学和结构学的知识，它们可以对你的结构草图起到巨大的帮助，使这些草图尽量的简洁。这些课程将让你绘制的关键姿势更加清晰易懂。伊桑·赫德认为，每个人都可以画些东西，而不应该害怕尝试：

> 如果你是一位传统动画师，那么画画对你来说是非常必要的。但是，在当今这样的电脑时代，它不是绝对必要的。当然，学会画得更好，对你肯定不会有害处。绘画将帮助你提高你的表达技能、你的视觉化叙事和你的角色轮廓。我相信，只要你有签署你的姓名的能力，你就拥有绘画中所有的必要技能。随身携带一本写生簿，并随时随地做练习。

这些都是一些不错的草图。

但是何时可以开始进行真正的工作？

我迫不及待地想看到它是什么样子。

2D动画师必须把他们的规划方法教给CG艺术家，包括镜头计划中的姿态图和缩略草图
（插图：布莱恩·多利克）

1992

《青蛙棒球》在MTV频道播出：麦克·贾齐的卡通短片《青蛙棒球》（*Frog Baseball*）是为影片《瘪四与大头蛋》（*Beavis and Butt-Head*）所制作的第一部卡通片。它最初的创作初衷是为了参加史派克与麦克成立的"恶心变态动画节"。MTV将这部短片收录进了他们的节目"液态电视"中。

1992

《旋律》由比尔·普林顿出品：《旋律》（*The Tune*）是动画师比尔·普林顿的第一部完整长度的故事长片。

1992

萨米·蒂姆勃格去世：萨米·蒂姆勃格（Sammy Timberg, 1903～1992）为弗莱舍工作室（后来的著名工作室）创作出了贝蒂·布普、超人、小露露，和卡斯帕（《鬼马小精灵》中的主角）等角色，以及多部电影，如《虫子先生进城》和《格列佛游记》。他最著名的是那句"这是个快、快、快乐的一天"。

绘画并不是最要紧的事，但它肯定会让事情变得更容易。它通过进入角色大脑进行全部的体验来对你起到帮助作用。定格动画师和CG动画师一样，他们不需要用出色的绘画技巧来完成他们的工作，因为他们需要处理的是人偶，而不是铅笔和纸。然而，将你的想法表现在纸上的能力会使你的思考过程变得更加容易。

伊桑·赫德说得最好：随身携带写生簿并随时随地画画。谁都不能翻看你的写生簿。大多数艺术家的写生簿是非常私密的，所以如果你不让他们翻看的话并不会因此得罪人。去画画吧，当你使用笔和纸来明确你大脑中的概念时，你会从一个全新的高度来思考。

"这并不是说为了成为一名很好的动画师，你必须是一名很好的绘图员。一个画技不佳却每天画画的绘图员，将比一个由于画技不佳而拒绝画画的绘图员创作出更优秀的动画。我的绘画技术其实很初浅可笑。即使在为了提高画技而经过了多年的努力之后，我仍然不能完全控制住我的线条。但是，我至少可以用一些图标的形式表达我所想的，虽然我不能完全忠实地用铅笔再现它们。那没关系。对我来说，我受益于画画的过程，而不是必须画得好。在过去几年里，我拒绝画画，因为我画得很烂，而且天性使然，我不喜欢去做那些我并不擅长的事。现在回去看我当时的动画，它确实缺少了一种宝贵的有关线、形式、力量和平衡的意识。它感觉就像木偶片。我的CG动画通过我在绘画上的努力已经得到了提高，即使我的绘画技巧本身几乎没有得到太多改善。绘图技巧并不一定像绘画练习本身那么重要。"

——基思·朗戈

总之，如果你有必要的话，画出结构草图；你将看到这么做的好处。最后，图画是一种二维的图形，因此以这种方式思考会帮助你更清晰地表达自己的想法。去作画吧！

审批过程

你什么时候需要将你的工作成果交给你的总监？在你的想法非常清楚，但你还没有对它们进行最终敲定时，如果这些想法被放弃或发生了改变，这感觉就像截肢手术。你还必须考虑到总监的想法以及他喜欢的工作方式。如果你从未与这些动画导演、总监和动画主管们合作过的话，你可能需要几个星期的时间来观察样片，但

《美女闯通关》上映：《美女闯通关》（Cool World）标志着拉尔夫·巴克什9年之后重返电影长片的创作，这也是他至今为止最后一部长片。这部电影不被评论界看好，而且票房惨败，但后来成为巴克什的一些崇拜者最喜爱的一部作品。在采访中，巴克什赞扬影片中动画的制作，同时也批评了片中的故事和剧本，他曾经被小弗兰克·曼古索令重写此剧本。

伦敦商业广告黄金时代的终结：关于欧洲统一的马斯特里赫特条约合并了欧洲大陆的广告市场，这样做严重限制了动画广告的需求。这一事件结束了伦敦的动画商业广告的黄金时代。

要密切注意他们的批评，这样你便会发现他们所要求的是什么。大卫·沙伯斯基明确阐述了如何估计和判断你的总监的指示：

> 这取决于总监本人。如果他很冷静，我便会安静地等待，直到我将它大体地描述完毕。也许这得需要两遍或三遍。如果他是一个控制狂，他的不安全感凌驾于他作为一个动画师的技能和知识之上，我就会给他展示我的缩略图，这样我们都会很明白，而我并不需要做额外的工作。

没有什么比必须通过一个镜头来理解一个动画师更令人沮丧的了。抱着信心去看待你通过镜头的切换所展现的想法，以及你给大家介绍的你的想法。记住，你的总监有许多职责，包括与制片方的交涉，以及通过观看动画师们的镜头来监督多个动画师。他们没必要看到你做出的每一个变化，并授权让你继续前进。关于这一点，伯尔尼·安格勒给我们提供了更多信息：

> 作为一个总监，我希望看到动画师的许多步骤，而不是每一次鼠标点击。除了关键姿势本身，对我来说很重要的一点是动画中有着很好的节奏感。

如果一位动画师希望他对场景做的每一个变化都能得到批准，这自然是不切实际的，不过，有一件事比这更糟：一位动画师从来不向总监展示他的工作进度，直到其进度已相当深入，如果这时他被要求改变想法，他就会严重受挫。如果角色表演不符合上级要求的指令，那么动画就必须作出相应的调整。这就是为什么在你与你的总监交待场景时你们的沟通有着极大重要性的原因。迈克·萨里有过这种经验：

> 你不想在你的场景得到第一轮批准上面花太多时间。你和总监交流得越顺利，形势就越有利。它们极有可能需要进行调整，所以你工作效率越高，而且投入时间越少，你就能越迅速地处理这些变化，并很快给你的总监展示你的第二轮工作成果。

修改对于动画制作过程非常重要。作为动画师，我们用数周的时间一遍又一遍地修改一个场景，为的是让所有细节都能到位。认真地与总监共同对待审批过程，

1992
第31部迪斯尼动画长片《阿拉丁》：《阿拉丁》（*Aladdin*）是1992年最成功的电影，获得了超过2.17亿美元的国内票房收入和超过5.04亿美元的全球票房。

1992
《割草者》：天使工作室（Angel Studios）和肖斯公司（Xaos）为《割草者》（*The Lawnmower Man*，天使工作室和肖斯公司出品）创作出了登峰造极的电脑动画。这部影片取材自史蒂芬·金的故事，这也让它获得了众多的影迷。

1993
《引鹅入室》获奥斯卡奖：《引鹅入室》（*The Wrong Trousers*，尼克·帕克作品）获得了奥斯卡最佳短片单元动画电影类金像奖。

将确保你的成功。与他沟通你的意图，展示你的第一次粗略的动作设计，如果总监对你的工作方向表示满意，并能由此一直认同你的想法，那就不要浪费他或她的时间来为你对镜头的每个改变进行批准。要有信心。你被雇用是有理由的，向他们展示你的才华。

修改步骤

　　动画中的修改步骤可能是其中最困难和最重要的部分之一。这是一部电影中所有关于影片、角色和镜头的想法进行集中的地方。在审批阶段需仔细聆听，因为此时你正被灌输的各个要点是直接来源于导演的，而这也正是他希望从你的片子中看到的。正如我们刚才所陈述的，当你的想法明确以后，展示你的工作成果。如果你的动画还是不能清楚表达你的想法的话，不要在这时候展示它。你不应该需要解释它发生了些什么以及为什么会发生，你要做的是花时间使一切都变得非常明确起来。给其他动画师看你所设计的粗略的关键帧，这样你就可以判断它们是否已传达出相关信息。

删除这些关键帧，重做。

修改过程
（插图：布莱恩·多利克）

1993

《瘪四与大头蛋》在MTV频道的播出：《瘪四与大头蛋》（Beavis and Butt-head）在MTV频道首次播出。麦克·贾齐为一个动画节无心地创作了这部二重唱式的短片，而艾比·特库尔，MTV频道的高级副总裁，为当时的网络动画选集"液态电视"选中了这部小短片作为节目的一个小插曲。MTV立即与贾齐签订了65集动画的合同，由特库尔做制片人。

1993

《疯狂动画》亮相：《史蒂芬·斯皮尔伯格介绍疯狂动画》（Steven Spielberg Presents Animaniacs，通常被简称为《疯狂动画》）从1993年到1995年在福克斯电视台首次播出，并于1995年至1998年出现在WB电视台（华纳公司所有），作为其午后节目版块"孩子们的华纳"的部分内容。

保持你的想法简单明了。让你的工作流程简单易行。许多动画师可以快速地设计出粗略的动画，但后来却在修改进程遭遇到挫折。这就像游泳运动员必须在一场游泳比赛中用上所有的游泳姿势。你不应只会娴熟地蝶泳，却一点儿也不会仰泳。制定出一个工作流程，让它能在各方面提高你的动画的水准。我们在这一章的开头谈到了一点关于这方面的问题，当时我们讨论的是如何使用图形编辑器，了解了应该何时从阶梯式变换到直线式再变到样条曲线模式。

利用第四章来帮助你在修改步骤中保持条理清晰和高效率。此外，不要拼命地守住你的想法。你的想法并没有那么珍贵。你应该以开放的态度将它们修改得更好。大多数动画师在艺术学校的初期，都进行过批判课程的训练。如果你没有去过艺术学校，对此过程不熟悉的话，那么这样去理解：你的作品将在大屏幕上被所有人观看，而你的总监们在那里是为了让这些场景尽量地完美。对待批评需泰然处之。每个人都在那儿为了让动画变得更完善而努力，并且同时遵循着叙事的方向和导演的意图。基思·罗伯茨解释了他在面对一些不愿妥协的动画师时遇到的困难：

> 当一位动画师固执地坚持一些行不通的东西时，那真是太让人伤脑筋了。动画师绝不能太"珍爱"他们的想法。勇敢一些。

因此，当你被指定一个完全不同的创作方向，而这需要拿掉你的镜头的一半时，你该怎么做？这取决于你被指定的新方向。如果这是一个微妙的变化，不要将婴儿与洗澡水一起倒掉。而如果这完全是一个新的想法，往往从零开始重建动画，它的速度会更快。你已经完全了解这个镜头，并知道骨架的缺陷以及怎样做才能完成这个镜头。你可以迅速地粗略设计出一些新东西，这比试图修改一些已被破坏了的东西要快捷得多。就像是如果你在盖房子，你当然希望其基础坚实稳固。基思·朗戈提供了他的办法：

> 被重新定向的这部分可能被完全弃用。如果新方向不能与他们想要的另一半配合良好，我可能宁愿彻底放弃它，并干脆一切从头开始。否则，我将必须在我的规定时间内修改大量的场景，而我总是发现从头开始会更容易，而不是试图让某些东西勉强地作出改变。这么做最终只会给我添乱。

1993

《圣诞夜惊魂》首映： 蒂姆·波顿的《圣诞夜惊魂》（*The Nightmare Before Christmas*）是一部定格动画音乐电影，部分取材于蒂姆·波顿的画作和一首诗，他在片中的职务是联合制片人。

1993

《侏罗纪公园》上映：《侏罗纪公园》（*Jurassic Park*）的成功在很大程度上归功于视觉特效。通过使用CGI和常规的力学特效，影片中出现的恐龙呈现出难以置信的逼真程度。这部影片获得了奥斯卡奖的最佳视觉效果奖、最佳音效剪辑奖和最佳音效奖，并由此衍生出了它的两部续集。

1993

WINDOWS NT发布： Windows NT是一个由微软公司生产的家用操作系统。这一事件的重要性在于它使得个人电脑成为能够挑战SGI公司的高端图形电脑中的竞争者。

请记住,你会在很多年里一遍又一遍地看到这些镜头。你会在影院里看到它们,在电视的预告片中看到它们,一次又一次地在闭路电视中看到它们,以及在你重温录像带中的这些特定镜头时看到它们。你希望为它们感到骄傲。大卫·沙伯斯基告诉我们,有一天,他的导师这样对他说:

> 我的导师,约翰·波默罗伊,曾经对我说:"不要担心你画的那些画,大卫。只需这样去想:它们会被放大到原始尺寸的100倍大小,并在世界各地的上千万的人面前放映,永远都这么想。"

在修改步骤中,有些时候可能是令人沮丧和受挫的,但请保持积极的心态,并在这一过程中保持信心。一开始就努力推动你的想法,尽可能在动画中表达你自己,并且使你的想法更加明确!想法越明确越有趣,它们就越有可能最终呈现在大银幕上。

誊清步骤

CG中的誊清步骤和在2D中是相同的。注重细节的刻画,不要急于开始誊清,直到想法被全部实现并通过审批之后再进行。在本章的前面部分,我们谈论到总监的想法以及他们是如何处理审批程序的——他们是否需要看到所有的动画,细到手指或趾头和面部这样的细节,或者他们是否能够信任你能够处理那些重叠动作和第二动作。你不应该对誊清过程想得太多,因为所有重要部分应该都已完成。这是个耗费时间的工作,但思考过程应该在你关注角色表演的时候就已经完成。迈克·墨菲给我们提供了他用来誊清镜头的办法:

> 当我在做重要细节的誊清工作时,通常我需要花20%的时间去了解核心问题。而剩下的80%的时间用来做誊清。这包括了逐帧观看、微调每根动态线以及眨眼和眼珠的转动。这时,我需要对微妙的重量变化和调整进行分层,并注意那些跟随动作,以及舌头、手指和呼吸的动作。

在你初次检查你那粗略的试验片时,把握住你的第一印象,写下你的想法。当你认为一根曲线需要收紧或变平滑时,请注意帧数。问问你周围人对它的第一印

1993
数字领域公司成立: 数字领域公司(Digital Domain),由詹姆斯·卡梅隆,斯坦·温斯顿和斯科特·罗斯创立,公司为电影、商业广告和音乐电视提供视觉特效。该公司于1993年开始制作视觉特效,它最早参与的三部电影是《真实的谎言》、《访谈吸血鬼》和《夜色》。至今它已为40多部影片制作了视觉特效。直到2006年春季,由投资公司Wyndcrest Holdings收购了这个13岁的视觉效果工作室。

1994
《鲍伯的生日》获奥斯卡奖: 《鲍伯的生日》(Bob's Birthday,艾莉森·斯诺登和大卫·凡恩作品)赢得了奥斯卡最佳短片单元动画电影类金像奖。

象。一个新的视角可能是非常有益的。这一步骤可以解决任何技术上的小问题,使所有问题畅通无阻。马克·贝姆则有更多的法子:

> 在最后阶段,我会在曲线编辑器上花较少的时间,而在2D图像本身上花更多的时间。我总是深入研究曲线,给它们添加上微妙的细节,从而赋予事物鲜活的生命力。而我在之前制作动画和决定空间幅度和时间控制的时候,我并不希望这样的左脑活动会干扰我的创意。它是可以发挥你的奇思妙想的最后一个阶段,而它增添的细节使作品上升到一个至关重要的高度。这一阶段的有无往往决定着CG最终是生动的还是死板的。

誊清对于让整部作品讲述通畅和作品意义的确定,有着至关重要的作用。这是你最后一次有机会运用你的奇思妙想来让作品看起来尽量完美。伯特·克莱因简明地描述了他对于誊清的定义:

> 我首先会大手笔地刻画出作品的雏形,然后不断对它进行雕琢削减,就好像它是一个木块,直到它终于雕刻成形。

好好雕琢吧,动画师们!

[21]   奥利·约翰斯顿(Johnston, Ollie),弗兰克·托马斯(Thomas, Frank).《生活的幻想:迪斯尼动画》(*The Illusion of Life: Disney Animation*),迪斯尼版:1995年.
[22]   关键帧(Keyframes).
http://www.siggraph.org/education/materials/HyperGraph/animation/character_animation/principles/lasseter_s94.htm#keyframes.

1994
迪斯尼的第32部长片《狮子王》:《狮子王》(*The Lion King*)是美国发行的电影之中票房最高的传统动画电影。电脑动画被广泛运用于这部电影的制作过程。在这部电影全面发行之后,它成为了当年最成功的影片,同时也是那个时代最成功的动画电影。回过头来看,这部电影可以被看作是迪斯尼动画复兴时期的高峰期的一个标志,这一复兴自20世纪80年代晚期持续至90年代中期,并在这一高峰期获得了范围广泛的成功。

1994
首部全CG电视系列片《重新启动》:《重新启动》(*ReBoot*)是一部加拿大动画系列片,它的名声归功于它是第一部完全由电脑动画制作的电视系列片。

1994

华特·兰兹去世：华特·兰兹（Walter Lantz, 1900～1994）是华特·兰兹工作室的负责人，他也是"啄木鸟伍迪"的创作者和动画领域中的开拓者。退休之后，兰兹通过对卡通片重新发行并销售给新的客户而继续管理着他的工作室。同时，他还在继续作画，他的啄木鸟伍迪的绘画作品十分畅销。

1994

《拇指姑娘》上映：《拇指姑娘》（Thumbelina）的故事是在汉斯·克里斯蒂安·安徒生的童话《拇指姑娘》的原有基础上进行改编的。这部电影没有像唐·布鲁斯过去的大部分电影或任何一部迪斯尼出品的电影那样受到认可。

1995

《剃刀边缘》获奥斯卡奖：《剃刀边缘》（A Close Shave，尼克·帕克作品）获得了奥斯卡最佳短片单元动画电影类金像奖。

第六章
一次又一次地表演这一时刻

动作是动画表演的核心。每个场景的每个镜头都建立在表演的基础上，并支撑着故事的主题。动画师的工作涉及一次又一次重复激发电影中的动作时刻，而这将持续数周的时间。动画师并不一定想要成为演员（虽然有些扮演过真人角色）。为了做出好的动画，动画师必须了解一个演员应该知道些什么，以及演员是怎样准备一个场景的。一个动画师"表演"的方式与一个演员"表演"的方式是非常不同的。动画师要比演员更善于分析他对于一个场景所采取的办法，因为演员的表演是实时的，而动画师则必须始终保持这一刻的状态。

> "如果你和我在舞台上表演，我触碰你的面颊，你将会有某种形式的情绪反应。你和我都应重视这种反应，因为这将引导我们进入下一时刻。一位动画师必须建立起对于目前这一时刻的想象。"
>
> ——埃德·胡克斯

演员通过分析其内部动作，而创造出其外部动作，后者便是你在舞台上或屏幕上看到的。一个演员必须去感受角色的情绪，这样才能使他的动作、姿势和台词有真实感。而另一方面，一名动画师必须在几天甚至几周内不断地重复激发一个情绪。他必须深入角色的内心，就像演员做到的那样；同时，他还必须处理外部动作。动画师总是在担心一种手势或姿势是否容易被理解；而演员在被训练时，不会有人教导他们把重点放在这些事情上，因为他们的表演正是其内部动作的结果。演员的训练告诉他们：不可以只表演"结果"。在CG领域有一项新技术，它给导演提供了一种新方式来处理动画，它能使制作动画的过程更像是一个真人实拍导演使用演员的过程。这就是所谓的动作捕捉。

1995

约翰·惠特尼去世：约翰·惠特尼（John Whitney, 1917~1995）是一位实验动画家和电脑动画先驱者。约翰·惠特尼活跃的电影制作生涯持续了超过55年，而其中的40年贡献给了电脑工作。

1995

第一部CG动画长片《玩具总动员》发行：由皮克斯动画工作室制作、迪斯尼公司发行的《玩具总动员》（Toy Story），是第一部正片长度的完全由电脑制作的动画电影。这部电影赢得了比1995年的任何其他一部电影都更高的票房。

1995

《矮精灵历险记》：《矮精灵历险记》（A Troll in Central Park）是一部由唐·布鲁斯和盖瑞·葛德曼导演的动画电影。这部电影的国内收入总额仅达到7100万美元。

177

> "如果在观看真人电影时，只关注其表演的话，你可以看到相当多的不同风格，它们互相之间似乎毫不相干。在1956年，你可以看到白兰度使用'斯特拉斯伯格表演法'（Strasberg's Method）表演的一段台词；而在同样的真人电影领域中，你可以在戴米尔（DeMille）拍摄的《十诫》（*The Ten Commandments*）中看到，他指导他所有的演员摆出舞台式的戏剧性表演的姿态，这种表演风格延续自他在无声片时期所经历的夸张式表演。我认为，从理想的角度来看，动画可以模仿任何一种风格的表演，只要它适合于影片和角色的设定。当然，这一切都必须开始于配音演员。从整体上看，动画将永远是一种比真人电影更需要合作和科学分析的技艺。"
>
> ——比尔·怀特

动作捕捉和CG动画中的表演

一种叫做动作捕捉的新技术已经在电脑动画领域内推广。这项技术沟通了真人演员和关键帧动画师之间的分歧。当动作捕捉被用来生成动画时，电脑记录了一个演员"即时"（In the Moment）的表演。之后，一位动画师将整理这些数据，并进行加工使其符合影片的需要。对这项技术的成功运用取代了繁重的由动画师设置关键帧的任务，如《指环王》中的"咕噜姆"（Gollum）。这部电影在那些曾转入动画和视觉特效电影的真人电影导演中刮起了一阵旋风。许多影片如《最终幻想》（*Final Fantasy*）、《机械公敌》（*I, Robot*）、《极地特快》（*The Polar Express*）、《快乐的大脚》（*Happy Feet*）、《金刚》（*King Kong*）、《怪兽屋》（*Monster House*），甚至《疯狂牧场》（*Barnyard*）中的群众场面也使用了动作捕捉工具来创建运动和表演。真人电影导演十分热爱动作捕捉这一想法，因为它更接近于他们在有着真人表演者的真实拍摄现场中的经历。马克·科特斯尔解释了为什么真实性是导演追求动作捕捉这一愿望背后的驱动力：

> 动作捕捉是一件让史蒂芬·斯皮尔伯格想做得更多的东西，这有点儿令人沮丧。他们问他是否会导演一部动画影片。斯皮尔伯格的兴趣在于罗伯特·泽米吉斯在《极地特快》中做过的那些。我自己，认为动作捕捉（Mo-Cap）很死板。它看起来太死板了，没有生命力。《最终幻想》真的让人毛骨悚然，它根本没有做好。所谓的动画应该是一种对真实生活的讽刺夸张——实际上并不是真正的生活，而是夸张了的。我认为动作捕捉可能陷入了一种模式，这种模式使他们没有必要有幕后的演员。技术始终推动着动画发展得更快、变得更逼真，因为它是真人实拍电影的最终推动力。它能使事物看上去更真实。

1995

《小猪巴比》获最佳视觉效果奖：《小猪巴比》（*Babe*）使用了实拍和电脑动画特效相结合的技术。节奏与色彩工作室获得了奥斯卡奖对《小猪巴比》的7项提名，并最终获得了视觉效果类金像奖。

1995

弗里兹·弗里去世：弗里兹·弗里伦（Friz Freleng, 1906～1995）是一位动画界的巨人。弗里伦与华纳公司合作了60余年，并导演了近300部卡通片，其中4部获得奥斯卡奖，超过了其他任何一位华纳的导演。甚至其他华纳动画的巨头，如查克·琼斯，也承认他的影响力和声誉。

1995

约翰·拉萨特获奥斯卡奖：由于他对运用于《玩具总动员》中的技术的开发与应用，皮克斯公司的约翰·拉萨特（John Lasseter）获得了奥斯卡金像奖。

动作捕捉的问题，正如马克所说，在于它力求看起来过分的真实，电脑在如何记录数据方面做得过于完美了。想想一个拳击手被击中的脸这样一张静止的画面帧，其面部仿佛是一种扭曲而混乱的黏稠物质构成的，你绝不会认为这是一张真实的人脸。但是，拳头击打造成的影响会造成这种极端的姿势。如果我们不用摄影机拍摄的话，我们将永远不会看到这副面部表情。但是当我们看到这一击时，我们会觉得它的冲击力逼真到深入骨髓。马克谈到的正是动画中的夸张和讽刺。即使动作捕捉的目的是试图看上去像真实生活，它也必须借鉴这种夸张性和娱乐性，从而让动作更加真实。这是因为它们确实存在于现实生活中，即使那只有0.1秒！

卡通式的动画全都基于真实生活中的动作。有时，一些较夸张的姿势被延长更长的时间来增加喜剧效果。动作捕捉能够在创作写实类的动画方面取得成功，但它仍然需要角色动画师的参与，来改进电脑所记录的动作。动画师的关键帧将这些刻板的数据转化为某种具备娱乐价值的东西，添加以动作捕捉无法捕获到的微妙细节。动作捕捉的数据记录过程可以由真人电影导演参与，这一点也优于传统动画作业的流水线。

通过使用动作捕捉，导演能够实现与表演者的互动，并可以为"这一时刻"拍摄多个方案。有了动作捕捉系统，导演可以即时地决定镜头调度和摄影机的位置，而取代像常规动画片那样的由初期的故事板阶段进行的设定。导演可以发挥更大的创造力，但它也给生产流程带来了一系列新的问题。通过改变一个摄影机的选择，你会给这组镜头中的其余镜头造成影响。

大多数真人实拍影片的导演会灵活地采用其故事板，而一旦到了拍摄现场，他们就可能改变摄影机的角度，并利用演员在表演中的发挥，来满足他们自己即时的创作灵感。有一个很好的例子，就是斯坦利·库布里克的《闪灵》。当在那幢大型豪宅内进行拍摄时，杰克·尼科尔森给库布里克提供了一个这样的想法：如果他生活在这样一所宽敞的房子里，他会倾向于去做他通常在外面所做的事情。因此，他取出一个网球，并将它在屋子里和走廊上到处乱扔，显示他这个角色的无聊，而且他也并不像他平常表现的那样喜欢写作。库布里克采用了这个想法，并使用运动镜头进一步推动了它：让摄影机跟拍球的运动并在球滚入摄影机的视线内时引出场景。在2D或CG动画电影中，这种创造性的摄像机角度的变化，或重新创作整场戏的内容主旨的情况很少发生。实际上，动画的生产流程并不允许这种做法，因为存在于动画生产结构和流水线中的这些做法将会非常昂贵。

通过使用动作捕捉，一旦动画数据被处理并被输入电脑以及布景被建模之后，动画片导演便可以拥有与真人电影导演类似的经验。只要动作捕捉系统能产生有关

1995

普雷斯顿·布莱尔去世：普雷斯顿·布莱尔（Preston Blair，1908～1995）是一位撰写了《卡通动画》一书的动画师，这是一本关于如何制作动画的经典图书。布莱尔与阿尔·尤格斯特为明茨工作室（Mintz）合作了《疯狂的猫》卡通剧。他后来去了迪斯尼，在那里担任动画师，并制作了《幻想曲》中"魔法师的学徒"和"时辰之舞"中的几组镜头。

1995

迪斯尼的第33部长片《风中奇缘》：《风中奇缘》（Pocahontas）原本被计划成为迪斯尼的第一部真正的戏剧性动画电影。然而，这部电影在商业上的表现并没能像预期的那样成功。由于它涉及更多的成人主题和情调，这部影片并非面向幼儿，而被期待能像《狮子王》那样获得优异的票房表现，但并未得到实现。

表演的创意, 而且导演关于拍摄角度的想法是明确的, 这一方法就能成立。但是, 在这个等式中有很多的变量。用这种方法制作动画片会在制作人员和生产环节中引起许多恐惧, 因为它与传统动画制作流程是背道而驰的。在传统动画中, 一切都是在故事板中预先计划好的, 而角色的关键姿势都是根据已设定的摄影机进行绘制的。动作捕捉可以为导演提供更多的创意, 但它也能够成为一把双刃剑, 因为预先规划阶段通常会被取消, 而这种做法会导致电影超出预算并且需要很长时间来进行定位绘制。

有时候, 技术的进步使你感到你仿佛永远也无法跟上它。坚持就是胜利!
(插图: 弗洛伊德·诺曼)

1995

Wavefront公司和Alias公司合并: 现在的Maya软件起步于Alias/Wavefront公司在1995年的成立。硅谷图形公司收购了Alias的研究部门和Wavefront的技术部门, 并将这二者合并。现在, 它归3D Studio Max的生产者Autodesk公司所有。

1995

《小狗波图》上映: 《小狗波图》(*Balto*) 是由史蒂芬·斯皮尔伯格的Amblination动画工作室制作的最后一部动画长片, 该工作室在斯皮尔伯格与大卫·格芬和杰夫瑞·卡森伯格共同创建了梦工厂之后关闭。

1995

《企鹅与水晶》上映: 《企鹅与水晶》(*The Pebble and the Penguin*) 的票房总收入仅300万美元, 评论界也不甚看好。但多年过去了, 这部动画影片却成为影迷们所推崇的作品。

　　与关键帧动画相比，动作捕捉的一个缺点是，在动作捕捉阶段所拍摄的镜头必须被使用。要回到动作捕捉阶段去记录信息并为动画师的操作进行数据处理，会非常昂贵。在动画领域，如果表演没有被使用在影片中，动画师可以删除所有的关键帧并使用新的想法重新开始。关键帧动画师（原画师）可以一遍又一遍地重新设计同样的表演，导演有权力对表演作出适当和微妙的变化。如果在拍摄现场这样要求一个真人演员的话，可能会导致演员的不满甚至自信心的崩溃。动画师则习惯于这一过程：观看、调整、并一遍一遍不断修改表演的过程——或者就像动画师如此深情地称呼它为"该死的帧"——这仅仅是他们工作的另一部分。对于那些不想使用动画流水线的导演，其使用动作捕捉的关键在于，导演能确切地知道他对于每个镜头的想法——能做到这一点是很难得的。如果导演有一个明确的目标，那么即使缺少了预先规划阶段，也不会出现多么严重的问题，就像罗杰·维萨德根据他在电影《极地特快》中使用动作捕捉的工作经验所作的解释：

　　我刚刚完成了一部叫做《极地特快》的电影。在任何给定的镜头中，导演可以对表演过程中摄影机的位置自由调配。这让我们许多人在前几天的工作中吓坏了，但他通常知道他想让摄影机放在哪里。可以说预先的规划再怎么强调也不过分，这是动画制作中最出色的部分，但有些人已经忘记了。你的选择决定了观众的目光将停留在影片的何时何处！在真人实拍电影中，无论多么伟大的导演，他也无法仅仅为了把摄像机摆放在合适的位置，而让表演重复两次或三次。从这一层面上讲，动画确实是一项非常强大的工具，你在设计一个镜头中可以使用的想法和技术几乎是其他任何电影制作媒体都无法比拟的。

　　动画是真正以逐帧的方式进行制作的电影。这些画面帧还必须保持强有力的轮廓（Silhouette），从而迅速而充分地传达出想法。在动画师职业生涯的最初期，他们学习到利用强有力的轮廓是实现这一目标的最好方式。

　　真人电影导演在拍摄演员时很少思考其剪影轮廓。因为当演员表演时，轮廓就会自然地在那里。相比之下，动画师始终关注着轮廓。没有一个强有力的轮廓，其表演将难以被理解。从远景到特写镜头，强有力的轮廓都易于被理解。一个真人演员很少思考他的轮廓或他的姿势是否易被人看明白。他必须相信他的动作是诚实的——如果他确实诚实地作为角色在表演的话，而他从来不会回头去看看它是否真的诚实。埃德·胡克斯教授"动画师表演"的课程（Acting for Animators），解释了更多关于演员和动画师之间的区别：

1996

《追寻》获奥斯卡奖：《追寻》（Quest，托马斯·施特尔马赫作品）获得了奥斯卡最佳短片单元动画电影类金像奖。

1996

《瘪四与大头蛋》电影的发行：是的，《瘪四与大头蛋》现在成了一部长片电影，它被公映并获得了超过6000万美元的票房。

1996

《空中大灌篮》：《空中大灌篮》（Space Jam）是一部动画和真人实拍结合的电影，主演是迈克尔·乔丹，他的搭档是兔八哥和其余《乐一通》中的角色。这部电影在当时具突破性的视觉效果，并获得了喜欢它的观众的赞扬。

181

真人演员即时地工作；而动画师没有这种"即时"的说法（或者，如果他们这样做了，这将是一项长期的折磨）。在动画领域，需要用24张画面于一秒钟的实际时间内创造出动作的幻觉。

我们强烈推荐埃德的《动画师的表演，修订版：动画表演完全指南》（*Acting for Animators, Revised Edition: A Complete Guide to Performance Animation*, 2003）[23]，作为本章的参考读物。一个演员不会花若干周的时间来重复一个角色和一场戏的表演，除非他的工作是在百老汇（Broadway）进行歌舞剧表演，那样他每周都会演出。一个演员使用其内部动机来达到他的目的。动画师则使用外部轮廓和关键姿势来达到目的。演员总是实时的，而动画师从来都不是实时的。外部的视觉冲击力是一名动画师所关注的，但它

埃德·胡克斯教授"动画师的表演"，并在演员使用的工具和如何将它们应用于动画师的表演训练之间架设了桥梁

是一个非常耗时的过程的结果，在这一过程中，你需要处理表演过程中的每一张单独的画面帧。演员和动画师都具有的一个共同点是，他们都要抓住当下这一刻的表演效果。

即兴表演

动画师通常通过书籍、观察、请教别的动画师以及尝试和纠错来学习表演。想了解更多的表演知识，即兴表演课程是一个好主意。这些课程将同样很有帮助，因为即兴表演的作用是能够快速评估一个角色的表演，而这正是一个动画师所做的。

1996

《火星人玩转地球》首映：《火星人玩转地球》（*Mar Attacks*）是一部蒂姆·波顿的电影，其故事取材于一款同名的科幻卡片游戏。在其制作过程中，曼彻斯特的定格动画公司"裸骨工作室"为这部电影花了9个月的时间来制作其外星人的定格动画，结果却被告知：影片将使用由工业光魔公司生产的CG图像来取代他们之前的工作。

1996

迪斯尼的第34部长片《钟楼怪人》：《钟楼怪人》（*The Hunchback of Notre Dame*）的剧情部分取材于维克多·雨果的《巴黎圣母院》。这部影片因其视觉上和艺术上的价值，以及在手绘和电脑动画结合上的技术进步而获得好评。片中一个著名的细节是运用了电脑图像生成的庞大人群的场面，这是其他动画技术所难以实现的。

即兴演员被指定扮演一场戏中的一个角色，然后必须立即做出相关的动作。动画师会拿到一个文件夹，其中包括这场戏的注意要点、故事板以及导演和总监标注的一些事项。在信息甚少的前提下，要求他们快速设计出一个令人信服的、强有力的表演。

所有动作都是思考的结果。即兴表演帮助你迅速进入临场发挥状态。此外，它还可以助你摆脱那些闯入你脑海中的常规思路，并得到一些真正有趣的、能感染观众的东西。即兴表演的规则告诉你不要问问题，但一定要知道这场戏究竟是怎么回事。如果你在即兴表演中对你的角色保持诚实，那么表演过程中的一些临场发挥的瞬间将给观众以真实感，并会加强角色，最终使角色生动有趣。

了解情节中发生了些什么，你的表演会更加诚实。即兴表演训练的是角色的风格、内部节奏、身体限制、年龄和性别，以及如何通过手势、运动和出色的动作表现角色的这些特质。一个如何进入角色的极好的例子，是去想象你所描绘的角色在早晨的习惯。一名卡车司机可能起床后会穿着前一天晚上就穿在身上的衣服，打开一罐啤酒——因为这天他休息，然后靠在躺椅上看电视。一位公主可能在醒来后让她的宫女把她的那些精美奢华的衣服放在床上，并帮她为新的一天梳妆打扮。在这些角色进行他们的例行公事时，他们的感受是怎样的？他们是如何看待自己在世界上的位置的？他们对自己的日常事宜引以为豪吗？他们是如何占用个人空间的？

即兴表演还训练了如何让角色在场景中互相交流，以及让双方配合良好。这直接适用于多角色的场景，这些角色的动作设计被分配给多个动画师。你的角色的表演将会加强其他角色的表演，如果你明白这一点，这场戏便会取得成功。很多时候，用一个与之产生对比的角色来加强另一个角色，将使这场戏更加有力。如果一个表演者扮演的是一个疯狂、激动的角色，而其他表演者扮演的角色有着与之呈鲜明对比的个性，譬如是沉静的、内向的和克制的，那么这个情节将更加有趣。演员在即兴表演训练中被教导的是，每场戏都是一个交流的过程。当你设计动画时，问问你自己，什么信息正在被交流中。在每一次即兴表演中，表演者之间都有一个不断互动交流的过程。如果有人要否定或只是简单地陈述一句"不"，这场戏便完蛋了。由一个人主导，其他人配合，然后交流便发生了，而力量在交流中会不断转换。你可以通过力量中心来阐明这种力量的转变。

1996

沙马斯·卡尔汗去世（Shamus Culhane, 1908～1996）曾经被马克斯·弗莱舍所告知："你知道你的问题是什么吗？你是一个艺术家！"

1996

太平洋数字影像公司出售给了梦工厂 1996年3月，太平洋数字影像公司与梦工厂合作，开始生产原创的CG电影长片，其中包括了《蚁哥正传》。2000年2月，梦工厂获得了PDI大部分的股份，并成立了太平洋数字影像公司/梦工厂联盟。在这一联盟的合作下，PDI的第二部动画电影《怪物史莱克》于2001年春天在影院上映。

1996

时代华纳的合并：时代华纳公司和特纳公司的合并，将华纳兄弟公司长片部、电视部和传统动画部门，以及汉纳-巴伯拉公司、卡通网络公司，再加上其他几个公司，统统合并到了同一旗下。

183

对动画师有益的即兴表演工具

有一件即兴表演者使用的工具，被称为力量中心（Power Center），或主导物（Lead）。这有助于说明角色如何看待处于周围世界中的自己。利用力量中心，你可以采取特定的姿态来创造一个角色。力量中心是所有姿势来源的地方，它导致动作的发生。想象你自己走在街上，你的力量中心在哪里？臀部？胸部？战利品？表6.1介绍了一些角色的力量中心，体现了这些主导因素。

这个名单以外的例子不胜枚举。通过角色运动的方式，力量中心可以完全改变角色的什么部分最能体现其情绪状态。力量中心与身份地位的概念是紧密相连的。

身份地位不一定和金钱相关，也可以包括一个家庭结构中、工作中，甚至在一群朋友中的普通成员。一般来说，一个地位较高的人会较为平静，而且与其他人保持眼神的直接接触。地位较高的人对于他在社会上的地位感觉舒适自在，除非你试着给这场戏添加潜台词，地位高的人会让自己保持冷静、沉着、克制的状态，举个例子，就像《教父》（*The Godfather*）中的唐·科莱昂（Don Corleone）。他将直接了当而平静地陈述其台词，以表明他在这一情节中拥有着的权力。如果一个拥有权力的人变得疯狂并开始大喊大叫，这表明他已经失去了控制。

表6.1 力量中心

髋部	其动作像一位T形台上的超级名模，或者像一个性感的米克·贾格尔（Mick Jagger，"滚石"乐队的主唱。译者注）式的走步。
下巴	其动作像一个女王，一个政治家，或是皇宫贵族。
胸	其动作像一个拳击手或超人。
前额	其动作像一名知识分子；参看伍迪·艾伦（Woody Allen，美国著名编剧、导演及演员，他有着宽大的脑门和短小的身材。译者注）。
腹部	其动作就像一个矮胖的人；参看约翰·古德曼（John Goodman，美国演员，身躯庞大）或一位孕妇。
膝盖	其动作像暴徒的步伐；参看《胖子阿伯特》（*Fat Albert*）中的鲁迪（Rudy），或说唱明星及演员艾斯·库伯（Ice Cube）。

1996

《詹姆斯和巨桃》发行：《詹姆斯和巨桃》（*James and the Giant Peach*）是基于罗尔德·达尔的一部同名书籍改编的电影。这是一部将真人实拍和定格动画相结合的电影，并被提名为奥斯卡金像奖的最佳音乐奖、最佳音乐片或喜剧片原创音乐奖（由兰迪·纽曼创作），但它最终没能得奖。

1996

《雷神之锤》在游戏市场上市：《雷神之锤》（*Quake*）是一款由id Software公司开发的一款第一人称射击游戏。可以说，最初的《雷神之锤》游戏将绝大多数PC机的硬件推动到了极限，这是由于它所提供的那些前所未见的性能：包括具有复杂材质的3D环境、使用多边形建模的具备某种程度智能的敌人，等等。

与此相反，地位低的人往往瞧不起很多东西，而且可能经常触摸自己的脸，显示了他的不安全感或紧张感。他们在这个世界上感到焦虑不安。安东尼·霍普金斯描述了他是如何在《去日留痕》（*The Remains of the Day*）中，通过他在所属的空间内建立自己的地位，来扮演那位男管家的。他说，扮演这位男管家的技巧是，房间内的所有空间都属于主人，这位男管家只是被允许呆在那里。这是一种空间的交流。

安东尼·霍普金斯在他处理男管家角色的方法中，偶然发现了一个非常重要的部分。你的角色是怎样与他所属的空间互相作用的？空间对于动画和动作表演以及角色如何确定自己在世界上的地位来说，都极为重要。空间中的运动进一步说明了其思维模式。大老板走进董事会时，可能会以沉重和缓慢的动作直接进去。但是，若是老板的儿子进去，这个孩子并不是真的想呆在那里。比方说他的脑袋里没有生意，他只是希望能在百老汇跳舞。他进入这个房间的方式可能截然不同，可能是胆怯的，动作迅速而不够坦率，以避免与任何人打交道。有许多种表演方式可以帮助你区分你的角色可能怎样移动，以及怎样占用他所在的空间。

这里介绍一种即兴表演的方法，它被称为"拉班技术"（Laban Technique）。在这一章中，我们只谈一谈这个技术中的少数几种关键方法，来说明它是如何帮助动画师在空间范围内描述动作的。在拉班技术中，有着四个方面的要素：空间、时间、重量和流动（Flow）。空间、时间、重量和流动共同产生了行动。

你在空间中移动着，这个空间可以被形容为你周围的大气泡。如果气泡非常小，你的角色将以一种非常受限制的方式移动，也许就像一个残疾人。"时间"则进一步解释了，角色所移动的速度即如何在所分配的时间内移动。重量当然会影响到时间，但它对于动作的影响更加密切，并显示了重量将如何改变物体移动的速度，以及动作是否直接了当。最后，术语"流动"指的是角色如何利用空间、时间和重量来创建一个实际动作的总和。

在空间、时间、重量和流动这四个要素之中，有6个即兴表演的术语，可以帮助一个动画师快速定位一个角色该如何占用空间。这些标签中分为直接（Direct）、迂回（Indirect）、快速（Fast）、慢速（Slow）、沉重（Heavy）、轻巧（Light）。空间决定着动作是直接还是间接。时间描述了运动的快或慢。而重量决定着动作有一个沉重的还是轻巧的感觉。下列标签组合标注角色应如何运动。

◆ 在形容空间方面，使用标签"直接"和"迂回"
◆ 在形容时间方面，使用标签"快速"和"慢速"
◆ 在形容重量方面，使用标签"沉重"和"轻巧"

分别使用这些标签进行不同的组合，你可以定义任何一种动作。如果你的角色

1996

克劳瑟电影公司申请破产：这家总部位于旧金山的工作室（Colossal Pictures），因为它的一些电视节目像《魔力女战士》（*Aeon Flux*）和《液态电视》（*Liquid Television*）而闻名，此时因陷入困境而寻求其债权人的保护，同时积极寻求改组其业务。此前，它已停止生产电视广告，并宣布它正集中力量发展项目，以便使其能够"在盈利方向重组其业务"。

1996

迪斯尼买下寻梦影像公司：迪斯尼收购了寻梦影像公司（Dream Quest Images），一个从事电影特效的机构，其作品有《红潮风暴》（*Crimson Tide*）和《全面回忆》（*Total Recall*）等。由于这个大型收购计划，迪斯尼决定解散"博伟视觉效果公司"，一个只存在了很短时间的特效公司，《圣诞老人》（*The Santa Clause*）是其参与的电影之一。

是直接的、缓慢的和沉重的，这会是什么样的动作？与此相反，如果同样是这个角色，变成了迂回的、快速的和轻巧的，又会是什么样的动作？

如果你进一步划分这些标签，你将获得8个有关重量、空间、时间和流动的基本组合。这8个标签是：压（Press）、拧（Wring）、滑动（Glide）、漂浮（Float）、推（Thrust）、劈（Slash）、拍（Dab）和弹（Flick）。以下是一些划分的例子：

◆ 直接、缓慢、沉重（压/拧）：一头大象，一名黑手党成员，或者一位足球运动员

◆ 迂回、快速、轻巧（滑动/漂浮）：一个孩子，一位仙女，或一只蜂鸟

◆ 直接、快速、轻巧（推/劈）：一名击剑手，一位舞者，或一只吃饱了的猎豹

◆ 迂回、缓慢、沉重（拍/弹）：一个醉鬼，一个身体残疾的人，或一个动画师在吃了一顿配有三杯马丁尼的午餐之后回去工作

此外，类似的组合是无穷无尽的，但是，你可以在制作动画时把这些词搁在监视器上，对于角色将如何占用动作的空间，这种做法将帮助你保持正确的方向。如果你想了解更多关于即兴表演的知识，我们推荐珍·纽罗夫（Jean Newlove）的《演员和舞蹈演员的拉班技术：把"拉班"的运动理论转化为实践之分步操作指南》（*Laban for Actors and Dancers: Putting Laban's Movement Theory into Practice: A Step-by-Step Guide, 1998*）。[24]

查理·卓别林、移情作用和动作表演

查理·卓别林是一个擅长让观众产生移情作用的天才。如果你不知道查理·卓别林是谁，那就请回电影学院——毫无疑问，你需要重新上课了。他的小流浪汉角色触及所有观众的内心。那是为什么呢？原因很简单，人们能够理解角色，是因为他们在角色所处的位置中找到了自己。在一场令人难忘的情节中，这位小流浪汉的一只脚陷进了一个水桶里，而他试图掩盖这一事实。忠于角色的性格，是使得其动作表演既具有吸引力又具备真实感的原因。虽然这位小流浪汉的脚插在了水桶里，但他仍想保持他的尊严。所以他没有疯狂地摇晃着试图摆脱它，而是将水桶藏在他右

你一定要为观众揭示出人物的内心思想、情感和缺陷。查理·卓别林先是让他的角色踌躇不前，接着考虑他该如何行动，再环顾四周有没有人在看他，然后才开始他的一系列插科打诨。这看起来似乎微不足道，但是令卓别林与他的观众共同体验了角色的感受：他害怕被发现，他与内心作斗争，于是隐瞒他出糗的事实，以保护他的形象——所有这些都是作为观众的我们也同样会做的，于是，我们会被故事所吸引，并去关心他究竟会发生些什么事。

1997

《猫不跳舞》：《猫不跳舞》（*Cats Don't Dance*）是唯一一部由短暂存在过的特纳娱乐公司的动画部门制作的动画长片。虽然电影受到好评，它却是一个特纳/时代华纳合并案的受害者。它的家用录像版本在第二年被出版时，其影片水准被大大提高了。

1997

苹果公司收购耐克斯特公司：耐克斯特公司（NeXT）是一家电脑公司，因它那极其现代的黑色硬件以及对于程序员来说出色的面向对象的开发平台而为公众所熟知。耐克斯特公司与苹果电脑在1996年12月20日合并，而前者的软件成为了Mac OS X操作系统的基础（Mac OS X是苹果计算机公司为麦金塔计算机开发的专属操作系统Mac OS的最新版本，编者著）。耐克斯特公司的总部设在美国加利福尼亚州的红木城。

通过精心设计一个能够被观众所认同的角色个性，来为你的角色创建移情作用
（插图：弗洛伊德·诺曼）

1997

《棋逢敌手》获奥斯卡奖：《棋逢敌手》（Geri's Game，简·皮克瓦作品）赢得了奥斯卡最佳短片单元动画电影类金像奖。《棋逢敌手》是皮克斯工作室自1989年将重点转到商业广告领域以来的第一部短片，并最终因1995年的《玩具总动员》转入了动画长片领域。

1997

《一家之主》开始在福克斯电视台播出：截至2006年，《一家之主》（King of the Hill）一共播出了200集。该系列是《瘪四与大头蛋》的创作者麦克·贾齐的另一部动画，另外，他还担任了为片中主角"汉克·希尔"配音的工作。

1997

《幽灵公主》在日本发行：宫崎骏的《幽灵公主》（Princess Mononoke）成为日本有史以来获得最高票房纪录的影片——无论是在动画电影当中还是在真人电影当中。这部电影于1999年在美国发行。

腿后面，并一瘸一拐地到处走动。流浪汉的尴尬产生了移情作用。观众感受到了角色和他的愿望，他想要的就是保持风度和自尊地进入房间。

通过深入角色的内心，查理·卓别林能够进行诚实的表演，并描绘出每一个人都为之熟悉的情感。正如利·雷恩斯指出的那样，卓别林表演出角色的思维过程：

卓别林可以教会动画师有关表演的许多知识，因为他只使用动作来讲故事。他完全用面部或身体的姿态来讲述整个故事。最重要的是，查理·卓别林创造了一个行动仅仅出自自己能够生存下去的愿望的角色，正如埃德·胡克斯所述：

你应该看卓别林的电影来获取灵感。不论小流浪汉的生活被搞砸到什么程度，他总是坚信明天会更好。永远让你的角色为生存而行动。

卓别林利用许多技巧来增强情节的喜剧性。他的一个重要原则是，在表演笑料时不切换到特写镜头。卓别林使用远景镜头（或让摄影机拍摄整个动作）更加清楚地描绘出其幽默中真实的物理感。在他的影片中，如果你距离他的角色和角色的情绪太近，它们可能因为不断移动而通常显得不好笑。通过观看角色为了得到他想要的东西而努力，你常常可以获得移情作用。通过让观众观看卓别林与水桶作斗争并仍保持其自尊，使得在观众中间产生了移情作用，并最终获得他们的笑声。

巴斯特·基顿（Buster Keaton）和哈罗德·劳埃德（Harold Lloyd）也是通过移情作用而闻名的喜剧大师。哈罗德·劳埃德说："你让一个人遇到越多的麻烦，你便能从他身上获得更多的喜剧元素。"卓别林在运用移情和情绪上首屈一指。而基顿在给噱头的设置和时间控制上增添了诗意。劳埃德则是一位善于煽动观众情绪的闹剧大师。看这三个人的电影，你会从中看到一些最伟大的身体表演和哑剧。

另一位表演大师是彼得·布鲁克（Peter Brook），他在皇家莎士比亚剧团（Royal Shakespeare Company）教学。他教给他的学生三个要素，以确保动作表演中的可信度。这三要素是：

- ◆ 他们自己内心的张力线
- ◆ 他们与其他演员之间的张力线
- ◆ 他们和观众之间的张力线

说实在的，有效的表演是这三条张力线的组合。当这些连接被建立时，观众便不得不支持你的角色。将这些线索运用到动画中，这意味着对角色所面临的各种冲突的描绘，包括：角色内心的冲突，角色与其所处环境的冲突，角色与其他角色的冲突，还要创建角色与你的观众之间的冲突，以及通过角色所表演的情绪创建移情。

1997
迪斯尼的第35部长片《大力神》：《大力神》（Hercules）讲述了希腊神话中的大力神（在影片中，他被叫做他的罗马名字，赫拉克勒斯）的冒险。片中有一个简短的客串，即《狮子王》中的反派"刀疤"（Scar），作为尼米亚猛狮希腊神话中为大力神所杀之猛狮）出现，在一个场景中，它的皮毛被大力神穿在了身上。安德烈·德雅，这名为成年大力神制作动画的动画师，也曾为《狮子王》中的"刀疤"制作过动画。

1997
VIFX公司和蓝天公司合并：1997年8月，20世纪福克斯公司宣布，其特效公司，VIFX，已经与蓝天工作室合并，并创建了新成立的蓝天视觉效果工作室（Sky/VIFX），一家新成立的有着强大实力的特效公司。蓝天工作室的CG动画团队与VIFX公司的缩影技术、合成、二维和三维部门中的精英们联合了起来。

进入角色

　　最好的表演是通过角色的动作提供了一个借以进入角色思想的窗口。俗话说得好，行动胜于雄辩。通过这些窗口进入角色，动作便慢慢地揭示出角色是谁，以及为什么他会做他正在做的事情。角色来自何处？在你的头脑里牢记这一刻并重视它。在表演领域中有一句古老的格言：如果你注视着另外一个演员的眼睛超过10秒钟，那么你最好是准备与之发生冲突或者做爱。如果你打算袭击某人，你就不会眼望他处。同样，如果你正专注于你生活中最爱的某件事，你决不会失去对它的眼神接触。进入角色的大脑并通过他的眼睛表现角色情绪。去了解眼睛背后的思维过程。

　　那么，你怎样才能进入你角色的大脑，并找出在那里究竟发生了什么呢？你可以做一个有益的训练：想象你的角色在等公共汽车。这个角色在社会中的地位如何？这个角色对于等车这件事作出怎样的反应？对于其他一同等车的人又是什么反应？你的角色是一个什么样的人？观察日常生活中的人们。动画的目的不是让角色运动

在这幅克里斯·贝利的短片的截图中，在制造重大破坏时有着强烈的目光接触。

1997

　　《真假公主》上映：《真假公主》（*Anastasia*）是迪斯尼动画长片系列中的一部音乐剧，值得注意的是，它是唐·布鲁斯最受好评的作品之一，也是为数不多的使用了可变形宽银幕技术制作的动画长片之一。

1998

　　《大雄兔》获奥斯卡奖：《大雄兔》（*Bunny*，克里斯·韦奇作品）获得奥斯卡最佳短片单元动画电影类金像奖。

1998

　　《埃及王子》首映：《埃及王子》（*The prince of Egypt*）是第一部由梦工厂制作发行的动画电影。因为其主题曲的流行版本——即由惠特尼·休斯顿和玛丽亚·凯莉绎的"当你相信"（When You Believe）——这部影片于1999年赢得了奥斯卡最佳原创歌曲奖。

起来；而是创作出那些能够打动人们的角色。对于如何进入角色的内心，马克·科特斯尔有着另一种方法：

> 我们将设定情节的地点放在麦当劳餐厅中去感受主要角色和他的想法，他会在麦当劳做些什么？他会买些什么？他将做出什么样的动作？我们和这名反派所做的是一样的。这只是一个设定情节。你把他们放进不同于这部电影的其他设定中，这样每个人都会产生一个想法。如果他处于某种情形下，那么他一定会以某种特定的方式作出反应，因为这就是他的个性，而每个人都知道他的性格。

利用一些日常情景，就像进入麦当劳，设计出角色在那些地方的表现，以及他将如何同其他人交往（插图：弗洛伊德·诺曼）

1998

《寻找卡米洛城》上映：《寻找卡米洛城》（Quest for Camelot）是一部由华纳兄弟公司制作的动画长片。在亚洲上映时，其片名被改为《魔剑》。不过，这个新片名并不理想。

1998

史上获最大票房收入的电影《泰坦尼克号》：《泰坦尼克号》（Titanic）赢得了11项奥斯卡奖，其中包括最佳影片奖。截至2006年，它一直占据着电影史上最高票房纪录的位置。它（与《宾虚》和《指环王：国王归来》一起）一直保持着获得最多奥斯卡奖项的纪录。

1998

Alias 公司发行Maya：在1998年Maya发行之后，Alias/Wavefront公司随即停止了所有先前的基于动画的软件产品线，其中包括Alias Power Animator，以此鼓励消费者将其他动画软件升级到Maya。

当你在设计一个较短的情节时,将情感从想要转变为"需要",以此来加强情节并使角色的愿望变得清晰。观众期待的是非常时刻,而不是普通的时刻。

情感的基本定义是,它是一种自发产生的心理状态——而不是通过有意识的努力而产生的。有多少种情感可以立即爆发?答案是,所有——这种情况被称之为冲突。这并不是说,一种过分夸大的情绪就一定优于一种微妙的情绪。被压抑的情绪常常明显优于特征鲜明的情绪。这取决于你是否忠于角色,以及他将如何对当时的情形作出反应。你需要进入情节的核心和角色的感觉中心,并去放大这种情感。即兴表演中有一个术语将它称做为"情节的种子"(Seed of the Scene)。如果角色此刻是悲伤的,但不想让任何人知道,你就必须尽可能地推动这两种相互矛盾的情绪之间的冲突,以获得观众的移情。拉里·温伯格为我们提供了更多孤立的情绪:

将动作中的情绪加以分解。如果你想感受角色的想法,就不要让他一次做太多的事。思维过程主要通过头部、面部和双手进行表达,当然,眼睛是其中最关键的。找到对话中的停顿,并通过动作的过程来了解角色的想法。在处理眼睛的表演时需特别仔细,一次只能让它表达一个问题。

"情节的种子"需要让观众也参与进来,并发展角色和观众之间的移情。移情不等于同情。移情意味着你能感受到与角色相同的感受,你希望角色也能得到他想要的东西。同情只是对角色怜悯,但不一定对他的困境感到共鸣。同情有时甚至可以理解为可怜。你想要的并不是可怜!你想要的是让观众从根本上支持你的角色!

还需记住的一点是,气氛对于人物的情感也起到了同样巨大的作用。角色说话的地点会影响到他的动作。一个糟糕的车祸现场不同于婚礼上的气氛(尽管,有许多婚姻可能与车辆失事惊人的相似!)。因为动画师被要求一次又一次地不断重温其情节,因此本章介绍的表演工具应该可以帮助你保持对情节的新鲜感,并且使此情节的意图浅显易懂。

最后一则思想:不要让每句台词都被一张关键姿势所打断,因为这会造成混乱和困惑。远离陈词滥调。首先,通过身体的姿态转达出动作。保持你对动作选择的一致性。并打破你所学习过的公式。使用公式,就等于让你的表演空洞无物。

1998

迪斯尼的第36部长片《花木兰》:制作《花木兰》(Mulan)的动画工作室位于佛罗里达州奥兰多市的迪斯尼–米高梅影城,这也是该动画工作室主创的三部电影中的第一部。"木兰"这个角色不同于以往迪斯尼动画中的女主角,她既不是一位公主,也并非特别的漂亮,而是一位身手矫健的战士。

1998

波士电影公司停业:波士电影公司,在其1997年宣布关闭之前,是当时为数不多的能够驰骋前数码时代的机构。事实上,波士公司最有可能会被人们记住的,是它在20世纪80年代的几部影响最大的电影中的出色表现,在那之后过了很长时间才迎来现在的数字时代。

身体结构

为角色所进行的设计和其身体结构对于角色将如何表演是至关重要的。前面所述的力量中心或主导物将帮助你将其身体结构装配在一起,但是你必须深入角色,以真正拿出一个有效的设计。关于通过一个角色的动作来定义其身体结构,有一个很好的例子,即《虫虫总动员》中的"弗朗西斯"。

弗朗西斯是一只瓢虫。因此,每个人都把他当成了女性。这是一个让人非常恼火的错误。这一有趣的对比来自于他面对小蚂蚁们变得充满母性这一情节。这与他平时因为实际上是一名男性而采取的不满态度形成了对比,因为他承担着"蓝莓童子军"(Blueberry Scouts,片中出现的小蚂蚁军团,因其在片中身体为蓝色而得名。译者注)的"女"训导员的角色。这些"小蓝莓们"就像女蚂蚁童子军。这使得这个愤慨的男性角色变得有趣,而观众会更喜欢他,因为他的内心与他自己的身体结构发生着冲突。

许多出色的动画角色都利用了其身体特征,如"马蒂",那只《马达加斯加》中的斑马,他不知道他究竟是有着黑色条纹的白马,还是有着白色条纹的黑马。他特殊的身体结构和角色设计加强了他的身份和他的困境。这一特征明确了他是如何看待他在世界上的地位和位置的。所有这些标签,无论是力量中心、地位,还是进入角色的内心,都将帮助你明确角色将如何看待自己,而这有利于更深入地了解角色将如何对他周围的世界作出反应。

心理姿态和潜台词

在第四章和第五章中,我们简单讨论了心理姿态和潜台词。表演中的这两项要素将使情节丰富。心理姿态是一件了不起的表演工具,它由伟大的俄罗斯演员、导演和教师,迈克尔·契诃夫(Michael Chekhov)所提出。这两项要素是我们作为人类所做的小事情,用来表现我们的思考。你可以使用小道具来传达心理姿态。在影片《失踪》(Missing,1982年)中,杰克·莱蒙扮演的角色在他试图找到他的儿子时感到十分沮丧。他用他的帽子作掩饰,来保持他情绪的稳定。当他最终失去控制时,他的帽子脱落了,而他也崩溃了。

一些心理姿态的实例包括:

◆ 打哈欠
◆ 低垂的或发怒的眼睛
◆ 抓挠头部

1998

CG卡通片《战神金刚》制作完成: "战神金刚"(Voltron)是一个能够变形的巨型机器人,它的首次出现是在上世纪80年代的动画电视连续剧《战神金刚:宇宙卫士》中。获得最初的一些利润之后,一部CG制作的系列片于1998年上映(在最早的《战神金刚百兽王》系列片结束5年之后),对此,人们的反响不一,因为它偏离了原来的狮子卡通外形,另外还有一些其他角色的变化,例如罗塔王子的造型。

1998

爱维德公司从微软公司那里购买了Softimage:对于Softimage来说这是一件好事,因为爱维德公司将真正花费时间来研发这款软件,而不仅仅是像盖茨那样只是把它从SGI(一种计算机平台)移植到Windows NT的系统平台上。

- ◆ 捂住某人的嘴
- ◆ 拉拽某人的衣服
- ◆ 将双手背在脑后，放松
- ◆ 将双手合成尖塔状
- ◆ 思考问题时用手托住腮

　　如果你的角色说话说累了，他可能会打哈欠，他的眼睛可能会低垂，又或者他可能会叹气。如果你的角色对当时的状况漠不关心，他可能会不屑地转动眼珠或漫无目的地环顾四周。如果一个角色处于困惑之中，他可能会挠头或来回张望，以寻找到解决其困境的方法。心理姿态的另一个例子是用手捂住自己的嘴的动作，这个姿势可能意味着说悄悄话，或者表达紧张的情绪。如果你在玩一种猫鼠游戏，当你在作出攻势时，你的双手可能会不自觉地放到桌面上。拉拽某个人的裤子或衣服也可以表达紧张，或者表达角色试图保持对自我的控制。

　　若要让你的角色表现出一种优越感，你可以让他的双手背在脑后，再加上一个放松的开放式的身体语言（想想你的制片人）。你可以让角色的双手摆成一个教堂尖塔的样子，这时他看上去像在作出判断（想想你的导演）。这种骄傲而坚定的姿态清晰地传达出一种自信感。合成尖塔状的双手也可以传达出这种自鸣得意或自我本位的个性。将头发弄乱可能是一种防御机制。表现评价的姿势，例如将一个手指靠近头部或眼睛，或者将手靠近脸颊，类似于罗丹（Rodin）曾以这样的姿势雕刻"思想者"。当有人使用这个姿势时，他所想的会是兴趣、关注和批评性的评价。身体转向大门或远离谈话，则意味着有意逃避一个令人不安的局势。这些都是心理姿态的例子。作为一名动画师，完全依靠你去发现这些时机，包括找到你的场景中的心理姿态。它们将不可估量地丰富着角色的表演。有一本学习心理姿态很棒的书，叫做《怎样像读书那样去读人》（*How to Read a Person Like a Book*，1990年）[25]，作者是杰拉德·尼伦伯格（Gerard Nierenberg）——这本书在Amazon.com网站上购买的话只需要7美元！

　　将心理姿态与潜台词混合使用是最有趣的。如果你的角色在撒谎，他可能会说一些有信心的话，并以一句虚伪的话结束，就像说话的时候四处张望一样。一个愤怒的角色如果同时认为当时的场面很可笑，那他可能会强忍着笑意，或者为了保持镇定而把他的头转过去。潜台词对于进入场景核心非常重要，心理姿态是能够传达潜台词的工具。在你下次外出吃午饭时可以试一试。当你与其他动画师外出时，观察他们，然后给你所观察到的那些交谈补充上你自己想象的对话。看看心理姿态是

1998

　　《蚁哥正传》上映：梦工厂的《蚁哥正传》（*Antz*）上映，它在另一部以昆虫为题材的电脑动画电影——皮克斯的《虫虫总动员》面前稍微显得有点黯然失色。《蚁哥正传》不像《虫虫总动员》那样以儿童为受众对象。它涉及一些更复杂的主题，包括对规则的遵守和战争。

1998

　　《虫虫总动员》上映：《虫虫总动员》（*A Bug's Life*）改编自《伊索寓言》中《蚂蚁和蝗虫》的故事。这部电影在美国院线上映时获得了大约1.62亿美元的票房，十分轻易地便收回了其大约4500万美元的制作成本。

1999

　　《老人与海》获奥斯卡奖：《老人与海》（*The Old Man and the Sea*）获得了奥斯卡最佳短片单元动画电影类金像奖。

怎样补充或违背你自己解释的对话的。那么，享用这个有趣的午餐时间吧！

停留在这一刻

作为一名动画师，你有责任去了解这个即将上演的故事。你必须清楚上一个情节发生了些什么，你也必须知道之后的情节会发生些什么。当你添加了心理姿态和潜台词上的那些细微差别，请务必在那一时刻稍作停留。与前一时刻对比，下一时刻将表现得更令人信服。喜剧在很大程度上取决于这一点。这就是为什么相声表演中捧哏的配角在与好笑的逗哏演员发生对比时，是如此令人印象深刻。作为一名动画师，你必须知道何时应对表演加以控制，何时沿着线索继续下去。表演过火是一个很大的错误。关掉声音再观看电视或电影中的任何情节，好的动作和糟糕的动作将变得非常明显。始终保持对你的表演模式进行选择和修改，并努力抓住观众的情感。埃德·胡克斯解释了为什么观众的情感对于创造移情是如此重要：

> 人类为了生存而做出行为。情感——无意识的价值反应——是我们互相之间发送的光信号。我们移情的对象是感情，而不是思想。之所以观众有时会去忍受思考，是为了最终获得情感。

运用本章中提及的表演工具和参考书籍，将帮助你创建更丰富的情节，让你真正设身处地为你的角色着想。一旦你已经充分吸收我们在前几章中讨论的各个方面，你就要准备进入那可怕的工作室政治以及适合你的岗位中去了。下一章将教会你关于你想知道的在动画工作室中如何进行工作的所有方面。

[23] 埃德·胡克斯（Hooks, Ed）.《动画师的表演》（*Acting for Animators*）. 海纳曼戏剧出版社（Heinemann Drama），2003年.

[24] 珍·纽罗夫（Newlove, Jean）.《演员和舞蹈演员的拉班技术：把"拉班"的运动理论转化为实践之分步操作指南》（*Laban for Actors and Dancers: Putting Laban's Movement Theory into Practice: A Step-by-Step Guide*）. 尼克·海姆图书公司（Nick Hem Books），1998年.

[25] 杰拉德·I·尼伦伯格（Nierenberg, Gerard I），亨利·H·卡莱拉（Calera H, Henry）.《怎样像读书那样去读人》（*How to Read a Person Like a Book*）. 纽约：都市书刊出版社（MetroBooks），1990年.

1999

《钢铁巨人》上映：《钢铁巨人》（*The Iron Giant*）是一部1999年的科幻题材的动画电影，由布拉德·伯德导演，并由华纳兄弟影业公司出品。它大体上改编自特德·休斯于1968年出版的儿童读物《铁人》。这部影片获得了在1999年的安尼奖（Annie）的9个主要奖项，被认为是最卓越的动画片。该影片赢得的奖项包括了最佳影片、最佳导演、最佳编剧、最佳配音［由玛林塔尔（Marienthal）获得］、最佳音乐、最佳角色动画、最佳动画效果、最佳艺术指导和最佳动画故事板。华纳兄弟公司拙劣的市场运作导致这部影片只获得了极低的票房利润。

索引6：动画师的表演工具

重新激发这一时刻

动画师并不一定要成为演员，但他们必须了解一个演员所知道的知识，以及他们是如何为影片情节作准备的。动画师必须比演员更善于分析，因为演员是实时的，而动画师总是必须在某一时刻一次停留数周的时间。动画师所关注的是外部动作，但造成它们的原因来自于内部动作。

即兴表演

动画师被要求用极少量的信息快速创建一个表演。所有表演动作都是思想的结果。即兴表演帮助你迅速进入临场发挥状态。此外，它还可以帮助你摆脱那些闯入你脑海中的最常见的想法，并获得那些观众将对之移情的真正能感染人的东西。即兴表演的规则告诉你不要问问题，但一定要知道这场戏究竟是怎么回事。

力量中心

所谓的"力量中心"或"主导物"是即兴表演者使用的一件工具。它对于描述角色如何看待处于周围世界中的自己很有帮助。利用力量中心，你可以通过描绘任何姿态来创建角色。所有的姿势均来自于力量中心，它主导着动作的进行。

地 位

一个地位高的人神态非常平静，并有直接的眼神接触。地位高的人在他的世界中泰然自若，并对他在这个世界的位置感到满意。地位低的人往往瞧不起很多事物，并且可能经常触摸自己的脸。地位不高的人在他的世界里往往感到不安。

空间、时间和重量

空间对于动画和动作表演来说非常重要。你的角色如何占用其空间，是一种对于其思维模式的充分解释。这四个方面的要素是空间、时间、重量和流动。空间、时间、重量创造了流动或动作。这四个因素涉及六个即兴表演中的术语，它们可以帮助一个动画师快速估量角色应如何占据空间。这些术语是直接、迂回、快速、慢速、沉重和轻巧。

1999

《南方公园电影版：南方四贱客》上映：《南方公园电影版：南方四贱客》（*South Park: Bigger, Longer & Uncut*）的故事基于动画系列片《南方公园》，是有史以来最多地充满了亵渎的电影之一。电影对于亵渎的过度使用赢得了吉尼斯世界纪录中的"最多脏话的动画片"的称号（399个亵渎性词语，128个冒犯性姿势，和221个暴力性动作）。动画中的"硬纸板"（Cut-out）式风格完全是用Maya在电脑上制作出来的。

1999

《玩具总动员2》首映：《玩具总动员2》（*Toy Story 2*）在美国首映获得了超过2.45亿美元的票房，远远超过了第一部《玩具总动员》，事实上，它超越了截至当时的除了《狮子王》之外所有其他动画电影，尽管这两部影片后来都在另一部皮克斯的电影《海底总动员》面前黯然失色。

卓别林

查理·卓别林是一个对观众创造移情作用的天才。他的小流浪汉的角色是一个触动了所有观众内心的人物。原因是什么？当小流浪汉的脚卡在水桶里，并试图掩盖这一事实的时候，人们能够理解这个角色。忠于他的性格，便是使表演真实的原因。小流浪汉在水桶卡住脚的情形下仍想保持自己的尊严。他并没有疯狂地试图把它摇下来，而是将水桶藏在另一只腿的背后，并一瘸一拐地走动。流浪汉的尴尬产生了移情。观众感受到了角色和他的期望，他想要的就是保持风度和尊严地进入房间。

情感

角色来自何处？在你的头脑里牢记这一刻并引导它进入你的大脑。在表演领域里有一个古老的格言：只有在涉及爱情、仇恨或亲密关系等感情的情节中，你的角色才会有长时间的对视。如果你打算袭击某人，你的眼神就不会显得心不在焉。同样，如果你正专注于你生活中最爱的某件事或即将吻某人时，你决不会失去对其的眼神接触。眼睛是进入心灵的窗户。进入角色的内心，并通过他的眼睛来表现它。了解眼睛背后的思维过程。

移情

移情不同于同情。移情意味着你感受到与角色相同的感受，并想要角色能得到他希望得到的东西。用你的诚意来制作动画。

观察

你的角色是什么样的人？坚持不懈地在你的日常生活中观察人们，去发现你周围人的表达方式。观察为你提供了真实的素材。动画不是要角色四处乱动，而是为了创造出能打动人的角色。

身体结构

角色设定和其身体结构的设计，对于角色将如何做出动作是至关重要的。力量中心或主导物将帮你描述出身体结构，但是你必须进一步加强角色的设计。这有利于更深入地了解角色将如何对他周围的世界作出反应。

1999
《精灵鼠小弟》上映：《精灵鼠小弟》（ *Stuart Little* ）改编自同名小说，影片结合了真人实拍和电脑动画。影片剧本由M·奈特·沙马兰编写，他也是电影《第六感》（ *The Sixth Sense* ）的导演和编剧。

1999
《星球大战前传Ⅰ》首映：《星球大战前传Ⅰ：幽灵的威胁》（ *StarWars Episode I: The Phantom Menace* ）是星球大战系列的第四部影片，但它却应该是大事年表中的第一部电影。本片中使用了66个数字角色，并将之与真人实拍部分相结合。

1999
迪斯尼的第38部长片《幻想曲2000》：《幻想曲2000》（ *Fantasia 2000* ）采用了与迪斯尼1940年的电影《幻想曲》类似的格式，将古典音乐作品以各种不同的动画形式转化为了视觉艺术，并使用了真人实拍的乐曲介绍部分。

心理姿态

表演中的这个要素将丰富你的情节。心理姿态指的是我们人类用来阐释自己正在思考的东西而做出的一些小动作。如果你的角色说话说累了，他可能会打哈欠，他的眼睛可能会下垂，或者他可能会叹气。如果你的角色对当时的状况漠不关心，他可能会不屑地转动眼珠或漫无目的地环顾四周。如果一个角色处于困惑当中，他可能会挠头或来回张望，以求寻找到解决其困境的方法。这些都是心理姿态，你作为动画师，决定着将这些手势添加到情节中来让表演更加丰富。

停留在这一刻

作为动画师，你应该清楚这个即将上演的故事的内容。你必须知道前一个场景中发生了些什么，以及后面将发生些什么。与前一时刻对比，下一时刻将表现得更加令人信服。喜剧在很大程度上取决于这一事实。这就是为什么捧哏的配角在与有趣的逗哏演员形成对比时，会显得非常地好笑。作为一名动画师，你必须知道应该何时对情节的向前发展进行控制，不然沿着这条线索继续下去的话，角色将不得不表演得过火。让这一时刻稍作停留，因为观众仍在回味这一刻！

1999

VIFX公司和节奏与色彩公司合并：VIFX视觉效果公司和节奏与色彩动画工作室从20世纪福克斯公司那里，以大约500万美元的价格买下了总部位于玛丽安德尔湾的视觉效果机构——蓝天/VIFX公司的VIFX部门。在"节奏与色彩"的旗帜下，这家合并后的公司成为洛杉矶最大的视觉效果私有机构。

1999

迪斯尼的第37部长片《泰山》：《泰山》（*Tarzan*）改编自埃德加·赖斯·伯勒斯的系列小说《人猿泰山》，并且是使用了《泰山》版权的动画片中唯一一个主流电影版本。这也是迪斯尼公司于21世纪前10年开始的不景气状况之前的最后一部人气之作，并被很多人视为迪斯尼复兴时期的最后一部影片。

第三部分

现在谈谈制片人口中的一句话

第七章
事态严重

让我们来谈一谈工作室里的政治。无论你去任何地方，我们都是你在工作室政治中的"导游"。我们经历过这一章谈到的几乎所有的情况，并犯过许多错误，在动画工作室的政治中

经历过挫折。在本章中，我们带领你经历各种可能会出现（而且最终必然会出现）的棘手的局势，以及如何运用高超和克制的方法来处理它们。

在每个工作室和每个你与之合作的艺术家们的新团队里，都有着不同的文化。你必须意识到工作室政治中的常数和变数，不论你是想做一名自由艺术家还是动画创作中集体合作的艺术家。凯思琳在上面说得好……关键就是要"与其他人和睦相处"。你的每一句话都是在为你建立你自己的信誉，所以小心地选择它们。在发生冲突时，要采取最积极的行动方针，并在团队中树立起积极的话语权。

我们真的想在这里让大家放轻松些，但是，当我们开始使用这些术语，如难缠的家伙、控制狂、吹毛求疵者，我们实在无法避免这些词听起来讥讽和辛辣。所以，你只有和我们一起忍受了。当然，这是开玩笑。这三个规则适用于在任何一个政治舞台上使用，它们就是和睦相处、正确地说话以及避免被负面的情况所拖累。

许多有创造力的人往往倾向于独来独往，或常常被人误以为这样，因为动画创作所需要的专注程度很高。艺术家们知道自己想要什么，以及他们怎样才能实现他们的想法。问题是，当你将商业元素添加到任何一种艺术形式中时，它便不再为你所专有。你被雇佣来为某些其他人创作作品。即使是米开朗基罗也不得不迁就他的出资人，这一点在动画领域中并没有什么不同。你暂时提供着艺术服务，你的作品得服从于雇主的思想、冲动和欲望。对于如何处理这些情况，完全由你决定。这种关系决定着你将在这项业务中合作多久。

为了在动画领域中生存下去，艺术家必须与一个团队共同努力，并学习如何调

1999

"秘密实验室"成立：迪斯尼公司的寻梦动画部和动画长片部被合并起来并成立了"秘密实验室"（The Secret Lab，TSL）。公司希望这一工作室在CG角色动画和视觉效果方面能够与皮克斯和工业光魔竞争，但两年后该工作室被关闭。

2000

《父与女》获奥斯卡奖：《父与女》（Father and Daughter，迈克尔·杜多克·德·威特作品）赢得了奥斯卡最佳短片单元动画电影类金像奖。

2000

马克·戴维斯去世：马克·戴维斯（Marc Davis，1913~2000）是迪斯尼的"九老人"之一。除了他那众所周知的为女性角色制作的优美的动画之外，他同样著名的工作是为迪斯尼乐园设计的乘骑游乐景点，例如"幽灵鬼屋"和"加勒比海盗"。

201

整工作方式，学会与总监和同事密切合作。学会适应。你必须能够满足每一个人的需求，同时还要让你的作品拥有明显的区别于其他作品的鲜明风格。这话听起来十分矛盾，但同样神奇的是，它是可以做到的。记住这样一个重要的事实，如果你坚持着做出伟大作品的志向，人们一定会对你另眼相看。你用来提高你的动画技能的努力，将胜过任何你的同事们可能玩弄的政治游戏。最终展现在屏幕上的将会是你的动画。

工作流程

　　动画师的成功很大程度上取决于工作流程。动画师必须灵活机动，并创作出能够满足老板、总监和导演们的要求的作品。这件作品还必须以最佳的沟通方式被送交给那些作出最后审批的人员。如果一名艺术家的工作流程不符合总监以及工作流水线的要求的话，他可能会被视为难以合作或效率太慢。

　　如果这位总监不能理解阶梯式动画或动画调度的概念，该动画师将必须能够用更多的样条曲线和分层的方式进行工作，关于这部分我们已经在第五章中谈到过。当与那种注重细节的、希望每15分钟就能视察一次你的工作的总监合作时，工作流程中的灵活性也是很重要的。在这种情况下，只需努力地做动画，做好它，做出你最好的作品，尽量早日完成自己的职责。一旦你获得他对你的工作能力的信任，他便很有可能不再急于检查你的工作。当然，既然你已经被雇用，大多数人都会自动给予你信任，但是这个世界并不总是以公平和公正的方式运行的。

　　关于在动画师和总监之间的政治局势，让我们举一个例子。花一分钟的时间想象一下你是上司。体会你处于他的位置上时的感受。你要求你手下的一名动画师先用一种阶梯式模式工作，这样可以在将它们诉诸于大量的关键帧之前，保持时间控制和关键姿势的明确性。然而这时的镜头不像它原本应有的那样连贯。当你要求他做到这种变化时，这位艺术家将如何反应？他会为自己辩护吗？或是她会为自己找借口吗？还是他或她会认真听取这一建议，并仅仅将它当作一种将使动作变得更好更生动的批评而接受它？

　　当总监在一个镜头上对你的工作流程有不同的要求时，它可能会迫使你用一种之前从来没用过的方式工作。为什么不把它当做是一名动画师的成长机会呢？遇到这种情况你可能会因祸得福。因为它可能会教你学会一种新的工作方式，让你在下一次的任务中提高你的速度和效率。

　　你的目标是要取得成功。要做到这一点，你必须学会适应，像一只变色龙，能够根据别人的需要来变换你的工作和交流方式。你必须适应这些与你合作的各色人

2000 《恐龙》上映：《恐龙》（Dinosaur）是迪斯尼在电脑动画长片上的第一次大规模的尝试。它结合了真人实拍背景与电脑动画制作的史前动物部分，尤其是其中那些徒有主角虚名的恐龙们。

2000 比尔·赫兹去世：比尔·赫兹（Bill Hurtz,1919~2000）曾为UPA制作的《花园中的独角兽》（Unicorn in the Garden）获得1953年的奥斯卡奖提名。他于1959年至1984年在杰伊·沃德工作室担任导演工作。在1941年的一场银幕卡通家协会的大会上，比尔提议发动一次针对迪斯尼公司的罢工；他的提议获得了大会的一致通过。

2000 《隐形人》上映：《隐形人》（Hollow Man）是一部科幻题材的惊悚片，剧情大致基于H·G·韦尔斯的《隐身人》。

物，并满足他们的要求。动画是一个圈子很小的而且同行之间交往极其密切的行业，这一点在2D和CG中都是如此。现在，这两种媒介合并了，动画的圈子变得更小了。现在似乎每个人都知道对方。最终我们都将在业务的棘手局面中找到自己。无论是平常的来自流言制造中心的夸张说法，还是更多的对他人工作的带有人身攻击的、有时是恶毒的批评，我们都必须学会退后一步并体会作为专业人员们的处境。脆弱的自我很容易受伤，有时会严重影响到工作。工作中的竞争比以往任何时候都更为重要，而其中可能会出现各种情况——我们应该怎样看待它？——消极战术是一种我们可以使用的态度。使用那些不体面的政治手腕来获得成功有时似乎能起到作用，但是从长远来看，它们迟早会反过来拖累你。（中国有句古话：让一让，风平浪静；退一步，海阔天空。——编者加）无论多么优秀的人，如果他不能与其他人良好地合作，他的名声便会传出去，而这将使一名动画师很难再找到工作。

样 片

作为一名动画师，批评是你工作中的一个很大的部分。每一天，你的工作成果都被放在大屏幕上，每位观众都可以看到，这时无论什么借口或政治把戏都没有任何作用了。此时此刻，证据就是你的作品这块"布丁"，要命的是，有时候这块布丁的味道并不好！在对待批评上，让你的脸皮变厚些，并保持愉快的态度。大多数人在被批评时，倾向于采用一种防御的姿态，你需要推开你内心那个负面的声音，静下心来，真正去倾听别人说了些什么。在多数情况下，你所接受到的批评往往是为了获得更好的故事，而不是对你作为一名动画师的能力的人身攻击。如果你认识到这一点，你将变得更加开明和乐于接受。

请记住这样一条规则，就是，只有你的设计能够被采用时，你的才华才能得到展示。不管你认为这个镜头应该传达些什么，你所接受到的批评对于你的镜头获得导演的最终批准都是至关重要的。随时准备接收和适当地应对批评，无论它们可能会多么地打击到你，让你深受挫折。团队中的每一个人都有一个共同的目标，那便是遵循影片的主旨，将精彩的娱乐展现在银幕上。当一名动画师面对批评做出防御的姿态，他应该记住的是，给予批评的这个人已经从事该行业的时间可能比他长得多，也最有可能对整个作品的主旨有着更准确的理解。关于如何让镜头获得批准，总监和/或导演有着第一手的权威和可靠的信息。公司老板、总监和导演会给予你的作品新的视角，他们可以在整个影片中看到你的情节的位置，因为他们不得不考虑整个故事，而不仅仅是电影中的这65帧。对待批评时能够作出专业化的反应，这种能力将决定谁会是赢得成功的动画师，而谁是那些没有人愿意聘用的动画师。

2000

《与恐龙同行》首映：影片（*Walking with Dinosaurs*，英国Framestore公司出品）获得了来自科学家和普通观众的一致称赞，英国广播公司（BBC）的这部由6个部分组成的系列纪录片以其逼真的CG恐龙动画而著称。

2000

《火星任务》上映：《火星任务》（*Mission to Mars*）中的特效由工业光魔和迪斯尼公司现已不存在的视觉效果机构"秘密实验室"制作，是一部科幻惊悚冒险题材的影片，剧情是关于在去往火星的第一次载人飞行途中，人们遇到了神秘灾难，并由此产生了一场救援任务。

2000

菲尔·米特曼去世：菲尔·米特曼（Phil Mittleman）创立了麦吉-辛瑟维新公司，该公司曾为电影《电子世界争霸战》制作了夜光摩托。此外，他还设立了加州大学洛杉矶分校技术和艺术实验室。

另一方面，提出批评也是一门微妙的学问。在动画师、老板和总监之间的工作关系中，相互间的尊重将产生愉快的沟通，而不是每个人都是一副我行我素的作派。就是这么简单。记住，"这一次的总监"并不一定意味着"永远的总监"。你可能会在今后与这些人再次合作，如果你能以尊重的方式对待别人，那么这将使你的职业生涯更加愉快。作为一名总监，请记住你希望如何被导演对待，然后运用同样的方法来与其他的同事们进行交流。当一名动画师戴着耳机时，为获得他或她的注意，踢椅子可能不是最好的方式！总监应始终努力用尊重的方式去对待那些在他管辖下的艺术家们。

请记住的最后一个要点是，现在与你合作的人可能会去另一个工作室。他们可能去的工作室就是你想在3年后去工作的地方。在你离开一个项目的时候，给人们留下一个好印象，而良好的印象将跟着你延续到下一个工作。因此，请出色地表现你自己，并明智地选择你的言词。正如俗话所说的：与其开口说错话而让别人确信你是个傻瓜，倒不如闭上嘴巴。

来自不同方面的艺术指导

与他人合作良好的另一个方面是处理各种棘手的情况，如来自不同方面的艺术指导。在昔日的经典动画时期，只存在很少几个级别的审批。其中有你的老板和导演。你粗略完成的场景将展示给你的总监。如果他对他看到的感到满意，你的场景便被递交给导演。就是这样。注意，导演是很有眼力的。

而在CG动画制作中有着若干层批准的情况越来越常见，有点像洋葱的外皮或一棵古树的年轮！有一名视觉特效总监，多名内部和外部动画总监，一名动画导演和真人实拍导演。即使是制片部门也可以对你的镜头提意见，更不用提那些导演的配偶（伴侣）和各种侄女、外甥，以及七大姑、八大姨。当你的制片人抛出她宝贵的7年工作经验来批判你刚刚在过去的72小时内完善了的场景的时候，不要惊慌。哦，但愿这种情况永远不会发生……

有时候事情并没有那么极端，可能只是一些小事，如两个相关的负责人对于如何修改镜头有着不同意见。这里是另一种情形：艺术家必须留神他将如何处理他自己。这可是些危险的水域。在这里，需要一种非常谨慎的方式来游泳。牢牢闭紧你的嘴，才能避免呛水。一个微笑，虽然很勉强，但在这里是永远适当的。哦，偶尔还

2000

《圣诞怪杰》上映：这是一部由金·凯瑞主演的真人实拍电影（How the Grinch Stole Christmas），改编自苏斯博士写的一本最有名的儿童读物。这部影片得到的反响有争议，但它成为了2000年度北美地区票房最高的电影，赢得了2.6亿美元的票房收入。

2000

《勇闯黄金城》上映：《勇闯黄金城》（The Road to El Dorado）的创作对于梦工厂来说是一个挑战，因为梦工厂已经在它的第一部动画电影《埃及王子》中努力运用了它的大部分创造力。《勇闯黄金城》受害于它那杂乱无章的故事情节，其情节融合了儿童式的故事和成人主题的幽默。

需要一个愉快的点头。你想让每个人因为看到他们的意见被接受而保持满意和心情愉快。你也想为今后的获得审批开辟一条顺利的道路。我们的一位朋友贡献了下面一个故事，说明了如何去处理那些相互冲突的指令。大卫·史密斯曾有过这样的经历，并机智幽默地处理了它：

我当时得到了一个极好的机会，为真人电影《鬼马小精灵》（第一部）制作动态脚本设计（Animatics）。其中需要制作一个幽灵三人组大战比尔·普尔曼（Bill Pullman，片中的男主角Harvey博士的扮演者。译者注）的镜头，需要模拟一段在楼梯上的舞剑。胖子（幽灵1）用一把雨伞当做剑刺向比尔·普尔曼。比尔·普尔曼闪开了，这使得普尔曼背后的臭虫（幽灵2）被胖子的伞直接捅进了他的嘴里。这个小噱头中的因果关系要求伞在塞进臭虫嘴里时打开——"砰啪！"——臭虫的头被撑成了一把打开的伞的形状，作为这里的一个必要的笑点。当我在制作这个镜头的关键帧时，导演布拉德·西尔伯林顺便来视察，然而他对我的指导与那位动画导演先前所想的截然不同。他对我说："在向前刺的预备动作中先让伞打开，然后让它塞进臭虫的嘴里。"

好吧，大多数人的想法都是不同的，但我仍尽量控制住我自己的想法，以及我们的那些在动画中的许多物理的和喜剧的敏感性。在我遵从该指令之后的第二天，我身后冒一个声音："先让伞捅进臭虫的嘴，然后让它打开，用漫画式的表达方式撑大臭虫的嘴。"

转过头，我看到了史蒂文·斯皮尔伯格（这部电影的执行制片人）在我的后面。看到他关注到了这一点，我对于我为什么没有这样去做有点尴尬，我回答说："你知道，你是完全正确的，其实我也正准备这么做。"

此后不久的一个傍晚，我接到一个由导演助理的助理打来的电话，他说他们想知道为什么这个镜头被做成那样的方式。我回答说："史蒂文希望它这样。"

话筒传来的是有人进行传话和商量的窃窃私语和咕哝声，在相当长的一段时间过后，助理终于回话问道："谁是史蒂文？"

我回答说："史蒂文·斯皮尔伯格。"

话筒中传来更多的传话、商量和听不太清的窃窃私语和咕哝，然后他说："好吧，明早再见。"

但是，在制作这部片子的接下来的过程中，我在得到任何一项通过时都变得非常地困难。

在这个故事中……毫无道德可言！你要做的只能是服从命令。

《泰坦A.E.》首映：《泰坦A.E.》（*Titan A.E.*，又译《冰冻星球》）的片名指的是虚构的"泰坦"航天器，其中A.E.是指"地球毁灭之后"（After Earth）。这部电影的动画技术结合了传统的手绘动画与大量的CG影像。《泰坦A.E.》在商业上并不成功；在它的第一周公映只得到了900万美元票房之后，福克斯动画工作室被关闭了。

《小鸡快跑》上映：无论是面向儿童，还是面向成年人，《小鸡快跑》（*Chicken Run*）都被证明是一部成功之作，并表明彼得·洛得和尼克·帕克有能力处理一部电影长片所带来的技术和剧本方面的挑战。同时，这部影片也作为实验田，为2005年的电影《超级无敌掌门狗：人兔的诅咒》的斩露头角奠定了基础。

不要说我们没有警告你。我们是不是提到过有很多层级的审批？是的，我想我们提到了。大卫通过遵照指令很好地处理了当时的情况，不过，他也为他自己在未来的镜头获得审批时设置了障碍。

在这种情况下，最好让双方在同一地点详细商讨他们之间的分歧，如果你能做到这一点而没有伤害到任何人的尊严，你便赢得了这场战争，而为余下的工作获得清晰的动画方向。如果有分歧的这两方不会或不能走到一起来讨论他们不同的艺术方向，比如由于地理上的原因（意思是双方不在同一点工作），或者因为双方都是大牌，又或者仅仅是因为需要炫耀他们在业务上的威望，你便只能沦为这场权力战争的一颗棋子了。在这种情况下，你就不得不让你自己尽可能做到最好，就像大卫在《鬼马小精灵》中做的那样。大卫听取了最可靠的指导来源——导演。如果你无法

两极化的导演——上午10：03

是的，神话般的。
看起来不错。
多边形，嗯，
可爱的……

两极化的导演——下午6：27

这个*#×$!!是怎么回事？！
你认为这叫动画？！
我决不能把它放在我的电影里！

应付两极化的导演
（插图：乔·斯科特）

2000
迪斯尼的第39部长片《变身国王》：《变身国王》（The Emperor's New Groove）是一部有些疯癫滑稽的喜剧，与传统的迪斯尼影片相比，它倒是与《乐一通》系列或泰克斯·艾弗里的卡通片有着更多的共同点。沃尔特·迪斯尼动画长片部用了艰难的6年时间才制作完成了这部电影。

2001
《鸟！鸟！鸟！》获奥斯卡奖：《鸟！鸟！鸟！》（For the Birds，拉尔夫·艾格尔斯顿作品）赢得了奥斯卡最佳短片单元动画电影类金像奖。

2001
鲍勃·阿贝尔去世：鲍勃·阿贝尔（Bob Abel，1937～2001）是一名电脑动画方面的先驱，尤其突出的是他本人经营的罗伯特·艾贝尔联营公司在20世纪70年代制作的那些商业广告。

接近导演,那么去询问你认为对于导演想要的东西有着最接近的理解的人,便是你最好的选择。

有时我们听到导演们说,"我不知道我想要什么,但是当我看到它时我就知道了。" 在动画中,这可能会是代价最高的话。这种事总是一遍又一遍地发生,特别是当创作那些基于幻想的电影题材时。出于对钱包的热爱,请你不要发火,特别是在那些处于"食物链"中地位高于自己的人面前。按照你所了解的该场景的主旨去做吧,当你这么做时,你就会轻而易举地击中靶心。克里斯·贝利谈到他曾与《X战警2》中的动画师们合作的经验。他只是不断地尝试新的场景版本,并比较哪一个最合适:

> 在《X战警2》中,有两个场景当时是布莱恩·辛格(Bryan Singer,导演)就是不肯采用的。其中之一是 "蓝魔人"的尾巴被暴露,而另一个是"万磁王"通过重新排列一群金属板在房间里的飞行,来重新调式"X主脑"的程序。我发誓,这些动画师需要为每一个镜头至少做50个版本。"一根曲线的快、慢或更多特性,更直的路径……"每一个版本的主旨都是不同的。作为总监,我为这些动画师感到害怕,我知道,我们是在为这些镜头提供令人恐惧的版本数量。于是我建议:"你们在这里的工作,就是保证这个镜头不会拖后腿而让片子变得更糟。你的想法是用不完的。把它当做是一次锻炼,即学会用各种不同的方式表达这一镜头。最终,其中一种方案将被选中,而你并不希望它是一个连你自己都不相信的方案。"值得赞扬的是,最后在影片中出现的这几个镜头出色极了,因为这些动画师们没有放弃。在这里,关键就是要同时充分理解导演所说的和他想要的这两条线索。

作为一名总监,或者作为一名动画师,去应付来自不同方面的艺术指导可能是在完成一个镜头中最令人沮丧的障碍了。无论是总监还是动画师,都必须在动画创作中不断向前迈进。克里斯在这里做得极为出色:他不断提出新的想法并始终遵循着故事和镜头的主旨。

导师制的失落

从铅笔到鼠标的转型对于双方的艺术家来说都是一个艰巨的考验。传统动画师花了若干年的时间才掌握了职业中所需了解的运动、动作和表演,现在都已付之东流,可以这么说。学习用电脑来制作动画对于某些人来说是很困难的,特别是对那些只会用电脑发电子邮件的人来说。坐在老一辈动画师旁边的这些充满热情的年

2001

奥斯卡出现了新奖项:奥斯卡最佳动画长片奖设立的原因,是由于在2000年获得巨大成功的《小鸡快跑》未被提名为最佳影片,而使得人们对奥斯卡奖感到失望。因此,在第二年设立了最佳动画长片奖。

2001

《怪物史莱克》赢得奥斯卡最佳动画长片奖:《怪物史莱克》(Shrek)是一部电脑动画电影,改编自威廉·史塔克在1990年发表的同名童话图书。这是获得奥斯卡最佳动画长片奖的第一部影片。

轻一辈的CG动画师，往往成了缺乏信心的前者产生敌意的对象。对于每个人来说，经历一个重大的职业生涯当中的断裂都是很不容易的，所以请同情这些从传统世界里来的头发斑白的老人吧。或许，你们都能从对方身上学到很多东西。

此外，CG工作室并不使用2D系统中的导师制度来培养经验丰富、技术熟练的艺术家们。在一个传统的2D工作室里，每个新生代艺术家可能会在一位经验丰富的动画师的领导下工作许多年。这位新手甚至不允许使用"动画师"的称号，直到他通过其上级的导师分配的工作证明了自己的能力。这些助理动画师们都是些需要养家糊口的中年人。这也是2D领域中很久以前的状况了，正如肯·哈里斯大约在1975年接受理查德·威廉姆斯的采访时所宣称的：

> 我不知道你是怎么让这些动画师不经过助理阶段就上岗的。动画师需要经历的助理阶段平均是4至5年——除非他是一个能力极其卓越的人。我当助理的时间是从1935年6月20号到1936年9月1日。我先是助理动画员，然后是助理动画师，但我一直开夜车来做动画。在那一年半的时间里，我大约画了400到500英尺的动画。我严格地测试它们的动作，其中的一些被采用了，而另一些没有被采用。但我不是个孩子，你知道；我已经结婚了，并需要养家糊口。我不能像年轻人那样瞎玩了。他们只是希望进来，他们说的是："嗯，我在这间公司工作，总有一天我会成为一名动画师。"他们并不关心如何迅速地达到这一目标，而他们似乎也并不对此有过多的担心。

最后，在90年代以前，这种导师系统已完全在传统圈子里消失。

当然了，迪斯尼的"九老人"有着许多美好的故事：关于他们在这种导师制度中学到了什么，同时还有一些在这一过程中受到的虐待。即使存在着受辱，你能从一位经验丰富的动画师那里学到的如何绘制原画的本领也是巨大的。我们在这里所讲的是经验。当一位资深动画师拿出一支白板笔，在画板上画出一个比你所画的更棒的姿势时，你对自己说："该死！为什么我就没想到呢？"如果你的领导坐下来检查你的缩略图，并画出一些更棒的姿态来为这个镜头阐明更准确的方向，这比你被告知"去画你的动画就行了！"能学会的更多。

如果你将离开动画行业，并在一个新的职业领域内重新开始，你会盲目地摸索着去工作，而不跟任何一位从事这一行业的老前辈去交流吗？难道一个厨师无需在厨师长的指导下就能烹饪6道菜？不！那么，动画业为什么会放弃这种已产生了一些史上最好的动画师的导师制度？

2001

比尔·汉纳去世：威廉·比尔·汉纳[William（Bill）Hanna,1911～2001]，从他在米高梅获得奥斯卡奖的辉煌战绩，到50年代末及60年代的电视动画的普及，如《摩登原始人》，他为动画领域作出的贡献绝对是不可估量的。

2001

迪斯尼的第40部长片《亚特兰蒂斯》：《亚特兰蒂斯：失落的帝国》（*Atlantis：The Lost Empire*）在票房上不甚理想，在北美地区的院线上映中只获得了大约8500万美元的票房，远远低于其1.2亿美元的生产成本，并远远低于由《狮子王》所创造的3.12亿美元的动画片票房最高纪录。

动画中的导师制度是非常重要的
（插图：弗洛伊德·诺曼）

　　相当多的动画学校的应届毕业生拥有着令人难以置信的天赋和技能，超出了他们的年龄和工作经验。有些直接离开学校的学生也会玩弄这套工作室的游戏，利用他们个人的政治技巧迅速地得到了提拔。这些年轻艺术家中的许多人并不具备作为一名资深动画师所需要的对于运动和表演的所有经验和理解，但他们知道如何坐在一台电脑前，让一些物体以一种合理而令人信服的方式运动。

2001

　　《终极细胞战》首映：《终极细胞战》（*Osmosis Jones*）是一部半动画半真人的电影，其男主角是 Osmosis Jones，一个拟人化的白血球。这部影片的制作过程经历了一段困难的时期。该片一上映即亏损，票房列华纳兄弟传统动画长片部的倒数第二。

2001

　　费斯·赫布利去世：费斯·赫布利（Faith Hubley, 1924～2001）与丈夫约翰·赫布利一起制作了25部个人电影，并获得过三项奥斯卡奖。她是加州大学洛杉矶分校工作室的一位重要的朋友。

他们在使用电脑中成长起来，因此这也形成了一种直觉。这种对于电脑的直觉往往让较年轻的动画师工作速度更快。年轻一些的动画师可能以一种更迅速的方式创作出一个可接受的结果，但是其最终结果并不是非常完美，经验更丰富的专业人士可能会提供更新颖的动画作品。较年轻的、充满着渴求的动画师一般还没有成立家庭，他们愿意长时间工作，以获得更完善的镜头或出更多的活。同时，由于缺乏行业经验，刚毕业的学生只要求较低的工资，并通过工作提高他们把握市场的能力。有些人甚至愿意不计报酬地工作，只是为了积攒相关工作经验。这又是一个让那些传统动画甚至CG领域中经历磨难的前辈们非常难以接受的现实。你不能不承认公司们在选择员工时会考虑到对方的工资要求！无论你在一个行业内呆了多久，无论是商业、烹饪还是小时工，你都将永远面临着和那些更加年轻、热情、也更加漂亮的人们竞争就业机会的问题。

导师制度的缺乏实际上在过去几年内阻碍了CG的发展，因为这让那些没有多少电影制作技巧的人们被安置在了生产岗位上。随着更多传统艺术家的加盟，事态开始发生变化。然而，就像任何一项大冒险一样，这需要时间。像"动画导师"（Animation Mentor, http://www.AnimationMentor.com）这样的学校正试图弥补在CG工作室中缺失的漏洞，并真正去指导和教会年轻动画师们在操作电脑之外需要了解的原则。而像"一对一动画"（One-On-One Animation, http://www.1on1animation.com）这样的学校正努力带回存在于迪斯尼公司和美国联合制片公司的实际操作的导师制度，为的是能让那里毕业的艺术家们可以骄傲地称自己为动画师。迈克·泊尔瓦尼（一对一动画学院的创始人之一）告诉我们当他在22年前学习动画时的状况：

> 虽然从事了多年的动画创作，获得了屏幕上的动画师的头衔和作为动画师的工资待遇，但我还是对于把我自己叫做动画师感到愧疚，因为我仍未具备我认为的一名真正的动画师应具备的优秀经验。

"动画师"这一头衔的意义应当比它今天所意味的更多，这足以令我们每个人都对我们所从事的职业引以为豪。更多工作室内部的导师制度将提高动画师的门槛。对那些已经从事多年动画的员工和他们带来的电脑技术以外的技能予以重视，也将鼓励更多的有经验的老一辈们去教导本业中的那些年轻的动画师。每个老艺

2001

《天才小子吉米》获奥斯卡奖提名：《天才小子吉米》（*Jimmy Neutron*）被提名为奥斯卡最佳动画长片奖。影片采用了得克萨斯州达拉斯市的DNA制作公司的现用软件。其北美地区的票房收入约8000万美元，而接踵而至的是那一年秋天出现了它的电视连续剧《天才小子吉米的冒险》。

2001

雷·帕特森去世：雷·帕特森（Ray Patterson, 1911~2001）于1929作为描线员在明茨的工作室开始了他的动画生涯，之后又在迪斯尼、米高梅和汉纳-巴伯拉公司工作过。在迪斯尼，雷是《小飞象》及《幻想曲》中的一名动画师和角色设计师。后来，雷在米高梅成为了一名泰克斯·艾弗里的顶级动画师。

术家都可以推动CG并获得崭新的、独特的方向和风格，使其成为某种更高水平的艺术形式。这一领域仍处于初级阶段，我们仍需学习。正是因为这一点，电影公司一直在不断调整自己的流水线和生产方式。

UPA对动画制作的贡献

　　美国联合制片公司（UPA）由前迪斯尼动画师约翰·赫布利、扎克·施瓦茨，大卫·希伯曼和史蒂夫·波萨斯托在针对迪斯尼的动画大罢工之后于1941年创建。他们的宗旨形成于这样一条信念，即动画是一种用以表达情感的艺术形式，它不一定要按照迪斯尼所谓的"生活的幻想"模式，而是可以更生动和更具实验性，无论是在角色设计方面，还是在布局和背景方面。他们最受好评的角色出现于1951年，即《杰拉德·麦克波-波》中的领衔主角，其故事改编于儿童作家西奥多·"苏斯博士"·盖泽尔，本片获得了奥斯卡奖。UPA的黄金时代在1952年年底不幸遭遇到突然终结，原因是赫布利沦为了麦卡锡时代（McCarthy—era，美国历史上最为黑暗的国家恐怖主义时期，译者注）黑名单上的牺牲品。[26]

　　一些CG公司已经采用了一种由多个动画师负责一个镜头的生产流水线结构。动画主管初步设计出镜头，并分配好每周的工作配额。初级和入门级的动画师制作那些中间帧姿势，并执行誊清工作。这与传统动画制作中的处理方式更接近。令人惊愕的是，20年来，在其他大多数工作室中，CG动画师们一直单独掌控着影片中的整个镜头。这一事实可以在相当程度上释放和鼓励动画师对于某个镜头的一种自豪感。许多CG动画师并不欢迎那种"多名动画师分工合作每个镜头"的生产方式，因为这和他们一直以来所习惯的方式是如此不同。CG动画师希望能够告诉别人，他们制作了包括从开始到结束的这整个镜头的动画。CG行业不习惯将动画制作中的动画师分工为原画和誊清。除非有更多的工作室采用这种生产流水线，否则这一传统将难以执行。

　　然而，这种"多名动画师分工合作每个镜头"的生产流水线将加强2D动画早期的导师制度，并提供更加高效的审批程序。当我们谈论CG中的导师制度时，它不仅仅是关于学习如何使用电脑，或只是提供镜头中的某些技术性问题。我们谈论的是真正拥有丰富的经验能够解释为什么镜头不能表述清晰，以及如何提高表演。

2001

　　迪斯尼的"秘密实验室"停业：在收购了寻梦影像公司之后，迪斯尼开始认为在公司机构内部制作视觉特效可能不是个好主意。

2001

　　第一部出现了CG制作的人类形象的电影《最终幻想》：《最终幻想之灵魂深处》（*Final Fantasy：The Spirits Within*）于2001年7月11日在美国上映，也是第一部严肃地尝试了具有照片般真实感的CGI人类的动画长片。尽管这部影片由索尼公司大力宣传，它还是成为了电影史上最大的票房炸弹之一，其损失超过了1亿美元。

只有在原画师们以教导他们的手下为豪时，才能形成成功的CG生产模式。每个人都将受益于这一模式。这些原画师们实际上是在指导着初级动画师们。初级动画师采用原画师初步设计的动作，并进一步将它们完善为精彩的具体动作，并通过这一过程获得相关的知识。这一过程提供了这样一个结构，助理动画师们可以在其中学会如何"完成一个动作语句"——可以这么比方。通过观察原画师如何分解关键姿势以及如何选择动作来推动情节的发展，助理动画师从中完成他们的学习。凯思琳·海德尔格-泊尔瓦尼解释了一个优秀的助理动画师应起到的作用：

> 一名优秀的助理动画师应该理解动画的原则，并能够让一位动画师已经开始的想法得以实现。

在CG中，使用动画师和助理动画师这一模式的危险性在于，可能一名初级动画师把制作爪子和眼睛的工作坚持了两年之久，却从来没有接受过他应该得到的、能够帮助他成长为一名艺术家的指导。什么是他或她应该真正学习的东西？如果出现这种情况的话，那么这一模式将只会有利于论资排辈而不是技巧的学习，没有人将从中得到提升。任何一种动画生产模式，想要获得长期的彻底的成功，就必须在其原画师和他的团队之间进行沟通和合作。

竞 争

在动画中，竞争的元素已经在很大程度上到达了使同志间的友爱破裂的地步。2D动画师们和新毕业的动画专业的学生以迅雷不及掩耳之势涌入CG领域中来。这些人加入CG的资深员工中来。今天，有着比以往任何时候都要多的动画师在寻找工作。迈克·泊尔瓦尼介绍了今天的就业市场与他们当时相比有着怎样的不同：

> 当今，对于进入这一领域的动画师来说存在着一个巨大的威胁，那便是竞争。它的影响是巨大的。这个行业对人才的需求比我在20年前刚加入进来的时候要大很多。现在出现了如此多的动画产品，以致大家都在说，"我想做这一行！"这只会使局势失去控制，而很多人都将成为牺牲品。

动画师们是如此迫切地想获得充足的工作指标、为他们的工作履历获得最佳的

2001

《怪物电力公司》首映：《怪物电力公司》（Monsters, Inc）在美国首映式上获得了动画电影中最高的开幕式门票销售记录，同时也是有史以来最高纪录中的第六部动画电影。它还获得了奥斯卡最佳歌曲奖[兰迪·纽曼创作的"如果我没有你"（If I Didn't Have You）]，并被提名为最佳动画长片奖、最佳视觉效果奖、最佳音效剪辑奖、最佳音乐奖、最佳原创音乐奖。

2001

《哈利·波特I》上映：《哈利·波特与魔法石》（Harry Potter and the Sorcerer's Stone）的故事取材自畅销书作者J·K·罗琳的同名幻想小说。这部影片的全球票房收入超过9.68亿美元（在历史上排到第三，仅落后于《泰坦尼克号》和《指环王：国王归来》），并获得了三项奥斯卡奖提名。

镜头并给总监留下深刻印象，以至于我们都忘了，做动画应该是一件充满乐趣的事情。曾几何时，动画师分享着他们的想法，并以一种健康积极的方式共同努力着去推动彼此的工作。当你在一个团队中建立起这种互相分享和相似的兴趣时，你便拥有了所有能量的源泉。去吃午饭的时候你会发现，自己仍然在谈论着你热爱的工作，而不是抱怨你遇到的麻烦或抱怨着人们利用对方往上爬。

在2D和CG的早些年，艺术家们常常互相做恶作剧，这是他们在彼此之间真正的钦佩的基础上开着玩笑。我们愿意交流我们每个人的镜头设计，谈论如何设计镜头中的表演方法。今天，网上论坛和聊天室充斥着消极、痛苦、愤怒的人们，再也不是当初那些真正享受着他们的工作，并希望与同样热爱动画的其他人共同分享的人们了。我们并不是想在这里唱"圣地忘忧"（Kum By Ya，一首描述奴隶陷入矿坑祈

没有时间睡觉；抓紧时间做动画！
（插图：弗洛伊德·诺曼）

2001

《指环王》上映：《指环王：魔戒现身》（ *The lord of the Rings: The Fellowship of the Ring* ）以及两部续集是在新西兰同时拍摄的，其成本预算合计为2.7亿美元。其主体摄影部份花了15个月，而之后的后期制作又持续了一年。

2001

《千与千寻》首映：《千与千寻》（ *Spirited Away* ）是一部由日本的动画公司吉卜力工作室于2001年出品的电影，由著名动画家宫崎骏导演。这部影片在日本于2001年7月公映时吸引了大约2300万观众进影院观看，获得收入约2.5亿美元，成为日本历史上票房最高的电影（超过了1997年的美国电影《泰坦尼克号》）。

求获救的非洲歌曲。译者注）；我们只是需要思考，只要你提出一些积极的东西，你就一定会有所收获。

沙马斯·卡尔汗在他的《动画：从脚本到屏幕》（*Animation: From Script to Screen*, 1990）一书中指出："在任何一个团队中，90%的员工都不愿意通过学习提高自己的能力——除非它发生在工作时间内，且由老板给他们提供学习的手段。[27]"如果你从来没有为之努力过，你又怎么能使你的技巧提高到一个更高的水平呢？你的教育并没有在你从学校毕业后就结束，去选修美术、动画、即兴表演、动作表演、雕塑、电影、摄影或任何方面的课程吧！而这种学习全依赖于你手头所收集的全部资料，就像迈克·泊尔瓦尼所说：

> 在现阶段，进入动画市场的一个便利是，现在有着比以往任何时候都更多的资源和参考资料。在我当初进入这一行业时，我们什么都没有，除了那本普雷斯顿·布莱尔的书，我们只能一遍又一遍地重温它。但今天到处都有着许多资讯，这简直让人难以置信。

对于今天的动画师来说，最珍贵的技术进步之一是DVD的发明。你可以逐帧研究影片是如何解决镜头中存在的任何问题的。你甚至可以在一部电影上映以前就能在网上逐帧地观看它的电影预告片！互联网为你提供了各种论坛和动画博客，那里有着你可以与之交流的真正一线工作岗位上的动画师们。这些资源足以令人感到惊异！

我们还有一点非常幸运的是，我们所从事的这一行业具有多价值功能的特性。有许多方面的素养是一个动画师需要具备的，包括需了解运动学、摄影机工作原理、电影、解剖、表演……等等，不胜枚举。这就是为什么有这么多动画师来自于不同的行业。选择一种课程或业余爱好，如人体素描、雕塑、摄影或即兴表演，用以提高你的技能水平，使自己成为一名更加全面的艺术家。它不仅能让你成为一名知识更加渊博的动画师、帮助你了解你的职业，同时还会帮助你在工作以外获得更多创造性的东西。当然，这是在假设你在工作之外还有业余时间的情况下；我们许多人都发现自己每天的工作时间达到了16个小时。在你自己的时间里，抓住机会让自己得到学习和成长。这些机会将让你保持积极的心态，并对新的经验和新的人员保持开放的态度。这也导出了我们的下一个话题："分格化"（Pigeonholing），这也取决于你在业余时间里是如何提高自身能力的。

2002

《千与千寻》获奥斯卡奖：在其上映一年之后，《千与千寻》赢得了奥斯卡最佳动画长片奖。这部出色得不可思议的电影差点被忽视。这是第一部在2002年的美国公映以前就赚得全球票房2亿美元的电影，六分之一的日本人已经看过这部影片。这部电影随后于2002年9月在美国公映，并被沃尔特·迪斯尼电影公司译成英文版本，由皮克斯的约翰·拉萨特担任监督。

2002

《小马王》首映：《小马王》（*Spirit: Stallion of the Cimarron*）讲述了一匹直到电影结束都没有名字的雄性"金格野马"（Kiger Mustang）的冒险故事。

分格化

　　分格化是这样一种生存状态，即许多员工发现自己在一个竞争激烈的行业内缺乏竞争性。这种特殊的情形必须面临着自然选择。它就是这么简单。如果你不去花费业余时间来学习需要的知识，而导致你无法说服雇主你具备哪些足以应付工作的技能的话，你会发现没有人比你自己更想责备自己的了。

　　如果你想获得更好的镜头和更高的薪水，你就必须展示出相应水准的作品。你需要赢得来自你的上司和同行们的尊重，无论在技术上还是在艺术上，不要满足于自己的小安乐窝，而要走出去，突破现状。你可以使用一个内部骨架或一个网络上的免费骨架来进行动画测试。该骨架本身没有问题，关键在于动作。进修相关的课程，让自己具备竞争力，就像我们在前面提到的。向当权者展示你的实力，表现出你可以胜任这一行业体系内的另一职位，如果它是你想实现的计划的话。

是的。是的。你的工作出色极了。
不过，这正是我的观点。
当你在你所处的位置上做出了这么优秀的工作时，我们为什么要提拔你？

有时候，在动画的这种结构中工作可能会令人沮丧。坚持自己，并向你的总监展现你在本职工作以外的实力
（插图：布莱恩·多利克）

2002
《钢牙小鸡兵团》获奥斯卡奖：《钢牙小鸡兵团》（*The Chubb Chubbs!*，埃里克·阿姆斯特朗作品）获得奥斯卡最佳短片单元动画电影类金像奖。

2002
迪斯尼的第41部长片《星际宝贝》：《星际宝贝》（*Lilo & Stitch*）是少数使用和水彩画背景的动画长片之一。这也是位于佛罗里达州奥兰多市迪斯尼-米高梅影城的动画工作室主创的三部迪斯尼动画长片中的第二部。

2002
GameCube游戏机的推出：任天堂的GameCube是任天堂公司推出的第四款家用电子游戏机。GameCube本身是最简洁紧凑、也是最便宜的第六代游戏机。

核心和炫目的技巧

你为了提升艺术造诣所进修的业余课程，只是成为一名伟大的动画师所需的一部分要素。要让自己获得提高并成为一名电脑艺术家，有两方面的要求。除了用电脑进行艺术创作的技术方面之外，核心技能还包括你需了解的所有知识，包括我们鼓励你所学习的课程，不管你现在是什么水平。这些技能包括了传统动画原理、绘画和所有由右脑掌管的才能。而炫目的技巧则能够帮助你在软件的发展中保持领先地位，并确保你在处理镜头中的技术难题时能够跳出思维定式。炫目的技巧涉及软件。对于软件，我们有一点建议：不要成为一名软件操作员。

技术是如此飞速地发展，以至于你很快就会被它甩在身后。在过去几年里，为了谋生，笔者曾学习了30多种类型的图形软件。HiRes QFX、Rio、Tips、TDI Wavefront、3D Studio DOS 到3D Studio Max、Alias、Maya、Softimage、Photoshop、Has、Premiere、Illustrator、Quark、Autographix等等，它们会这样持续下去，直到我们全都老去，头发斑白。你必须跟上电脑生成的图像方面的创造性和技术性的规范和进展，以保证你的就业。此外，一些工作室有着他们公司内部开发的专有软件。如果你不能或不愿意对这些软件很快上手，你将遇到大麻烦而不得不在工作中放慢脚步。对于那些试图跨入CG行业的人们来说，这是一件可怕的事情。多年来，许多动画师只需控制手中的铅笔就能胜任工作，而现在他们必须掌握电脑技术，并去学习每年出现的新版本软件。

在学习用电脑制作动画的最初阶段，它可能是一件令人沮丧的事情。你最开始的进展会很缓慢，这对于你的这台电脑来说是个大麻烦。做个深呼吸，不要由于自己入门的进度慢得抓狂而摔电脑。它只是在做它自己的工作，因此请对它保持一个开放的心态。和一支铅笔相比，电脑可能不是那么亲切而容易操作，但随着时间的推移，你对电脑的操作将变得更加熟练，更重要的是，你将极大提高你的就业机会。它提供的核心/传统技能，和眩目的/技术性技能，将制作出效果惊人的CG动画。

责任

调整你的镜头，直到对其中的每一帧都感到满意。控制住你的镜头，并对它负责，其中发生的任何错误都会让你的总监印象深刻，就算样片幕后的工作人员再怎么不断为他在镜头中所犯的错误找借口，对总监来说也是徒劳的。对你的工作引以

2002

格林·麦奎因去世：2002年10月，格林·麦奎因（Glen McQueen，1960～2002）在伯克利市去世，年仅41岁。格林对于电影化（Cinematic）风格有着巨大的贡献，这种风格也成了皮克斯的鲜明特色。在他的帮助下，诞生了许多著名角色，如《玩具总动员》中的伍迪（Woody）。他当时是那部经典的电影的动画总监，他担任了同样职务的还有《玩具总动员2》、《虫虫总动员》和《怪物电力公司》。

2002

史上最高票房纪录中的第五名《蜘蛛侠》：《蜘蛛侠》（Spider-Man）获得大卖，在北美的院线上映中赢得4.03亿美元的收入，成为当年票房最高的电影，第一次剥夺了一部《星球大战》系列电影《星球大战前传II：克隆人的进攻》（Episode II: Attack of the Clones）历来稳坐的排名第一。它在上映第一周的周末就创下了1.14亿美元的纪录，并成为第一部在一个周末就进账超过1亿美元的电影。

豪，你的主人翁意识便会产生。集中精力加强对细节的关注，将使你自己在样片中遇到的麻烦大大减少。

说到你在工作中的自豪感，你应该在决定向总监展示工作成果之前，先问问你自己，"这是我可以做到的最好的吗？"仔细过滤一遍你的镜头，并检查其中的物体间穿透、技术故障、节奏不流畅处，以及其他任何将有损于你的表现的疏忽。

有一个关于亨利·基辛格（Henry Kissinger，美国历史上著名的外交家。译者注）的著名的故事，十分适用于这里。温斯顿·洛德（Winston Lord，美国外交家，前美国驻华大使。译者注）在为基辛格写演讲稿，他先上交了一份草稿。几分钟后，基辛格把洛德叫了回来，问道："这是你可以做到的最好的吗？"洛德说："亨利，我想

记住，对细节的注重可以为你营造出一个更美好的印象，这比你的那些借口要有用得多
（插图：弗洛伊德·诺曼）

2002

查克·琼斯去世： 查尔斯·马丁·"查克"·琼斯（Charles Martin "Chuck" Jones,1912～2002）的去世，让电影界失去了一位最有才华的艺术总监。琼斯在华纳兄弟公司工作，他是世界上最可爱的一些卡通人物的创作者。他导演了许多经典的动画短片，它们的主角有兔八哥、达菲鸭、哔哔鸟、大野狼、佩佩·乐·皮尤和其他一些华纳兄弟公司的角色，其中包括令人难忘的《歌剧是什么》（*What's Opera, Doc?*, 1957）和《疯狂鸭子》（*Duck Amuck*, 1952）（这两部影片后来都被收录到了国家电影登记处），这些工作使他成为了一名重要的革新者和故事家。

是这样,但我会再试一次。"洛德回去又重新写了一份草稿并递交上来。这一过程重复了8次,产生了8份草稿,据说最后一份是洛德熬了整个通宵才把它交上去的。基辛格再次把洛德叫了回来问道:"这是你可以做到的最好的吗?"洛德说,"亨利,我已经殚精竭虑了——这是第9份稿子,我知道它现在是我能做到的最好的,我再也不能对它修改一个字了。"据传闻,基辛格这时终于回答说:"既然如此,现在我读读看。"[28]为你能做到的最好的工作承担起责任。不要只去满足情节中的要求。大卫·布鲁斯特有一个很好的故事,说明了你对你的镜头和你自己所肩负的责任:

> 我当时在爱尔兰为唐·布鲁斯工作。我正在为《古惑狗天师》制作卡菲斯(Carface)的一场戏。那天是星期四,而星期五就要交稿了。我花了一个星期的时间来想这个镜头会是多么精彩,以及为了使角度更完美、动作更流畅,我应该如何努力;可是到了模型阶段就搞砸了。所以我用里昂-兰博(Lyon Lamb,品牌名称)机作了放映测试,我满怀期待地看着屏幕,却愕然看到了我有史以来做过的最垃圾的作品。一滴冷汗顺着我的脸颊流下来,因为我发现我遗失了整个情节本应该表现的要点。我将时间浪费在了一个愚蠢、自以为是、自我放纵、文不对题的坏主意上。我把我所有的画稿全都扔了。之后的两天实在是恐怖的记忆,我重新制作了这个情节,并试图让它完全符合唐所提出的要求。出于某种原因,正是由于我的这段经历,我才能准确地把握这个情节的要点。每个人都感到高兴。卡菲斯小组的组长,琳达·米勒(Linda Miller),随后过来对我说:"干得好"——她本人也很少完成过那么成功的作品。那天晚上,精疲力竭的我终于倒下了,我发誓决不能让这种事情再次发生。像那次那么糟糕的事件,此后再也没有发生过。

在决定展示任何东西之前,先问问自己:"这是我能做到的最好的吗?"

你是一名动画师!你受雇于这样一份工作,你就应该履行这一职责。这意味着你的镜头是被你所拥有的,你应该不断突破自己的极限,让它更加完美地呈现。所以,当你知道导演明天才会回来检查样片时,就不要把精力放在角色的面部上了。我们的目标不是关注这里。我们的目标是做出一些疯狂的奇思妙想的动画,让人迫不及待地想要看到其中的那些新玩意!如果你的总监建议你进行一些修改,不要告诉他你在等着让你的镜头展示给导演看!给予总监同样的尊重,你也会得到相应的回报。总监指导着镜头的制作,正是为了确保它不偏离导演头脑中的计划。事实上,最成功的动画师总是利用每一个机会,比如花费一整天的时间,就算没有收入,也要获得一些新鲜的想法和创造一个更具原创性的作品。让你的镜头得到最好的表

2002

《冰河世纪》上映:《冰河世纪》(Ice Age)由蓝天工作室创作,并由20世纪福克斯公司出品,片中包含了一个幽默的情节,其中一只名叫斯科莱特(Scrat)的松鼠用了许多滑稽的怪招来埋藏他心爱的橡子。

2002

迪斯尼的第42部长片《星银岛》:《星银岛》(Treasure Planet)采用了一项将手绘2D传统动画与3D电脑动画相合成的新技术。这一类似的方法被用于制作影片中的一个半机器人角色约翰·斯科维尔——他的血肉之躯用了手绘动画,而他的机械手臂和眼睛用的则是电脑动画。

现，让所有人都为你起立鼓掌！

不同部门之间的沟通

在一部CG动画的制作中，有许多肩负特殊职能的部门；在一部2D作品的生产中，也有许多不同的部门，如可视化发展部门、故事部门、布局部门、动画部门、描线部门和摄影部门，但他们使用的主要工具是铅笔和纸，而所需的技术就是绘画。许多艺术家可以在各部门间随意走动，而不需要学习使用新的工具。电脑的出现给生产过程带来的是非常专业的技术方面的问题。于是出现了更多的职位，如灯光和一系列的工具，它们需要的是既具备创造性也同时精通技术和数学的人才。右脑型的人和左脑型的人在处理问题时有很大的不同。当你与骨架设计师、灯光师、运动匹配师以及CG工具和生产流水线专家进行对话时，你的沟通技巧将受到考验。

你们的交流应始终秉持相互尊重的原则，并去理解他们对于影片所作的贡献。与你的骨架设计师和睦相处，因为他决定着你制作动画的能力能否得到发挥。想象一下，你最喜欢的铅笔断了。你会怎样做？你会去城里的每一家商店购买这种铅笔的最后存货，对不对？在CG中，一个强大的骨架设计师就类似于强大的手绘画张。想象一下与你合作了两年的骨架设计师即将离开，而去另一个工作室。你该怎么办？你得去了解新同事，让他知道你支持他的工作，并且想要与他建立良好的工作关系。

今天，在一个团队中有着如此多的工作人员，他们被套牢在处于生产环节中的自己的小角色中，而忘记了制作一部CG电影需要庞大的工作队伍，在这其中每一个人对于整个作品来说都是非常重要的。尊重每个人，这似乎是一条简单的准则，但在一些情绪激烈的情形下，当你将情绪投入你的工作中时，你可能就会忽视这一点。每个人都有着相同的目标——把电影做到最好。因此，当你认为你知道怎样做得更好而提到另一个人的镜头时，或当你谈论对于另一个艺术家不利的话题时，设身处地想一想如果你是对方的话，你对于你的这些行为会是什么感受。

在同其他部门打交道时，尝试着去了解他们的困境。去注意一下他们正在努力制作多少镜头，这些艺术家已经在这一周内加班多长时间。有一天，一些已经完成的动画需要打破其毛皮或布料或羽毛，于是一个已经烦闷透顶的家伙准备给你打电话。你也可能真的被交待了6个需要重拍的地方，并被要求它们能在一天内完成，现在他想让你看看你交给他渲染的最后一个镜头。你应该选择怎么做：

A. 告诉他必须对它作出修改，因为这是他的工作，并"砰"地一声挂断电话。

B. 开始哭泣。没有什么能比一顿歇斯底里的发作更能让电话线另一端的人来心

2002

《星球大战前传Ⅱ》上映：《星球大战前传Ⅱ：克隆人的进攻》（*Star Wars Episode Ⅱ: Attack of the Clones*）是第一部完全用高清晰数字24帧系统拍摄的电影。这是《星球大战》系列中唯一一部在最新上映的一年里没有成为当年的票房冠军的电影。其票房收入被《蜘蛛侠》和《指环王：双塔奇兵》超过。

2002

《哈利·波特2》首映：《哈利·波特与密室》（*Harry Potter and the Chamber of Secrets*）是流行的《哈利·波特》系列中的第二部电影，于2002年上映。

2002

《史酷比》上映—非同寻常！（此处原文为Zoinks!，来自于《史酷比》卡通片中主角之一的Norville "Shaggy" Rogers的口头禅，表示惊讶、害怕等。译者注）：《史酷比》（*Scooby-Doo*）是一部真人电影，其故事基于流行的汉纳-巴伯拉的周六早间播放的卡通片《史酷比》。

疼你了。

　　C. 告诉他你很忙，但承诺在你的午餐时间检查该文件，所以他只需用电子邮件将路径发送过来，以便你能够尽快回复他。

嗷……嗨，布莱恩。
我只是在查看你的工作，我改动了一些东西。我知道
我不是一个动画师，但我认为你会喜欢的。

尊重你的同事和他们的努力。在没有得到别人允许的情况下就随便修改别人的场景，是一种不能让人接受的行为。如果你想要他作出一些变化，就要向他清楚地说明。要有这样的责任感：你能够清楚地阐明你认为何处应该改动
（插图：布莱恩·多利克）

　　答案是B。不对，等一下——应该是C，毫无疑问。让他人理解你的困境的最佳方式是交流以及与之分享这种让镜头完成的责任感。而哭泣——这工程量太大了。
　　另一项让人棘手的技术进步是电子邮件。电子信箱是一个了不起的沟通方式。你可以给另一位艺术家或你的总监发送必要的信息，而不会干扰他们的工作流程和他们的时间安排。他们能够利用更加适当的时间来处理这一问题。在申请工作的时

2002
　　《精灵鼠小弟2》上映：《精灵鼠小弟2》是1999年的电影《精灵鼠小弟》的续集，片中还出现了艾温·布鲁克斯·怀特（E. B. White）的儿童读物中的一些角色，比如小鸟"玛格洛"。

2002
　　《指环王2》对其中的数字化演员使用了人工智能技术：《指环王：双塔奇兵》（ The Lord of the Rings:The Two Towers ）是《指环王》电影三部曲中的第二部。这部影片首次使用人工智能技术来制作数字角色，这项技术是由威塔数字公司开发的Massive软件提供的。这部电影很受评论界的欢迎，并获得了巨大的票房成功，其全球收入超过9亿美元，是史上第四部在其上映期间获得最大成功的影片。

候，电子邮件也起到了非常大的作用。再次，不用把别人叫到现场，你可以发送一封简短的电子邮件，以描述你正在跟进的项目或面试。

一般来说，电子邮件的一个首要原则就是简明扼要。如果你输入的文字多于一个段落，那么你很可能需要当面与之交谈。当13岁的女儿在进行连续14个小时的无谓的即时通信聊天时，你就试着这样告诉她。电子邮件是一个用来收集你的想法并让它以一种明确的方式表达出来的极好的方法，但如果它需要分成好几个段落的话，那么很有可能，你这时直接去和此人面谈关于此刻的状况，效果会好得多。电子邮件可以制造出一种虚假的亲近感，因为你可能会不自觉地说出一些你可能不能直接在别人面前说出的东西。另外，如果收件人对你不熟悉，你原本想要的简洁扼要的文字可能会被扭曲，而给人造成一种简单、失礼而具命令式口吻的印象。而在一封电子邮件的每一处都配上"笑脸"的方法，也未必总是管用。千万不要在你的情绪处于愤怒或不安的时候发送电子邮件。总的来说，最好是能够与对方直接对话，但如果你需要参考一份特定的文件或了解工作进展情况，电子邮件在这些方面将对你很有帮助。只须记住，当你发送电子邮件时，收件方一定在他的日常事务中还有许多其他安排，所以尽量保持信件的简单扼要。

在各部门之间的沟通当中，另一个棘手的问题是如何与那些难缠的人打交道。有时候，你偏偏会遇到一些真正的讨厌鬼，不知出于什么原因，反正他似乎就是与你过不去。一般情况下，你最好参考哲学上的这句话，"用蜜比用醋更容易捉到苍蝇"（好比中国古语："伸手不打笑脸人"），并尽可能地做到礼貌、谦逊。但是，有时候这种方法可以让某些人的内心受到谴责，有时却会让你在工作中被人利用。在对付那些让人头疼的家伙时，你要做的第一件事就是试图找出原因。当然，没必要在这方面花过多时间——你不用为之分析好几天。只需找出这个家伙的立场和观点。

大多数不好相处的人，是因为他们有一种明显的受威胁感，以及他们自身的恐惧和不安全感。如果你发现某个难以相处的人属于这种类型，你便更容易移情于他，并找到新的方式来与之相处。正如我们在第三章中所论述的，任何坏人在他的世界里都自认为是一位英雄，这个你每天都在打交道的难以相处的人也是同样的情况。如果他觉得受到来自你或者这项工作的威胁，那么试着用能让他放松的方式跟他谈话。在这种情况下，你可以与之斗争，但是这样做的话最终会给你带来些什么呢？相反，你应该认识到这只是一项工作，而你没必要与这个人打一辈子交道。在你转身求助于其他同事之前，最好的方法就是与这个难相处的人直接对话。当你和他

2003

《哈维·克拉姆派特》获奥斯卡奖：《哈维·克拉姆派特》（*Harvie Krumpet*，亚当·艾略特作品）赢得了奥斯卡最佳短片单元动画电影类金像奖，除此之外它还夺得了众多的电影节的奖项和2004年澳大利亚电影学院最佳短片动画奖。

2003

《海底总动员》获最佳动画长片奖：截至2004年3月份，《海底总动员》（*Finding Nemo*）在以往收入最高的电影中排名前十名以内，盈利已超过8.5亿美元。这部影片于2004年获得了奥斯卡最佳动画长片奖。

2003

《辛巴达：七海传奇》首映：《辛巴达：七海传奇》（*Sinbad: Legend of the Seven Seas*）由梦工厂制作完成。不过，这个"恶棍"（即Sin-bad）并不坏。

谈到某个问题时，尝试着让自己设身处地为对方着想，设想自己处于相同情形下，你希望能够被如何对待。相反，如果无视这些情况的话，问题可能会变得更糟，所以请在它们进一步恶化以前勇敢地面对这些问题。为一名难以相处的人工作是一项艰巨的任务。如果此人比你要年轻很多的话，往往会尤其令人无法忍受。

在CG中，由于导师制度的缺乏，特别是在小型工作室中，使得员工们为经验不足的上司们工作这一现象变成可能。越来越多的视觉效果工作室涉足角色动画领域。但这些曾通过制作爆炸、飞船和未来飞机来赢得他们的面包和黄油的工作室，不一

记住，动画应该是充满乐趣的。暴力从来都不是解决问题的办法
（插图：弗洛伊德·诺曼）

2003

迪斯尼的第43部长片《熊兄弟》： 这部电影最初的片名为《熊》，这是第三部、也是最后一部由位于佛罗里达州奥兰多市的迪斯尼–米高梅影城的长片动画工作室主创的迪斯尼电影。《熊兄弟》（Brother Bear）在美国院线上映中票房为8500万美元，因此迪斯尼认为这部电影失败了。然而，它接着却在世界范围内获得大卖，其全球票房收入总额高达2.5亿美元，超过《星际宝贝》1.64亿美元。

2003

大卫·布朗去世： 大卫·布朗（David Brown）原本是一位哥伦比亚/福克斯影像公司的销售主管，后来与其合作者共同创办了梅吉合成视觉公司和蓝天工作室。

定就具备足够的实力来处理角色动画中那些更加微妙的部分。很少有经验丰富的角色动画师或总监会待在视觉特效和合成一类的工作室里。

解决问题

每一位总监都有这样的故事：一位动画师参与进来，开始他的工作，然后离开。这个人的工作成果好得令人惊讶，但总监却从来没有见过他或接到过他的电话。就好像小精灵来完成了工作，之后就消失了。这是一个很好的关于解决问题的例子。这名动画师知道如何为自己作出决定。毫无疑问，他遇到过这样的难题，也许是骨架没有按照他希望的方式进行工作，或者是跟踪摄影被关闭了，又或者是制造商提供的帧速率与文件设置不匹配。你知道"魔法精灵动画师"这时会怎么做吗？他将它解决了。他自己调试好了跟踪设备。或者，他与骨架设计师商量，并让他很快就作出了改变。或者，甚至更棒的是，他竟然与制造商交流并解决了一个简单的拼写错误。这就是所谓的解决问题。它使你看起来棒极了。

你的总监每天都在应付着将近30名甚至40名动画师；同时还要与他的上司、客户和其他部门开会。他不需要去追究为什么你的镜头在摄影表上的长度是37帧，而你的文件却是42帧的原因。你需要主动出击。你应该愿意并能够克服技术和艺术上的挑战。当面临一个问题时，不要像有些人那样，一旦面临着表演上的或非技术性的问题时，第一本能就是跑去向总监求助。创造性地思考问题。从不同的角度去处理这个问题。如果总监说抬起左脚，但你意识到，在这个镜头中这么做的话，左脚将必须穿过椅子腿，那么去解决这个难题。以另一种方式将腿抬起来，或抬起右脚并在事后向他解释原因。他会理解你的做法的。去做一个积极的和有主见的人。你的总监一定会因此而喜欢你。

自由职业

自由职业者是动画业劳动力中的一个重要组成部分。作为一名自由职业动画师，既有好处，也有危险。如果你是属于需要安全感的类型，不喜欢变化，你的目标将可能是去获得一个稳定的工作职位。如果你喜欢选择从事各种不同类型的项目，如果你不介意在一个项目最后3个月的最繁忙时间里忙的团团转，如果你喜欢到处走动结识新朋友，那么自由职业将是最适合你的。一名成功的自由职业者可以保证其就业机会，即使一年只工作9个月，其收入仍可以超过一名固定职业艺术家。

2003

《华纳巨星总动员》上映：《华纳巨星总动员》（*Looney Tunes: Back in Action*）一片结合了真人实拍和动画，其票房收入约为2100万美元（全球票房6800万美元），这是一颗相当大的票房炸弹（票房惨败），其部分原因来自与《圣诞精灵》（*Elf*）和《魔法灵猫》（*The Cat in the Hat*）的激烈竞争，但它赢得了评论界的相对积极的评价，包括那些曾经给《空中大灌篮》恶评的评论家们。

2003

《疯狂约会美丽都》首映：《疯狂约会美丽都》（*Les Triplettes de Belleville*）是2003年的一部由比利时、法国、加拿大合拍的影院动画，以其独特风格而深受观众和影评人的好评。它被提名为奥斯卡最佳原创歌曲奖和最佳动画长片奖。

　　然而，要成为一名成功的自由职业者，必须是个真正有实力为自己赚钱的人，一个善于与他人打交道的人，和一名真正优秀的动画师。作为一名自由职业者，为了让你更加清楚如何设置你的酬金和管理你的金钱，关键是要理解你可能一年内只有9个月在工作。如果你一年中只有75%的时间在工作，却没有得到奖金和病假，你的酬金就必须弥补这些损失。

　　在签合同时，一名自由职业者真正需要确认的有：它何时开始生效、何时到期，酬金是多少，以及这份合同是否可以"随意终止"。"随意终止"的这部分，让你知道他们是否可以在不通知你的情况下解雇你，或者你是否只需提前两个星期打招呼就可离开。的确，你可以不打招呼就离开，但这样做可能会让你永远都无法回去，因此，最好先与那些雇主协商。你的酬金也将取决于你是否将你的状态设置为一个独

当你只能挣到很少的钱时，你能买些什么呢？
（插图：布莱恩·多利克）

2003

　　《拯救大兵瑞恩》获奥斯卡奖：《拯救大兵瑞恩》（Ryan，克里斯·兰德雷斯作品）赢得2004年的奥斯卡最佳短片单元动画电影类金像奖和第25届基尼奖（Genie Award，加拿大电影界的最高奖项）的最佳动画短片奖。它同时还在戛纳、威尼斯、圣丹斯和多伦多等电影节上人受欢迎。

2004

　　《超人总动员》获最佳动画长片奖：皮克斯的《超人总动员》（The Incredibles）获得了奥斯卡最佳动画长片奖。它最初被策划为一部传统动画电影，但在华纳兄弟公司关闭其动画部之后，作家布拉德·伯德来到了皮克斯，并带来了他的故事。《超人总动员》是皮克斯的第六部电影。这里有个最大的问题是……如果没有最佳动画电影这一独立的奖项，它能够赢得奥斯卡最佳影片奖吗？嗯……

立的签约人，并通过免税发票拿到你的工资，或者你是一个"真正的自由职业者"，被这家工作室所雇用，并由公司从工资单上支付给你工资，由此扣去税金。

当你从事自由职业时，你可以自主选择酬金。当你被聘用时，这个工作室势必已计划好要用你这位艺术家来完成某个项目；因此，你在谈判中有着较多的自主权。当然，相互会有一些妥协。一些工作室将付不起你的酬金。这时，将由你来决定是否值得降低酬金，来为你的资历添上这个项目。有时，小型工作室会提供一些额外补贴，如病假或奖金，以弥补你的酬金。

要成为一名成功的自由职业者并得到你的每一笔酬金，关键是敢于离开。重要的是在任何谈判中都能够对低酬金说不。在你走出这间办公室之后，十有八九，你会在上车之前接到给你手机打来的电话。为了做到这一点，唯一的办法就是好好地管理你的钱。你必须谨慎仔细，记住，你在一年里也许只能工作9个月甚至更少！这意味着如果你拿到了丰厚的薪金，你必须将它存起来以便未雨绸缪。不要因此就开始挥金如土，比如去购买莲花跑车和马里布的房子。在未来，随着动画公司试着降低其间接成本，以及小型工作室开始涉足角色动画领域，自由职业者将会面临更多的要求。因此，要成为成功的自由职业者，下一步就是要了解如何建立人际关系网。

人际关系网

对一名自由职业者来说，人际关系网是如此的重要，以至于它应该成为你的第二门艺术并投入热情。这一行业很小，而现在随着2D艺术家和CG艺术家的相互融合，它甚至变得更小了。你最微不足道的经历都可能给你的职业生涯带来最深刻的影响。你可能会在一个与动画无关的聚会上遇到一个在另一家动画公司上班的人。你们俩一见如故，因为你们对于这个行业看法惊人的相似。他了解到你是真的充满了热情。一年后，你一直通过电子邮件与他保持通信，并在几个电影节和展览会上碰面，而且与之保持着联系。有一天，他给你提供了一个来自他所在工作室的新机会。

这些与其他人的联系将帮助你获得每一次的机会。如果你面临这样一个选择：是与一个你对其一无所知的人共事，还是与一个已经与你的同事合作过或被你的圈子里所熟知并能确保其人品的人合作，你会选择谁？外面有着太多的大牌的艺术家（至于他们的个人卫生问题就不要提了）等待着机会。从就业角度来看，这也是一个诀窍。如果你帮助你的熟人得到某个机会，有一天，他可能也会回报给你。

但是，这些联系不会给你稳定的工作机会，或为你铺上一条金光大道。你的技

迪斯尼的第44部长片《牧场是我家》：迄今为止，《牧场是我家》（*Home on the Range*）是最后一部使用传统动画形式进行制作的迪斯尼电影。之前的很多年里，迪斯尼已经在动画片中使用了一些CG特效，但在《牧场是我家》之后，迪斯尼宣布公司计划完全转向电脑动画制作。

《怪物史莱克2》首映：2004年的《怪物史莱克2》（*Shrek 2*）赢得了美国历史上规模第二大的为期3天的开幕式，同时也是有史以来最大的一部动画电影的开幕式。

《鲨鱼黑帮》上映：即使评论界并不喜欢《鲨鱼黑帮》（*Shark Tale*），这部电影仍然取得了3.63亿美元的全球票房收入，成为梦工厂的又一力作。

能和职业素养才是确保你能够继续就业的因素。你的态度也会影响到那些与你共事的人对你的看法，所以记住这一点。即使在你与同事吃午餐或进行社交活动时，你的行为也仍将继续发展他们对你的看法。这并不意味着你需要与那些你不喜欢的人呆在一起，他们会识破你的动机。反过来说，同样重要的是要记住，如果你现在树敌的话，将来只会对你不利。你不想有负面新闻，这只会妨碍到前面提到的你的任何好事。伊多·龚德尔曼的一个故事告诉我们——你可以为自己树立正面的和负面的形象：

我记得早在1996年，我在为一部CG电影作测试。当时的那个动画总监完全是个变态！我的意思是，这家伙是个疯子；你从来都不知道他那天情绪会怎样，他总是喜怒无常。在他的指导下，在为一个镜头制作了一个星期之后，我们在周会上演示镜头。动画导演和视觉特效总监对这个镜头不甚满意，于是我的动画总监把我晾在一边并嚷着："你他妈的干了些什么？没让你做这样的动画！"接着，他又让一位女动画师哭了起来。这名动画总监在一个星期后被开除了。有趣的是，在他让我过着地狱般的生活、而自己却成了一个十足的笨蛋之后，最后的结局却是：当我在另一家公司工作时，他竟然让我给他作推荐。他试图在那里找到一份工作……哈！哈！哈！这个教训告诉我们，这个世界很小。友善地去对待每一个人，不要瞧不起任何人。所有人都值得尊敬。

名誉就像魔术。它那魔术棒轻轻一挥便可让你事半功倍。因此，在与他人打交道时，千万要注重你的名誉，并用你的职业素养和职业道德来让它名副其实。在你做工作以前，你的名声就已经被人们所熟知；用高贵和优雅的行为来保持它。如果你建立的人际关系网很成功，人们会因你的声誉而找上门。网络是一个能够用来保证收入来源的好东西。即使你是一名正式员工，你也要不断建立你的人际关系网。人们在外出就餐时，在聚会上，或者只是在和朋友及家人闲聊时，都会谈论到你的工作。记住，口碑既可以是你最好的资产，也可以是你最大的敌人。它取决于你自己。

CG动画的大规模生产

今天，由于如此众多的CG产品在不断被生产着，该系统对技术的要求并没有达到像其产品数量和极大的工作量那么高的标准。CG电影的这种大规模生产的方

2004
《极地特快》给银幕带来了一部完全由动作捕捉技术制作的电影：《极地特快》（*The Polar Express*）是一部长片，其故事基于由克里斯·凡·奥斯博格创作的同名儿童读物。这是第一部通过捕捉真人的表演动作来制作所有角色动作的CGI电影。

2004
《机械公敌》首映：批评并没能阻止《机械公敌》（*I,Robert*）获得毋庸置疑的1.2亿美元的票房成功，它在北美的收入近1.45亿美元，而海外收入超过了2亿美元。

2004
《哈利·波特3》上映：《哈利·波特与阿兹卡班的囚徒》（*Harry Potter and the Prisoner of Azkaban*）是J·K·罗琳的《哈利·波特》系列书中的第三本。这部基于小说的电影在美国获得了2.49亿美元收入。

式，产生了巨大数量的动画师，他们被要求每星期完成庞大的工作量。生产商正在努力寻找更多的途径来简化生产模式。许多工作室为了赢得竞争而常常叫价过低。在这种环境下，许多的概念，比如说尊重，早已抛到九霄云外，同时伴随着的还有我们的薪水。

CG动画生产商正在雇用更多的刚出校门的孩子，以满足电影生产中令人难以置信的人员配额的需要。生产商通过劝告动画师们进行无薪加班而试图获得更多的电影胶片；动画师们这么做，为的是能在第二天的样片中赢得竞争。这是一个永无止境的循环。这种新的大规模生产环境视资深动画师的价位太高，除非他们得到某些人的支持，否则他们将发现自己在找工作中面临着屡屡碰壁。他们还抱着一线希望——希望生产商最终将厌倦那个为了实现导演的想法、一个镜头要重复做12次动画的家伙，虽然他的酬金只有一名经验丰富的动画师的三分之一。从模糊数学应用的角度来看，这样的低酬金可能在纸面上看起来很诱人，但是从长远来看，它将以损失电影本身的质量为代价。

要想建立起一个稳定的团队，能提供给你的最终解决方案便是最好的经验、预算与整个团队的合作融洽。试想一下，他们能够准时上交一部样片，而不是将最后期限往后拖3个月。只要其中对个人的尊重和导师制度得到鼓励，那么一个混合以入门级、初级、高级和监督级艺术家的群体将形成一个最有成效的团队。拉里·温伯格告诉我们，在一个团队中，什么时候能够拥有最好的经验，以及为什么会这样：

> 我已经参与了许多项目，而那些产生了最好的作品的项目，在导演、总监和动画师之间总是有着最高级别的尊重。

当这个各种级别混合的团队，能够与一位具鉴赏力的导演和制片人协作的话，那么每个人都将成功。然而，在动画业中，新时代的大规模生产已经唤醒了一种叫做外包（Outsourcing，即外加工。译者注）的怪物。

死亡、税率及外包

从动画业当下的趋势看来，当务之急是保持就业，并跟上这一领域不断变化的脚步。这本书之所以诞生，完全出自于这样的需要：传统动画师拒绝和不愿意看到动画观众的趋势和变化。在《玩具总动员》上映之后，对于这种转变的发生，传统动画师感到猝不及防，即使他们大多数人看到了这一转变过程。我们都听到人们在说："电脑永远没法做我的工作"，以及"用电脑生成的动画太刻板了，不能吸引任何观众"，还有"那些电脑爱好者永远都不会创作出具备手绘电影所拥有的魅力和热情的作品"。

尽管其中一些意见有一定的道理，但我们不能漠视CG动画的普及。这些所谓的传统动画师要么已经转到了电脑动画领域中，要么就是正在努力转变。其余的传统动画师由于坚持作为正统主义者，而不得不寻求其他途径谋生，或者从事那些最终被送往海外加工的电视动画的故事板制作。现在的论坛和电子邮件通讯中，历史正在重演，人们讨论、猜测并否认着这些国家的前景，像印度、中国、新加坡和菲律宾，今天在那里生产动画的价格是CG电影市场的一半。

任何动画师，如果他不承认来自海外的外包业的这一事实，那么他只能是生活在梦境中。我们都希望动画艺术能够保持其完整性，而避免流水线作业和使用廉价劳动力。然而，当一个行业能够带来像CG动画目前获得的这种利润时，那么不可避免地，其结果就是要寻找途径来增加更高的利润率。一个典型的例子是电影《小红帽》（Hoodwinked），它在2006年的为期4天的马丁·路德·金假日周末中赢得了1660万美元票房。据"票房先知"（Box Office Prophets，网站名。译者注）所说，"之前的三部皮克斯电影的平均生产成本是1亿美元，而《小红帽》只用了1500万美元，因为它主要在亚洲生产，使用了相关的动画软件进行'场外交易'。突然间，我们有了这样一部电影，它不再被强迫无论如何都要成功地在第一个周末就赚取3000万美元，它可以被任何一家公司购买，无论其大小。"[29]这正是我们要说的。如果不必支付黛米·摩尔的片酬，而使得它能获得比真人电影更高的利润，那么为什么不到国外去制作并大发横财呢？

那么，答案是什么？在国外，艺术的真诚度仍然很低。回想80年代我们刚刚开始制作CG动画时的状态——当时的那些用电脑生成的动画实在太可怕了。回想一下早期的那个棋盘上的滚球动画。海外的艺术家正从这里起步，但他们将开始学习，就像我们当年做过的那样，而他们将很快得到充分训练，因为现在的世界比以往任何时候都有着更多的资源。他们需要有经验的好莱坞艺术家给他们指明方向。我们必须接受这一转变，就像传统动画师们经历过的电脑的普及过程一样，否则我们将被淘汰。这些国家有着大量的艺术家，他们具备对技术的理解，工作的热情，并愿意

2005

《月亮和儿子》获奥斯卡奖：《月亮和儿子》（The Moon and the Son，约翰·卡那迈克作品）赢得了2004年奥斯卡最佳短片单元动画电影类金像奖。

2005

《超级无敌掌门狗：人兔的诅咒》获最佳动画长片奖：奥斯卡奖得主《超级无敌掌门狗：人兔的诅咒》（Wallace & Gromit: The Curse of the Were-Rabbit）是一部定格动画电影，也是第一部正片长度的"超级无敌掌门狗"系列的电影。

2005

迪斯尼的第45部长片《四眼天鸡》：《四眼天鸡》（Chicken Little）是迪斯尼公司自停止生产传统动画电影和他们上一次的CG动画试验《恐龙》之后的第一部全CG电影。

以更少的报酬工作。他们即将迎头赶上。

如果你将今天正在生产传统电视动画的计划应用到未来CG电影在海外的生产中，你可以看到美国的故事家和动画家是怎样进行动作的初步设计的。视觉预览、动作编排，或任何你想要的步骤，你都可以将它们在海外以低得多的价格进行小原画的绘制和誊清工作。最后的作品将在美国重新作出安排和调整，如果有必要的话，还需进行最后的剪辑。这是CG电影在海外生产的未来趋势，它是我们大家都应该认识到的动画业中的一个真正的转变。你的任务将是对镜头进行设计，并让海外的工作人员按照你的要求完成动画，就像迪斯尼的那种由首席动画师、助理动画师、动画员和修形师构成的旧的运作模式。

如果有人无法适应外包业的发展，我们提供了一个目录，其中前10名的东西你可以考虑一下：

10.参军。

9. 考公务员。

8. 天天更新护照。

7. 学习一门外语。

6. 当消防员。

5. 与大款结婚。

4. 中彩票。

3. 做一个生存主义者和保守主义者，全副武装，原地待命并等待决战。

2. 极其简朴地生活。

1. 学会把宠物变成食物。

时间表及生产过程

第一周将决定你对整个项目的认识。许多动画师在开始制作新项目时会问自己："他们期望我做些什么？"他们期望你能在合理的时间内顺利地制作出高质量的作品。一些工作室的时间周转极端糟糕，因为他们叫价过低，导致该项目因为人事纠纷上的因素或因生产计划管理不善而陷入困境；另外一些工作室在项目的时间安排上则较为合理。有时，这并不属于某种工作室文化，但它正是一个项目所需要的。

当你刚加入一个新的工作室，或者准备与不曾共过事的人们合作时，最好的办法是保持中立。不要批评你的这份工作，在第一周投入110%的精力。按部就班地熟

2005

"幸运兔子奥斯华"的出售：迪斯尼将体育节目解说员艾尔·麦克尔斯从旗下的媒体公司ABC和ESPN派遣到了美国国家广播环球公司，作为这项交易的一部分，"幸运兔子奥斯华"的版权被沃尔特·迪斯尼公司从美国国家广播环球公司购得。该协议包括了这一角色的各项权益和最早的由迪斯尼创作的26部短片。这也标志着历史上第一次、有可能也是最后一次，一个活人被与一个卡通角色进行交易。

2005

《机器人》上映：《机器人》（*Robots*）是一部电脑动画电影，由蓝天工作室为20世纪福克斯公司制作，同时这家工作室也是电影《冰河世纪》背后的制作公司。

悉它，观察了解那些与你合作的人，观察那些人的动态以及他们之间的互动。当你刚开始进入一个项目中时，请保持一种稳重而严肃的工作状态。他们之所以雇用你是因为你有技术，但是你还没有证明它。等你工作了更长时间甚至熬夜加班后，你就可以向他们展示你确实拥有着技术。

如果你以超负荷的速率工作的话，你将会出更多的成绩，然后很快累垮。你会使周围的人感到你在尝试使他们看起来很糟。当然，事实并非如此，但是人们对你的看法很大程度上取决于第一印象。不同的艺术家以不同的速率工作，这是一个竞争激烈的市场，因此，对于如何执行时间表，最好的办法是与之协调同步。之后，你可以展示你的成果。制片人和总监希望你能做到的是：在合理的时间表内，创作出客户想要的东西。他们想要的效果是，就像是小精灵来完成了它，而中途不会有任何麻烦。如果这其中出了什么问题或麻烦，你可能会被认为是个难以相处的人。现在，让我们继续讲述什么是一个项目中的关键时刻，以及你该如何处理它。

这可能会变得很疯狂。你得不分昼夜、没有节假日、全天候地工作，并始终幻想着你要制作的那些角色。你必须完成这次项目，因为你不仅相信你能做到这一点，而且已经迫不及待地想要在你的胶卷上看到这些镜头。最糟糕的时候你得去考虑另一种16小时工作制。如果你不让自己全力以赴的话，将来这个两秒钟的镜头在大银幕上放映以后，会在有线电视的重复播放中困扰你多年。那么，既然你正因为过量的工作时间而压力过大，而且目前的事实是，你确实需要得到更多的睡眠，那么不妨读一读这个睡前故事——关于一个为摆脱其制片人不得不躲起来的家伙：

我为《钟楼怪人》工作的那段时间，是我经历过的最有趣的时光。那是一支极出色的团队。我非常热爱与他们共事。我与我的原画师一起制作"艾丝梅拉达"（Esmerelda）。这个原画师是那种很难跟你打成一片的家伙。他是那种，就算你给他打电话，他也是能不回就不回的人。所以，我的原画师有着一大摞的场景画稿堆在房间里，等着他必须去过目。在交清稿以前，这位原画师会在这个场景上绘制出需改动的部分。当时，他们要你不仅仅是作出修改，还需做出完整的情节，尤其是对这些原画师。他们在场景设计处于绝对非常非常粗糙的阶段进行审批，此时距离最后完成还早得很。制作人会说："噢，我们可以指望这星期就完成？我们可以在我们的最后期限内完成任务了！"这样他们可以把工作人数减少，但与此同时我的原画师不得不开始着手于下一个场景。因此，他得到了一大摞由制片部门批准的

2005

高成本电影《蒸汽男孩》上映：《蒸汽男孩》（Steamboy）是导演大友克洋继《阿基拉》之后进行公映的第二部主流动画片。其最初的制作成本为2600万美元，《蒸汽男孩》是迄今为止最昂贵的一部完整长度的日本动画电影，但与好莱坞的制作成本相比仍是比较低廉的。

2005

《马达加斯加》上映：梦工厂的《马达加斯加》（Madagascar）在院线上映中获得了总额约1.93亿美元的收入。

场景。他们总是不停地指责他，问道："这组镜头你做完了吗？那组镜头你做完了吗？"有时候，我去他房间里时，他正准备躲起来，他会锁上他的房门。我正要在他的房间里谈论一个场景的时候，你会突然听到敲门声，这是制作总监在说："嘿，你在哪儿？"他会看着我，说："嘘——！"我们不再说话，鸦雀无声。他会站起来走到门后，以防万一她打开门。她最终确定他躲在房间里，于是她去拿钥匙打开它。这种情况实际上发生过好几次。有一次我与我的原画师都在那里，他躲到了门后面，就在那时她打开了门。我坐在那里，她问："你的原画师在哪儿？"我说："我也正在找他。我只是坐着等他回来。"然后，她会说："啊，天哪！"并关上大门走了出去，而他就在门后！这真是有趣极了。他只是不断地躲开他们，因为，你没办法完成他们希望你做完的东西。

在制片人来问话时你想要躲在门后的那些时刻实在是太可笑了
（插图：弗洛伊德·诺曼）

《蒂姆·波顿的僵尸新娘》上映：蒂姆·波顿的《僵尸新娘》（Corpse Bride）是定格动画电影，其故事改编自19世纪俄罗斯的一个有关犹太人的民间故事，并将故事发生的背景设置在虚构的维多利亚时代的英国。它被提名为当年的奥斯卡奖最佳动画长片奖。具有讽刺意味的是，它在与另一部定格动画长片《超级无敌掌门狗：人兔的诅咒》的竞争中错失了这一奖项。

《战鸽快飞》成了票房毒药：电脑动画电影《战鸽快飞》（Valiant）得到了评论界相当低的评价，其中许多人认为这部影片缺乏原创性和高品质的幽默。《战鸽快飞》的全球票房获得了6100万美元，被认为低于一般CGI动画电影的标准。

当你为一个镜头工作了很长时间而紧张疲劳时，对你自己笑一笑，因为总有一些人出于同样的原因需要躲在门后。

在我们周围，最快乐的人是那些在这种紧张的工作时间表中仍然保持幽默感的人。对于那种整天抱怨着不得不工作、而不能在家里放松的人，谁愿意坐在他旁边？我们都必须工作，所以让我们尽情地享受它吧！振作你的精神，学会苦中作乐，时间就会过去得更轻松一点，你的思维也会变得更清晰一点，而你也会完成得更快一点。作为讨论长时间工作量的闭幕词，达林·麦克高恩给了你最后一点提示：

请记住，大多数公司的急救柜里都有感冒药。有些感冒药里含有某种兴奋剂！在你必须熬下一个通宵时，记住这一点，或许能对你有所帮助。

不要熬得太晚了……总是有明天的。

---

[26] UPA工作室（UPA Studios）.
http://www.vegalleries.com/upa.html

[27] 沙马斯·卡尔汉（Culhane, Shamus）.《动画：从脚本到银幕》（*Animation from Script to Screen*）.圣马丁·格里芬出版社（St. Martin's Griffin），1990年.

[28] 国家安全档案（National Security Archive）.乔治·华盛顿大学（George Washington University）.该网站的内容从1995–2004年国家安全档案馆（National Security Archive）获得版权，保留着所有战争记录.
http://www. gwu.edu/~nsarchiv/coldwar/interviews/episode–15/lord1.html.
美国国防部（Department of Defense）.华盛顿五角大楼（Pentagon Washington）.
http://www.defenselink.mil/speeches/2002/s20020529–depsecdef.html.

[29] "票房先知"（Box Office Prophets）.
http://www.boxofficeprophets.com/columu/index.cfm?columnID=9367

2005

《小红帽》开启了外包业的大门：《小红帽》（*Hoodwinked*）是美国的一部用电脑动画制作的家庭喜剧，由一家位于菲律宾的大型机构制作完成。电影的首映票房超出了原先对它预期的近一倍，据说其成本花费了1500万美元，其中包括销售和发行。这部影片中动画的质量受到了批评，特别是一些动画师相信这部电影的成功显示了它对动画质量的无视，而这最终将损害这一行业。

2005

Autodesk公司买下Alias公司：Autodesk公司同意以1.82亿美元的价格购买Alias公司。Alias公司的Maya是一款CG动画师用来制作电影和广告的主要的软件程序。谁都不知道这次的收购行为对Maya今后的发展意味着什么。

'最后期限'

最后期限
（插图：乔·斯科特）

2005

《哈尔的移动城堡》首映：《哈尔的移动城堡》（ *Howl's Moving Castle* ）是一部日本动画电影，又一部来自"日本的沃尔特·迪斯尼"的作品，其故事基于黛安娜·韦恩·琼斯的同名小说，并由宫崎骏执导。细田守是最初选定的导演，但他突然离开了这个项目，这使得当时正准备退休的宫崎再次担任起导演的工作。

2005

《辛普森一家》第16季的播出：在《辛普森一家》（ *The Simpsons* ）第16季播出时，它已经成为有史以来持续时间最长的电视系列喜剧，超过了从1952年至1966年播出的、长达15季的《奥兹和哈里特的冒险》（ *The Adventures of Ozzie & Harriet* ）。

第八章
回顾全篇

　　"我们的工作室后面有一个小小的院子，有一天正在下雨。我当时刚刚受聘几个星期，而我去那里稍作休息，看看雨景。正当我站在那里看外面时，公司的董事长走了过来，站到我旁边，盯着那些雨点。我之前只是与他见过很短的一面，并没有真正与他交谈过——或者说没有一对一地交谈过。我想，'哇，我想知道在这个时刻他可能给我什么样的富于智慧的言语。我该怎样回答才能给他留下一个好印象？'接着，这位董事长说，'外面肯定全都是泥浆。'我的回答是，'是啊……'"

——罗伯托·史密斯

架起沟通之桥

　　就像罗伯托从他的公司董事长那里听到的，有时在那里"肯定有许多泥浆"。我们现在武装着历史提供给我们的所有弹药，正在迈过道路上的泥浆，到达更美好的目的地！在这个行业里，我们只是巨人肩膀上的跳蚤。我们还需要从我们的动画前辈那里学习很多的东西，如老约翰·惠特尼和小约翰·惠特尼、沃尔特·迪斯尼和他的"九老人"、查克·琼斯、泰克斯·艾弗里、鲍勃·克莱派特、罗伯特·艾贝尔、理查德·泰勒，等等，等等。我们称之为CG动画的年轻的领域，还有许多需要我们去研究的，其中已经出现了很多新的先驱人物，如约翰·拉萨特、克里斯·韦奇、布拉德·伯德，今后还会有更多的惊喜。在这样一个由艺术、商业、技术推动的行业内，想要预测它的发展趋势，唯一的办法就是从历史中学习经验教训。

2005

　　《星球大战III》上映：《星球大战前传III：西斯的复仇》（*Star Wars Episode III: Revenge of the Sith*）是《星球大战》传奇故事中的第六部也是最后一部电影，而它在其故事年表中应排在第三位。它在开幕的一周里打破了好几个票房纪录，接着又获得了超过8.5亿美元的全球票房收入，并成为2005年在美国收入最高的电影、2005年全球票房第二高的电影（仅次于《哈利·波特与火焰杯》），以及电影史上第十二位全球电影票房收入最高的电影。

　　这三种媒介：传统动画、CG动画和视觉特效动画，已经在过去相互影响了许多年。作为一名动画师，如果你选择接受这一现实，你的任务便是要走出现在的困境，并冲破一切阻力努力进取。不要让一些小小的风雨就阻碍了你！穿上你的泥靴！你应该斗志满满、不惧任何困难，这样才能把你最好的作品呈现到观众面前。哦，如果你决定挑战一切困难，请记住要好好地运用这三种媒介。作为一名动画师，你应该利用在这本书中学习到的经验来好好武装自己去迎接未来。如果你愿意一遍一遍又一遍地做一件事情，你就能把它做好，所以请继续坚持画画和制作动画吧。

2005

　　《纳尼亚传奇》开幕：《纳尼亚传奇：狮子·女巫·魔衣橱》（*The Chronicles of Narnia:The Lion, the Witch and the Wardrobe*）的故事基于C·S·刘易斯的同名儿童幻想小说。它赢得了2005年奥斯卡最佳化妆奖，并被提名为最佳视觉效果奖和最佳音效剪辑奖。《纳尼亚》的开幕式票房为2300万美元，并在其首映周的周末共获利6500万美元，并在史上的最佳首映周周末中排到第24名的位置。

2005

　　《哈利·波特4》上映：《哈利·波特与火焰杯》（*Harry Potter and the Goblet of Fire*）由迈克·纽威尔导演，是流行的《哈利·波特》系列中的第四部电影。它赢得了成功的票房，在全球范围内盈利超过8.92亿美元，成为2005年全球收入最高的电影和电影史上排名第八的全球最高票房的电影。

2005

乔·兰福特去世：乔·兰福特（Joe Ranft，1960～2005）担任皮克斯动画工作室故事组的总管超过了10年的时间，于45岁那年死于车祸。兰福特是1995年的《玩具总动员》和1998年的《虫虫总动员》的编剧之一，因为前者，他获得了奥斯卡奖提名。在去皮克斯之前，他是沃尔特·迪斯尼动画长片部故事部门的一位领导成员，他当时是那里的一位作家，参与的作品有1991年的《美女与野兽》和1994年的《狮子王》。

2005

《金刚》上映：奥斯卡奖得主《金刚》（King Kong）是1933年的原始版本《金刚》的重拍版本。这一翻拍版本赢得了三项奥斯卡奖：视觉效果奖、最佳音响效果奖和最佳音效剪辑奖。它在开幕周的周末获得了5000万美元——这对于大多数的电影来说已经很可观了，但由于其庞大的预算和营销活动，导致其票房未能达到事先对影片的过高期望。

第四部分
附　录

附录A
传统动画与CG动画
（1994～2005）

　　本附录的图表证明了一个公认的观点。随着数字图像的崛起，影院动画已经以一种深刻的方式、并在一个相对较短的时间内受到了影响。最新一批手绘电影票房不佳的原因，不能简单地归咎于失败的营销手段或不够精彩的故事情节，虽然在大多数情况下，你并不想排除那些因素！观众的视觉品味一直在跟随着时代的走向。然而，电影爱好者总是被技术进步所吸引，而这些技术又加强了他们的观影经验。当你观察过去10年内发行的作品以及它们在票房上的表现时，你能明显看到CG的崛起和2D的衰落。这些图表或许有助于就2D与3D动画票房成绩的比较澄清一些误解，并说明了视觉效果工业已经对我们的艺术形式产生的影响。因此，请您在阅读中自承风险，并得出自己的结论，此处并非双关语意。

　　作者为该图表制定的规格：为了让这份报告更加简单化，这些图表中被列出的所有款项均被四舍五入至最接近的平均数值，所有联署均为美国国内。所列出的视觉特效电影必须超过1亿美元，并包含大量的电脑生成的特效在内。CG制作的定义是：既包括那些百分之百的CG作品，也包括那些用CG制作的主角比真人角色在银幕上出现得更多的作品。所有的2D作品不论销售情况均被列出。

　　以下表格中的所有信息均采集自http://www.boxofficemojo.com，其中包括票房销售。

1994

传统动画	美元($)	定格动画	美元($)	CG	美元($)	视觉特效	美元($)
《狮子王》	3.12亿		0		0	《摩登原始人》	1.3亿
						《变相怪杰》	1.19亿
1部	3.12亿	0部	0	0部	0	2部	2.49亿

1995

传统动画	美元($)	定格动画	美元($)	CG	美元($)	视觉特效	美元($)
《风中奇缘》	1.41亿		0	《玩具总动员》	1.91亿	《永远的蝙蝠侠》	1.84亿
《高飞狗》	0.35亿			《鬼马小精灵》	1亿	《勇联者游戏》	1亿
《小狗波图》	0.11亿						
3部	1.87亿	0部	0	2部	2.91亿	2部	2.84亿

1996

传统动画	美元($)	定格动画	美元($)	CG	美元($)	视觉特效	美元($)
《钟楼怪人》	1亿	《詹姆斯和巨桃》	0.28亿		0	《独立日》	3.06亿
《空中大灌篮》	0.9亿					《龙卷风》	2.41亿
《古惑狗天师》	0.27亿					《101只斑点狗》	1.36亿
3部	2.17亿	1部	0.28亿	0部	0	3部	6.83亿

1997

传统动画	美元($)	定格动画	美元($)	CG	美元($)	视觉特效	美元($)
《真假公主安娜斯塔西娅》	0.58亿					《泰坦尼克号》	6亿
《好莱坞百变猫》	0.04亿					《黑衣人》	2.5亿
						《侏罗纪公园：失落的世界》	2.29亿
2部	0.62亿	0部	0	0部	0	3部	10.8亿

1998

传统动画	美元($)	定格动画	美元($)	CG	美元($)	视觉特效	美元($)
《花木兰》	1.2亿			《虫虫总动员》	1.62亿	《世界末日》	2.01亿
《埃及王子》	1.01亿			《蚁哥正传》	0.9亿	《怪医杜立德》	1.44亿
《淘气小兵兵》	1亿					《哥斯拉》	1.36亿
《寻找卡米洛城》	0.22亿						
4部	3.43亿	0部	0	2部	2.52亿	3部	4.81亿

1999

传统动画	美元($)	定格动画	美元($)	CG	美元($)	视觉特效	美元($)
《泰山》	1.71亿			《玩具总动员2》	2.45亿	《星球大战前传I：魅影危机》	4.31亿
《钢铁巨人》	0.23亿			《精灵鼠小弟》	1.4亿	《黑客帝国》	1.71亿
《幽灵公主》	0.02亿					《飘风战警》	1.13亿
3部	1.96亿	0部	0	2部	3.85亿	3部	7.15亿

2000

传统动画	美元($)	定格动画	美元($)	CG	美元($)	视觉特效	美元($)
《小鸡快跑》	1.06亿			《恐龙》	1.37亿	《圣诞怪杰》	2.60亿
《变身国王》	0.89亿					《荒岛余生》	2.33亿
《小鬼巴黎行》	0.76亿					《谍中谍II》	2.15亿
《幻想曲2000》(35毫米, IMAX系统)	0.61亿					《完美风暴》	1.82亿
《勇闯黄金城》	0.50亿					《X战警》	1.57亿
《跳跳虎历险记》	0.45亿					《卧虎藏龙》	1.28亿
《冰冻星球》	0.22亿					《疯狂教授》	1.23亿
6部	4.49亿	0部	0	1部	1.37亿	7部	13亿

2001

传统动画	美元($)	定格动画	美元($)	CG	美元($)	视觉特效	美元($)
《亚特兰蒂斯：失落的帝国》	0.84亿			《怪物史莱克》	2.67亿	《哈利·波特与魔法石》	3.17亿
《终极细胞战》	0.13亿			《怪物电力公司》	2.55亿	《指环王：魔戒现身》	3.13亿
						《侏罗纪公园III》	1.81亿
						《人猿星球》	1.8亿
						《古墓丽影》	1.31亿
						《怪医杜立德2》	1.12亿
2部	0.97亿	0部	0	2部	5.22亿	6部	12亿

2002

传统动画	美元($)	定格动画	美元($)	CG	美元($)	视觉特效	美元($)
《星际宝贝》	1.45亿			《冰河世纪》	1.76亿	《蜘蛛侠》	4.03亿
《小马王》	0.73亿			《史酷比》	1.53亿	《指环王：双塔奇兵》	3.39亿
《星银岛》	0.38亿			《精灵鼠小弟2》	0.64亿	《星球大战前传II：克隆人的进攻》	3.02亿
《嗨！阿诺德》	0.13亿					《哈利·波特与密室》	2.61亿
《飞天小女警》	0.11亿					《黑衣人II》	1.9亿
《千与千寻》	0.1亿						
6部	2.9亿	0部	0	3部	3.93亿	5部	15亿

2003

传统动画	美元($)	定格动画	美元($)	CG	美元($)	视觉特效	美元($)
《熊兄弟》	0.85亿			《海底总动员》	3.39亿	《指环王：国王归来》	3.77亿
《辛巴达：七海传奇》	0.26亿					《加勒比海盗》	3.05亿
《小猪历险记》	0.23亿					《黑客帝国：重装上阵》	2.81亿
《华纳巨星总动员》	0.20亿					《X战警2》	2.14亿
《疯狂约会美丽郜》	0.07亿					《圣诞精灵》	1.73亿
						《终结者3：机器的觉醒》	1.5亿
						《黑客帝国3：矩阵革命》	1.39亿
						《绿巨人》	1.32亿
						《夜魔侠》	1.02亿
						《魔法灵猫》	1.01亿
5部	1.61亿	0部	0	1部	3.39亿	10部	20亿

2004

传统动画	美元($)	定格动画	美元($)	CG	美元($)	视觉特效	美元($)
《牧场是我家》	0.5亿			《怪物史莱克2》	4.41亿	《蜘蛛侠2》	3.73亿
				《超人总动员》	2.61亿	《哈利·波特与阿兹卡班的囚徒》	2.49亿
				《极地特快》	1.62亿	《后天》	1.86亿
						《史酷比2：怪兽偷跑》	0.84亿
				《加菲猫》	0.75亿	《雷蒙·斯尼奇的不幸历险》	1.18亿
						《机械公敌》	1.44亿
1部	0.5亿	0部	0	4部	9.39亿	6部	11.5亿

2005

传统动画	美元($)	定格动画	美元($)	CG	美元($)	视觉特效	美元($)
《小熊维尼之长鼻怪大冒险》	0.19亿	《超级无敌掌门狗：人兔的诅咒》	0.56亿	《马达加斯加》	1.94亿	《星球大战前传III：西斯的复仇》	3.8亿
《蒸汽男孩》	0.1亿	《僵尸新娘》	0.53亿	《四眼天鸡》	1.35亿	《纳尼亚传奇：狮子·女巫·魔衣橱》	2.9亿
《哈尔的移动城堡》	0.05亿			《机器人》	1.28亿	《哈利·波特与火焰杯》	2.9亿
				《战鸽快飞》	0.19亿	《世界之战》	2.34亿
				《小红帽》	0.51亿	《金刚》	2.17亿
						《查理和巧克力工厂》	2.06亿
						《蝙蝠侠：侠影之谜》	2.05亿
						《神奇四侠》	1.54亿
3部	0.34亿	2部	1.09亿	5部	5.27亿	8部	20亿

附录B
动画数字时代的开始

动画的趋势由历史所界定。历史再一次重演，并证明了文化的改变是怎样能够在大众媒体中创造出吸引力。我们并不打算让这里成为一份每个时期的电影的完整名单，只是强调了那些最优秀的电影以供学习和欣赏。出于其历史价值以及其作为动画电影的品质，我们鼓励您观看这些有着特殊意义的电影。这些影片通常可以在DVD中找到，也可以在网上下载，如http://www.animationarchive.org。你可以逐帧地观摩并研究这些电影，看看我们的动画前辈这么多年来都发现了些什么。

此外，如果一部电影有一个重要角色首次出现，出于其重要意义，我们将在影片的旁边写上角色的名字。本附录中的所有数据均编辑自http://www.cartoonresearch.com/feature.html（1937～2005年动画电影指南）。在此感谢杰里·贝克亲自帮助核实这一信息。

动画的黄金时代（1928～1941）：艺术形式的初级阶段

动画的黄金时代是美国动画史上自1928年开始，并持续到1942年底的一段时期。这个时期涌现出的一些最令人难忘的角色包括米老鼠、唐老鸭、高飞、兔八哥、达菲鸭、猪小弟。

沃尔特·迪斯尼制作公司（*Walt Disney Productions*）

◆《手推车的麻烦》（*Trolly Troubles*, 1927）：兔子奥斯华的首次出现。

◆《疯狂飞机》（*Plane Crazy*, 1928）：所制作的第一部米老鼠的卡通片。

◆《蒸汽船威利》（*Steamboat Willie*, 1928）：首部发行的米老鼠卡通片，以及第一部使用同步录音技术的迪斯尼卡通片。

◆《骷髅舞》（*The Skeleton Dance*, 1929）

◆《花与树》（*Flowers and Trees*, 1932）：第一部彩色的迪斯尼短片。获第一届奥斯卡奖（短片单元-卡通类）。

◆《三只小猪》（*Three Little Pigs*, 1933）：获奥斯卡奖（短片单元-卡通类）。

◆《聪明的小母鸡》(*The Wise Little Hen*, 1934)：唐老鸭的首次出现。

◆《龟兔赛跑》(*The Tortoise and the Hare*, 1934)：获奥斯卡奖（短片单元-卡通类）。

◆《米奇音乐会》(*The Band Concert*, 1935)：首部全彩色的米老鼠卡通片。

◆《三只小孤儿猫》(*Three Orphan Kittens*, 1935)：获奥斯卡奖（短片单元-卡通类）。

◆《乡巴佬》(*The Country Cousin*, 1936)：获奥斯卡奖（短片单元-卡通类）。

◆《老磨坊》(*The Old Mill*, 1937)：首次使用了迪斯尼的多平面摄影机技术，并赢得奥斯卡奖（短片单元-卡通类）。

◆《钟楼风波》(*Clock Cleaners*, 1937)

◆《白雪公主和七个小矮人》(*Snow White and the Seven Dwarfs*, 1937)：首部迪斯尼动画长片。

◆《勇敢的小裁缝》(*Brave Little Tailor*, 1938)

◆《公牛费迪南德》(*Ferdinand the Bull*, 1938)：获奥斯卡奖（短片单元-卡通类）。

◆《唐老鸭好的一面》(*Donald's Better Self*, 1938)

◆《米奇的房车》(*Mickey's Trailer*, 1938)

◆《丑小鸭》(*The Ugly Duckling*, 1939)：获奥斯卡奖（短片单元-卡通类）。

◆《木偶奇遇记》(*Pinocchio*, 1940)

◆《幻想曲》(*Fantasia*, 1940)

◆《小飞象》(*Dumbo*, 1941)

◆《伸出援掌》(*Lend a Paw*, 1941)：获奥斯卡奖（短片单元-卡通类）。

华纳兄弟公司（*Warner Bros.*）

◆《沉入浴缸》(*Sinkin'in the Bathtub*, 1930)：华纳兄弟公司的第一部戏剧卡通短片，以及"博斯科"的首次出现。

◆《我拿不到我的帽子》(*I Haven't Got a Hat*, 1935)：猪小弟的首次出现。

◆《1949年的淘金者》(*Gold Diggers of '49*, 1935)

◆《猪小弟猎鸭记》(*Porky's Duck Hunt*, 1937)：达菲鸭的首次出现。

◆《猪小弟漫游奇境》(*Porky in Wackyland*, 1938)

◆《还是该做卡通人物》(*You Ought to Be in Pictures*, 1940)

◆《狂野兔子》(*A Wild Hare*, 1940)：第一部"真正的"兔八哥卡通片。

米高梅公司（*MGM*）

◆《胡说八道》(*Fiddlesticks*, 1930)：菲力蛙首次亮相，也是有史以来生产的第一部完整长度的彩色有声卡通片。

◆《房间里的赛跑者》(*Room Runners*, 1932)

◆《地球上的和平》(*Peace on Earth*, 1939)：曾获得和平奖提名的唯一一部卡通片。

◆《猫咪搞到了靴子》(*Puss Gets the Boot*, 1940)：《汤姆和杰瑞》得到他们的第一次奥斯卡提名。

◆《银河》(*The Milky Way*, 1940)：获奥斯卡奖（短片单元-卡通类）。

弗莱舍工作室（Fleischer Studios）

◆《我害怕在黑暗中回家》(*I'm Afraid to Come Home in the Dark*, 1930)

◆《令人头昏的菜单》(*Dizzy Dishes*, 1930)：贝蒂·布普的首次亮相。

◆《走开你这恶棍!》(*Swing You Sinners!* 1931)

◆《宾博的入会》(*Bimbo's Initiation*, 1931)

◆《乞丐米妮》(*Minnie the Moocher*, 1932)：更年轻的贝蒂·布普出现。

◆《白雪公主》(*Snow White*, 1933)：在这部影片中，贝蒂·布普是这片土地上最美丽的人。

◆《大力水手》(*Popeye the Sailor*, 1933)：大力水手波派的首次出现。

◆《大力水手之大力水手和辛巴达》(*Popeye the Sailor Meets Sinbad the Sailor*, 1936)

◆《波派在古恩岛》(*Goonland*, 1938)：大力水手第一次在一部卡通片中遇到了他的父亲。

◆《格列佛游记》(*Gulliver's Travels*, 1939)

◆《超人》(*Superman*, 1941)

◆《虫子先生进城》(*Mr Bug Goes to Town*, 1941)：第一部完整长度的音乐喜剧卡通片。

华特·兰兹工作室（Walter Lantz）

◆《种族暴乱》(*Race Riot*, 1929)：兔子奥斯华新的系列短片由《种族暴乱》开始。

◆《信心》(*Confidence*, 1933)

◆《生命为熊猫安迪开始》(*Life Begins for Andy Panda*)：熊猫安迪（Andy Panda）的首次亮相。

◆《敲、敲》(*Knock Knock*, 1940)：啄木鸟伍迪的首次出现。

其 他

◆《晚餐时间》(*Dinner Time*, 1928)：第一部公开发行的有声卡通片，片中角色有"农民苜蓿"（Farmer Alfalfa）和"保罗·特里"。

◆《粉红色大象》(*Pink Elephants*, 1937)

◆《明日之鼠》(*The Mouse of Tomorrow*, 1942)：这部卡通中的"超级鼠"(Super Mouse)不久以后将成为"太空飞鼠"。

战争年代（1942～1945）：宣传

20世纪40年代的战争给戏剧动画造成了一种衰退。许多动画师出国参战，而留下来的人正忙着制作用来宣传动态的动画电影，这些影片有着非常不同于往常的内容。

迪斯尼公司

◆《小鹿斑比》(*Bambi*, 1942)

◆《元首的面孔》(*Der Fuehrer's Face*, 1942)

◆《疯狂的美国老鼠》(*Yankee Doodle Mouse*, 1943)：获奥斯卡奖（短片单元-卡通类）。

◆《致侯吾友》(*Saludos Amigos*, 1943)：何塞·卡里奥卡（Jose Carioca）的首次出现。

◆《三骑士》(*The Three Caballeros*, 1944)

◆《曲棍球凶杀案》(*Hockey Homicide*, 1945)：片中所有的表演者都是迪士尼公司的工作成员。

华纳兄弟公司

◆《多佛小子》(*The Dover Boys*, 1942)：风格化动画的最早的例子。

◆《鸭子独裁者》(*The Ducktators*, 1942)

◆《大混乱》(*Private Snafu*, 1943～1946)

UPA公司

◆《选战热潮》(*Hell-Bent for Election*, 1944)：UPA的第一部获重大成功的影片。在来自当地的好莱坞各动画公司的兼职员工的帮助下，这部电影在一间公寓里制作完成。

◆《兄弟情》(*Brotherhood of Man*, 1945)

派拉蒙/驰名工作室（*Paramount/Famous Studios*）

◆《给英国的菠菜》(*Spinach Fer Britain*, 1943)：大力水手大战纳粹潜艇；猜猜谁赢了？

◆《卡通不是人》(*Cartoons Ain't Human*, 1943)

◆《鬼马小精灵》(*The Friendly Ghost*, 1945)："卡斯帕"（Casper）首次在电影中出现。

◆《郁金香要开了》(*Tulips Shall Grow*, 1942)：乔治·帕尔（George Pal）

的木偶片作品。

华特·兰兹工作室

◆《塞维利亚的理发师》(*The Barber of Seville*, 1944)：啄木鸟伍迪的外貌被简化。

◆《苹果安迪》(*Apple Andy*, 1946)

米高梅

◆《疯狂的美国老鼠》(*The Yankee Doodle Mouse*, 1943)：获奥斯卡奖（短片单元-卡通类）。

◆《哑狗警探》(*Dumb-Hounded*, 1943)：杜皮狗的首次亮相。

◆《热辣小红帽》(*Red Hot Riding Hood*, 1943)：这部影片中的那匹狼的反应如此贪婪，以至于审查机构要求对此进行削剪。

◆《老鼠的麻烦》(*Mouse Trouble*, 1944)：获奥斯卡奖（短片单元-卡通类）。

◆《请安静!》(*Quiet Please!* 1945)：获奥斯卡奖（短片单元-卡通类）。

战后（1946～1980）：动画电视片的影响

在战争期间，一些留在美国的动画师参加了罢工运动，这切断了艺术家和工作室之间的许多关系。这些人中的有些人开始组建了新的工作室，如UPA、沙马斯·海恩制作公司（Shamus Culhane Productions），和驰名工作室（Famous Studios），它们在20世纪50年代给动画带来了新的流派和风格。这些独立工作室的作品在此期间获得了多个奥斯卡奖。不幸的是，1959年至1960年的经济衰退导致了许多这些创建了新风候的小型工作室的崩溃。在这个时候，电视开始对动画电影产生影响了。这些新的工作室给我们带来了诸如杜皮狗（Droopy）、翠迪鸟（Jweety）、傻大猫（Sylvester）、哈克与杰克（Heckle and Jeckle）、鬼马小精灵卡斯帕（Casper the Friendly Ghost）和脱线先生（Mr. Magoo）。

迪斯尼公司

◆《南方之歌》(*Song of the South*, 1946)

◆《米奇与魔豆》(*Fun and Fancy Free*, 1947)：在这部影片中的"米奇与魔豆"("Mickey and the Beanstalk")段落，标志着沃尔特·迪士尼将最后一次为米老鼠配音。

◆《伊老师与小蟾蜍大历险》(*The Adventures of Ichabod and Mr. Toad*, 1949)：战争电影的延续。

◆《灰姑娘》(*Cinderella*, 1950)：自从1942年公司制作的《小鹿斑比》以来的首部完整长度的电影。

◆《爱丽丝梦游仙境》(*Alice in Wonderland*, 1951)

◆《嘟嘟，嘘嘘，砰砰和咚咚》(*Toot, Whistle, Plunk, and Boom,* 1953)：获奥斯卡奖（短片单元–卡通类）。

◆《小飞侠》(*Peter Pan,* 1953)：这是所有的"九老人"作为动画指导一起共事的最后一部迪斯尼电影。

◆《小姐与流浪汉》(*Lady and the Tramp,* 1955)

◆《睡美人》(*Sleeping Beauty,* 1959)：迪斯尼的最后一部用手工进行描线的赛璐珞动画电影。

◆《101斑点狗》(*101 Dalmatians,* 1961)：静电复印技术（Xerography）的引进，以其厚重的黑色线条而为人所熟知。

◆《森林王子》(*The Jungle Book,* 1967)：由沃尔特·迪士尼制作的最后一部动画电影；他在制作过程中去世。

◆《小熊维尼与大风吹》(*Winnie the Pooh and the Blustery Day,* 1968)：获奥斯卡奖（短片单元–卡通类）。

◆《做一只鸟很难》(*It's Tough to Be a Bird,* 1969)：获奥斯卡奖（短片单元–卡通类）。

◆《猫儿历险记》(*The Aristocats,* 1970)

◆《罗宾汉》(*Robin Hood,* 1973)

◆《小熊维尼历险记》(*The Many Adventures of Winnie the Pooh,* 1977)

◆《救难小英雄》(*The Rescuers,* 1977)：这部电影是迪斯尼九老人之一的约翰·劳恩斯贝利参与的最后一个项目。

华纳兄弟公司

◆《书中的故事》(*Book Revue,* 1946)：一部在动画师中备受青睐的作品。

◆《小鸟派》(*Tweetie Pie,* 1947)：获奥斯卡奖（短片单元–卡通类）。

◆《月球历险记》(*Haredevil Hare,* 1948)：火星人马文的首次出现。

◆《都是臭味惹的祸》(*For Scent–imental Reasons,* 1949)：获奥斯卡奖（短片单元–卡通类）。

◆《歌剧理发师》(*Rabbit of Seville,* 1950)：动画师中的另一项最爱。

◆《猎兔季节》(*Rabbit Fire,* 1951)：这是猎鸭季节还是猎兔季节呢？

◆《24 1/2世纪的太空英雄鸭》(*Duck Dodgers in the 24 1/2th Century,* 1953)

◆《疯狂鸭子》(*Duck Amuck,* 1953)

◆《飞毛腿冈萨雷斯》(*Speedy Gonzales,* 1955)：获奥斯卡奖（短片单元–卡通类）。

◆《青蛙之夜》(*One Froggy Evening,* 1955)：青蛙没有名字，但在这首歌曲之后，查克·琼斯将他命名为密歇根·J·青蛙。

◆《歌剧是什么》(*What's Opera, Doc?* 1957)：如果你打算观看这张列表中的某些影片的话，那么我们推荐你看看这部。

◆《鸟的烦恼》(*Birds Anonymous*, 1958)：获奥斯卡奖（短片单元-卡通类）。

◆《勇敢骑士兔八哥》(*Knighty Knight Bugs*, 1959)：获奥斯卡奖（短片单元-卡通类）。

◆《奇妙英雄》(*The Incredible Mr. Limpet*, 1964)

◆《猫咪之歌》(*Gay Purr-ee*, 1962)

◆《疯狂兔宝宝》(*The Great American Chase*, 1979)

特里通公司（*Terrytoons*）

◆《弗莱布》(*Flebus*, 1957)

◆《女士们的小骗子》(*Juggler of our Lady*, 1957)

◆《疯狂电视》(*Topsy TV*, 1957)

UPA公司

◆《爵士熊》(*Ragtime Bear*, 1949)："脱线先生"的首次亮相。

◆《杰拉德·麦克波-波》(*Gerald McBoing-Boing*, 1950)：获奥斯卡奖（短片单元-卡通类）。

◆《嘟嘟声》(*Rooty Toot Toot*, 1952)

◆《泄密的心》(*The Tell-Tale Heart*, 1953)

◆《当脱线先生起飞时》(*When Magoo Flew*, 1955)：获奥斯卡奖（短片单元-卡通类）。

◆《脱线先生的小车》(*Mr. Magoo's Puddle Jumper*, 1956)：获奥斯卡奖（短片单元-卡通类）。

◆《一千零一夜》(*1001 Arabian Nights*, 1959)

米高梅公司

◆《猫的协奏曲》(*The Cat Concerto*, 1946)：获奥斯卡奖（短片单元-卡通类）。

◆《巨型金丝雀》(*King-Size Canary*, 1947)

◆《小孤儿》(*The Little Orphan*, 1948)：获奥斯卡奖（短片单元-卡通类）。

◆《两只击剑鼠》(*The Two Mouseketeers*, 1951)：获奥斯卡奖（短片单元-卡通类）。

◆《约翰老鼠》(*Johann Mouse*, 1953)：获奥斯卡奖（短片单元-卡通类）。

◆《幻像天堂》(*The Phantom Tollbooth*, 1970)

华特·兰兹工作室

◆《疯癫糊涂狗狗》（*Crazy Mixed-Up Pup*, 1954）
◆《乖乖睡的传说》（*The Legend of Rockabye Point*, 1955）

哥伦比亚公司（*Columbia*）

◆《哈克狗》（*The Huckleberry Hound Show*, 1958）：作为《哈克狗》中的一个配角，瑜珈熊于1958年推出。
◆《嘿！瑜伽熊》（*Hey There! It's Yogi Bear*, 1964）
◆《召唤摩登石头人》（*The Man Called Flintstone*, 1965）

联美电影公司（*United Artists*）

◆《黄色潜水艇》（*The Yellow Submarine*, 1968）：其风格与迪斯尼形成了对比，其中蓝色妖精（Blue Meanies）戴着米老鼠形状的耳朵。
◆《粉红色的芬克》（*The Pink Phink*, 1964）：获奥斯卡奖（短片单元-卡通类）。

日本动画

◆《西游记》（*Alakazam the Great*, 1960）
◆《魔法男孩》（*Magic Boy*, 1961）
◆《辛巴达历险记》（*Adventures of Sinbad*, 1962）
◆《顽皮王子战大蛇》（*Little Prince and Eight Headed Dragon*, 1964）
◆《格列佛的宇宙旅行》（*Gulliver's Travels Beyond the Moon*, 1966）
◆《胡桃夹子的幻想》（*Nutcracker Fantasy*, 1979）

Rankin-Bass公司

◆《古斯妈妈的荒诞世界》（*Wacky World of Mother Goose*, 1967）
◆《怪兽大聚会》（*Mad Monster Party?* 1969）

拉尔夫·巴克什工作室（*Ralph Bakshi*）

◆《怪猫菲力兹》（*Fritz the Cat*, 1972）：第一部X级的卡通片。
◆《交通繁忙》（*Heavy Traffic*, 1973）
◆《九命怪猫菲力兹》（*Nine Lives of Fritz the Cat*, 1974）
◆《浣熊皮》（*Coonskin*, 1975）
◆《美国流行乐》（*American Pop*, 1981）

福克斯公司（*Fox*）

◆《破烂娃娃安和安迪：音乐历险记》（*Raggedy Ann and Andy: A Musical*

Adventure, 1977）
◆《巫师的战争》（*Wizards*, 1977）

派拉蒙公司（*Paramount*）

◆《赫伯·阿尔帕特和蒂乔纳·布拉斯的两重性》（*Herb Alpert and the Tijuana Brass Double Feature*, 1966）：获奥斯卡奖（短片单元–卡通类）。
◆《夏洛特的网》（*Charlotte's Web*, 1973）
◆《史努比的惊险夏令营》（*Race for Your Life, Charlie Brown*, 1977）
◆《史努比留学记》［*Bon Voyage, Charlie Brown (And Don't Come Back!)*, 1980］

其 他

◆《矮个教授与高个先生》（*Professor Small and Mr. Tall*, 1943）
◆《月光鸟》（*Moonbird*, 1959）：获奥斯卡奖（短片单元–卡通类）。
◆《门罗》（*Munro*, 1960）：获奥斯卡奖（短片单元–卡通类）。
◆《代用品》（*Ersatz*, 1961）：获奥斯卡奖（短片单元–卡通类）。
◆《洞》（*The Hole*, 1962）：获奥斯卡奖（短片单元–卡通类）。
◆《盒子》（*The Box*, 1967）：获奥斯卡奖（短片单元–卡通类）。
◆《水管工》（*The Plumber*, 1966）：沙马斯·卡尔汗制作公司。
◆《我的宇航员爸爸》（*My Daddy the Astronaut*, 1967）：沙马斯·卡尔汗制作公司。
◆《小英雄擂台斗智》（*A Boy Named Charlie Brown*, 1969）
◆《对的就总是对的吗？》（*Is it Always Right to Be Right?* 1970）：获奥斯卡奖（短片单元–卡通类）。
◆《嘎喳嘎喳的鸟》（*The Crunch Bird*, 1971）：获奥斯卡奖（短片单元–卡通类）。
◆《聪明狗走天涯》（*Snoopy Come Home*, 1972）
◆《圣诞颂歌》（*A Christmas Carol*, 1972）：获奥斯卡奖（短片单元–卡通类）。
◆《星期一闭馆》（*Closed Mondays*, 1974）：获奥斯卡奖（短片单元–卡通类）。
◆《伟大》（*Great*, 1975）：获奥斯卡奖（短片单元–卡通类）。
◆《沙堡》（*Sand Castle*, 1977）：获奥斯卡奖（短片单元–卡通类）。
◆《指环王》（*The Lord of the Rings*, 1978）
◆《每个孩子》（*Every Child*, 1979）：获奥斯卡奖（短片单元–卡通类）。

动画的第二黄金时代（1981～1995）：一只兔子、美人鱼以及一根尾巴赢回了观众！

直到《谁陷害了兔子罗杰？》于1988年上映，美国动画才开始经历一场复苏。《谁陷害了兔子罗杰？》获得了四项奥斯卡大奖：最佳音效剪辑奖、最佳视觉效果奖、最佳剪辑奖，以及一项颁给理查德·威廉姆斯的特别奖——"动画导演和卡通角色创作奖"。观众又回归到动画电影中来，于是开始了动画的第二个黄金时代。紧跟"兔子罗杰"其后的是《小美人鱼》和《美国鼠谭》（An American Tail，字面意思为"美国的尾巴"，译者注）。动画的繁荣时期已经开始。另外，日本动画也在蓬勃发展着，并在1987年之前进入了美国市场。20世纪90年代期间，一些新的动画公司成立，并努力争取在这个利润丰厚的市场找到立足点，1994年迪斯尼的《狮子王》标志着动画电影的第二繁荣期的顶点，其票房比之前的任何其他动画电影都要高。

沃尔特·迪士尼/试金石制作公司

◆《狐狸与猎狗》（The Fox and the Hound, 1981）：剩下的三位"九老人"为此片工作，而新的一批动画师开始涌现。

◆《纽约的圣代冰淇淋》（Sundae in New York, 1983）：获奥斯卡奖（短片单元-卡通类）。

◆《黑神锅传奇》（The Black Cauldron, 1985）：一部翻船之作。如果你一定要看这部片子的话，可以关注一下本片中那绝妙的CG制作的烟雾。

◆《妙妙探》（The Great Mouse Detective, 1986）：其中的拉提根（Ratigan，片中的大反派）和时钟齿轮的场景都十分令人称道。

◆《勇敢的小面包机》（The Brave Little Toaster, 1987）：乔·兰福特参与了本片的制作，非常值得一看。

◆《奥利弗和同伴》（Oliver and Company, 1988）：如果你喜欢比利·乔（Billy Joel，美国著名歌星，他为本片中的主角配音，译者注）的话，可以看看这部片子。

◆《谁陷害了兔子罗杰？》（Who Framed Roger Rabbit? 1988）：你能想象到的每一个角色都聚集到了一个屏幕上。

◆《小美人鱼》（ The Little Mermaid, 1989）：一部经典童话在迪斯尼获得重生。

◆《救难小英雄澳洲历险记》（The Rescuers Down Under, 1990）

◆《唐老鸭俱乐部之失落的神灯》（DuckTales the Movie: Treasure of the Lost Lamp, 1990）

◆《美女与野兽》（Beauty and the Beast, 1991）：你一定要看看这部电影，如果你还没有看过的话。

◆《阿拉丁》（Aladdin, 1992）：机关枪似的快节奏和片中的精灵是本片的特色。

◆《圣诞夜惊魂》（*The Nightmare Before Christmas*, 1993）

◆《狮子王》（*The Lion King*, 1994）：这部电影为迪斯尼赢得了最高电影票房收入，但从传统上来说，它标志着第二黄金时代的结束。

◆《风中奇缘》（*Pocahontas*, 1995）

◆《高飞狗》（*A Goofy Movie*, 1995）

日本动画

◆《银河铁道999》（*Galaxy Express*, 1981）

◆《天空之城》（*Laputa: Castle in the Sky*, 1989）

◆《阿基拉》（*Akira*, 1989）：一部里程碑性质的电影制作，为日本这个国家的动画电影设置了行业标准。

◆《机器人嘉年华》（*Robot Carnival*, 1991）：这部电影其实是由九个不同的动画/导演团队制作的小故事组成的。

◆《小尼莫》：一个梦乡中的历险（*Little Nemo: Adventures in Slumberland*, 1992）

◆《龙猫》（*My Neighbor Totoro*, 1993）：这部影片在很多层面上都是十分神奇的。它是有史以来最迷人的电影之一。

◆《眼镜蛇》（*Space Adventure Cobra*, 1995）

皮克斯公司（*Pixar*）

◆《顽皮跳跳灯》（*Luxo Jr.*, 1986）：这是皮克斯在它作为一个独立的电影工作室成立之后，所制作的第一部电影。

◆《锡兵》（*Tin Toy*, 1988）：写实主义的人类角色在计算机动画电影中的第一次尝试。本片获奥斯卡奖（短片单元-卡通类）。

◆《玩具总动员》（*Toy Story*, 1995）：可以说，是这部电影启动了传统动画电影的消亡。这一过程只用了几年的时间。

华纳兄弟公司

◆《超级无敌疯狂兔八哥》（*The Looney Looney Looney Bugs Bunny Movie*, 1981）

◆《兔八哥的1001个传说》（*1001 Rabbit Tales*, 1981）

◆《米奇圣诞笑哈哈》（*Twice Upon a Time*, 1983）：第一部由乔治·卢卡斯担任制片的动画电影。

◆《达菲鸭的神奇岛》（*Daffy Duck's Fantastic Island*, 1983）

◆《彩虹仙子》（*Rainbow Brite and the Star Stealer*, 1985）

◆《达菲鸭与兔八哥》（*Daffy Duck's Quackbusters*, 1989）

◆《蝙蝠侠大战幻影人》(*Batman: Mask of the Phantasm*, 1993)：影片的黑暗风格得到了来自动画迷们的尊重。

◆《胡桃夹子王子》(*The Nutcracker Prince*, 1990)：噢，很棒。

福克斯/布鲁斯工作室（Fox /Bluth Studios）

◆《鼠谭秘奇》(*The Secret of NIMH*, 1982)：这是布鲁斯对于他认为迪斯尼动画长片越来越缺乏质量这一看法，交出的一份答卷。

◆《落跑鸡大冒险》(*Rock-a-Doodle*, 1991)

◆《矮精灵历险记》(*A Troll in Central Park*, 1994)

环球公司（Universal）

◆《鬼马小精灵》(*Casper*, 1995)：首次采用计算机生成的角色在一部真人电影中担任主角。

◆《小狗波图》(*Balto*, 1995)：直到2006年，环球电影公司才发行了下一部动画电影《好奇的乔治》(*Curious George*)。

联美电影公司

◆《古惑狗天师》(*All Dogs Go to Heaven*, 1989)：尽管《小美人鱼》严重影响了它的票房，你仍然应该看看这部影片。

◆《美国鼠谭》(*An American Tail*, 1986)：它是当时在首轮上映中获得最高票房的非迪斯尼动画片。

◆《美国鼠谭：西部历险记》(*An American Tail: Fievel Goes West*, 1991)

其 他

◆《重金属》(*Heavy Metal*, 1981)：血腥暴力、裸体和性。那些孩子们还能想要什么？

◆《最后的独角兽》(*The Last Unicorn*, 1982)：这是一部美国电影，但其工作被外包给日本公司Topcraft，而这家公司最终成为了吉卜力工作室。

◆《太空飞鼠大战宇宙魔王》(*Mighty Mouse in the Great Space Chase*, 1982)

◆《嗨，美女》(*Hey Good Lookin'*, 1982)：片中的械斗场面值得你为它花的碟片租金。

◆《惊异传奇：第二部（家庭犬）》[*Amazing Stories: Book Two (Family Dog)*, 1992]：蒂姆·波顿的设计、布拉德·伯德的剧本和斯皮尔伯格的制片这一组合使得这部影片成了赢家，而我们也好像片中那只狗一样。

◆《猫和老鼠大电影》(*Tom and Jerry: The Movie*, 1993)：第一部以汤姆和杰瑞担任主角的长片。不要把它与米高梅经典的40年代和50年代的卡通混淆。

◆《摇椅》(*Crac*, 1981)：获奥斯卡奖(短片单元-卡通类)。

◆《安娜和贝拉》(*Anna & Bella*, 1985)：获奥斯卡奖(短片单元-卡通类)。

◆《植树的人》(*The Man Who Planted Trees*, 1987)：获奥斯卡奖(短片单元-卡通类)。

◆《平衡》(*Balance*, 1989)：获奥斯卡奖(短片单元-卡通类)。

◆《摇滚与规则》(*Rock & Rule*, 1985)：它是Nelvana公司的第一部动画电影长片，也是Nelvana的最后一部动画长片。

◆《当风吹起的时候》(*When the Wind Blows*, 1988)

◆《火与冰》(*Fire and Ice* 1983)：弗兰克·弗雷泽塔设计制作了这部影片。

◆《小偷与鞋匠》(*The Thief and the Cobbler*, 1995)：理查德·威廉姆斯耗费了23年的得意之作；每个人都在等待对这一项目的原始修复。片中的战争机器场景是值得等待的。

动画的数字时代（1996 ~ ？ ）

1995年带来了第一部电脑动画制作的电影长片《玩具总动员》，而动画数字时代的兴起是显而易见的。2004年唯一一部传统动画电影《牧场是我家》的国内票房共5000万美元，而同年的3部电脑动画制作——《怪物史莱克2》、《超人总动员》和《极地特快》——在国内赚到了超过8亿美元。随着日本动画的主流的普及、星期六早上的卡通片(特别是那些传统动画)的衰落、以及Nickelodeon电视频道和卡通频道节目的兴起——那里也同样是一些电脑动画，无论是CG还是Flash——CG动画的繁荣将持续上升。2005年，迪斯尼关闭了所有的手绘传统动画的机构，并为他们的电影长片集中力量制作电脑动画。看来，传统手绘电影的确是过去的事物了，至少在好莱坞是这样的。但从迪斯尼收购皮克斯这样的事件来看，谁也不知道今后会发生些什么。

沃尔特·迪斯尼制片公司

◆《钟楼怪人》(*The Hunchback of Notre Dame*, 1996)：詹姆斯·巴克斯特的工作令人惊叹。

◆《詹姆斯和巨桃》(*James and the Giant Peach*, 1996)

◆《大力神》(*Hercules*, 1997)：菲尔和哈迪斯(Hades)，请向他们学习！对于为这些角色制作动画的人员，应予以崇高敬意！

◆《花木兰》(*Mulan*, 1998)：花木兰是一位有着神奇经历的女性将领。还有一只总是惹麻烦的"木须龙"(Mushu)。

◆《泰山》(*Tarzan*, 1999)：观赏"泰山"在藤蔓之间冲浪！观赏罗丝·奥多娜像人猿那样去表演。

◆《幻想曲2000》(*Fantasia 2000*, 1999)

◆《变身国王》(*The Emperor's New Groove*, 2000)

◆《星际宝贝》(*Lilo & Stitch*, 2002)：我可以搞破坏吗？（片中为外星小怪物Stitch 的语言：Kata Bakka Dooka?意为May I be destructive?译者注）

◆《小马王》(*Spirit: Stallion of the Cimarron*, 2002)：巴克斯特的又一部出色的动画。

◆《熊兄弟》(*Brother Bear*, 2003)

◆《四眼天鸡》(*Chicken Little*, 2005)：自《恐龙》之后，迪斯尼尝试的第一部CG长片。

皮克斯公司

◆《棋逢敌手》(*Geri's Game*, 1997)

◆《昆虫总动员》(*A Bug's Life*, 1998)

◆《玩具总动员2》(*Toy Story 2*, 1999)：两个"巴斯光年"(Buzz Lightyear)在同一个场景中用不同的方式进行互动；这是个有趣的想法。

◆《怪物电力公司》(*Monsters, Inc.*, 2001)：主角有着蓝色毛皮，大量的蓝色毛皮。

◆《鸟! 鸟! 鸟! 》(*For the Birds*, 2001)

◆《海底总动员》(*Finding Nemo*, 2003)：获奥斯卡奖（最佳动画长片奖）。杰出的鱼类动画，超越其他的鱼类电影。

◆《超人总动员》(*The Incredibles*, 2004)：获奥斯卡奖（最佳动画长片奖）。皮克斯和布拉德·伯德用此片大幅度地提高了这一行业的标准。

福克斯/布鲁斯/蓝天工作室 (*Fox /Bluth/Blue Sky*)

◆《真假公主》(*Anastasia*, 1997)

◆《大雄兔》(*Bunny*, 1998)

◆《冰河世纪》(*Ice Age*, 2002)：卓越的娱乐片。"斯科莱特"是其中的佼佼者。

◆《机器人》(*Robots*, 2005)

索尼影业公司 (*Sony Pictures*)

◆《精灵鼠小弟》(*Stuart Little*, 1999)：继《鬼马小精灵》之后，第二部用

CG角色担任主角与真人实拍相结合的电影。
- ◆《最终幻想》(*Final Fantasy*, 2001):用CG制作了出色的毛发和光效。
- ◆《精灵鼠小弟2》(*Stuart Little 2*, 2002)
- ◆《钢牙小鸡兵团》(*The ChubbChubbs!* 2002)

梦工厂/PDI动画公司

- ◆《蚁哥正传》(*Antz*,1998)
- ◆《小鸡快跑》(*Chicken Run*, 2000):非常有趣的故事。来自制作《超级无敌掌门狗》的团队的作品。
- ◆《怪物史莱克》(*Shrek*, 2001):获奥斯卡奖(最佳动画长片奖)。梦工厂的一次巨大的成功。传闻他们把整个工作室都涂成了绿色,这不是没有依据的。
- ◆《怪物史莱克2》(*Shrek 2*, 2004):工作室现在要被涂成绿色了。
- ◆《马达加斯加》(*Madagascar*, 2005):疯狂、混乱和强烈的动画风格。与之相比,即使《阿拉丁》也显得节奏慢了。
- ◆《超级无敌掌门狗:人兔的诅咒》(*Wallace & Gromit in the Curse of the Were-Rabbit*, 2005):获奥斯卡奖(最佳动画长片奖)。

日本动画

- ◆《攻壳机动队》(*Ghost in the Shell*, 1996):这是一部关于人究竟是什么的伟大的电影,并提出了一个问题:你的人性可以被删除/更换多少部分,而剩下的你仍然是一个人类。除此之外,它还有很炫的打斗场面。
- ◆《天地无用之相爱》(*Tenchi Muyo in Love*, 1996)
- ◆《幽灵公主》(*Princess Mononoke*, 1997):来自宫崎骏大师的一部更顶级的作品。
- ◆《宠物小精灵之剧场版》(*Pokemon: The Movie*, 2000)
- ◆《千与千寻》(*Spirited Away*, 2001):获奥斯卡奖(最佳动画长片奖)。有趣的是,传统的手绘电影仍然可以在这个CG时代赢得奥斯卡奖。
- ◆《宠物小精灵剧场版:水都守护神》(*Pokemon Heroes*, 2003)
- ◆《星际牛仔之剧场版》(*Cowboy Bebop: The Movie*, 2003)
- ◆《攻壳机动队2:无罪》(*Ghost in the Shell 2: Innocence*, 2004):伟大的影片,尽管并未得到足够的赞赏。这是上一部的续集,触及更多的关于人类状况的内容。
- ◆《蒸汽男孩》(*Steamboy*, 2005)
- ◆《哈尔的移动城堡》(*Howl's Moving Castle*, 2005):获奥斯卡奖(最佳动画长片奖)。(应为获提名,最终未获奖,此处可能是作者笔误。译者注)

阿德曼工作室（*Aardman*）

◆《动物物语》（*Creature Comforts*, 1990）：棒极了。

◆《引鹅入室》（*The Wrong Trousers*, 1993）：棒极了。

◆《剃刀边缘》（*A Close Shave*, 1995）：棒极了。

华纳兄弟/派拉蒙公司

◆《空中大灌篮》（*Space Jam*, 1996）

◆《猫不跳舞》（*Cats Don't Dance*, 1997）

◆《寻找卡米洛城》（*Quest for Camelot*, 1998）

◆《淘气小兵兵》（*The Rugrats Movie*, 1998）

◆《钢铁巨人》（*The Iron Giant*, 1999）：建议每个人都去观看。

◆《南方公园电影版：南方四贱客》（*South Park: Bigger, Longer & Uncut*, 1999）：如果你真的很喜欢骂人和粗话，那么这是给你准备的。

◆《天才小子吉米》（*Jimmy Neutron*, 2001）：这里没有骂人或粗话。

◆《终极细胞战》（*Osmosis Jones*, 2001）

◆《华纳巨星总动员》（*Looney Tunes: Back in Action*, 2003）：不太知道该在这里说什么。

◆《极地特快》（*The Polar Express*, 2004）

◆《海绵宝宝电影版》（*The SpongeBob SquarePants Movie*, 2004）

◆《僵尸新娘》（*Corpse Bride*, 2005）

其　他

◆《瘪四与大头蛋》（*Beavis and Butt-Head Do America*, 1996）：骂人和粗话……的模式出现了吗？

◆《天鹅公主2：城堡的秘密》（*Swan Princess II: Escape from Castle Mountain*, 1997）

◆《我嫁了一个怪物!》（*I Married a Strange Person*, 1998）

◆《蔬菜电影》（*Jonah: A Veggie Tales Movie*, 2002）

◆《疯狂约会美丽都》（*The Triplets of Belleville*, 2003）：整部影片中没有对话。证明了希区柯克的一句关于应该将对话作为最后的手段大规模地使用的格言。它是多年来第一部独立制作的传统动画电影。

◆《盖娜》（*Kaena: The Prophecy*, 2004）

◆《睡魔》（*The Sandman*, 1992）

◆《老人与海》（*The Old Man and the Sea*, 1999）

◆《父与女》(*Father and Daughter, 2000*)
◆《哈维·克拉姆派特》(*Harvie Krumpet, 2002*)
◆《月亮和儿子》(*The Moon and the Son: An Imagined Conversation,* 2005)

未 来

动画的下一步会怎么走？由于电影的制片方们希望有更大的利润率，这会导致这一媒介追求大批量的生产而失去其艺术性。动画制作移至海外是未来趋势的一部分。在美国，总是会有那么少数几个工作室，他们为自己设置最高的标准，仍然将艺术性看得高于票房利润，但是随着时间的推移，这样的工作室将变得越来越少，而且越来越精英化。我们只能希望观众能够拒绝那些在海外制作的只用了一半预算的作品，因为它们缺乏坚实的故事和艺术水准，但是如果以电视节目市场作例子的话，那么你还是收拾行李准备离开吧。

我们认为，如果你继续熟练掌握你的手艺，那么和那些没有你这种惊人的才能的海外人员相比，你会成为某种更有价值的"商品"。那些涉及研究开发、故事、前期制作和后期制作的各个工种，被认为是最有可能不会被外包的工作，如故事板、角色设计、剪辑和各种具创造性的工作。我们鼓励你尽你所能地去了解一切关于动画和电影的东西。最后，你能拥有的唯一真正的安全保证就是你自己的艺术能力。每天都努力地去学习，并去迎接那些即将到来的新的工具。这就是未来，你的未来。

附录C
动画笑话园地

导演或是艺术总监把你带到一边，因为他对你的场景有一些非常重要的艺术指导，他说（是的，这些都是真实的意见，我们不可能捏造此事）……

◆ "别让这个镜头那么像——蝾螈。"
◆ "我需要你将它变得锐利，然后再让它光滑。"
◆ "你能不能让它比现在更酷百分之十？"
◆ "它需要减少百分之十的滑稽。"

使用Strip Generator软件制作的漫画 http://www.stripgenerator.com

◆ "我们不需要对预感有描述性的感觉。"
◆ "我需要它不那么像动画。"
◆ "我们担心的是作品呢，还是担心着制作电影呢？"

客户来了

使用Strip Generator软件制作的漫画 http://www.stripgenerator.com

◆ "你必须从这个场景中拿走85%的活力。"
  回答："嗯……好的，但活力都在对话中。"
  "那么，如果是在对话中，那么你不需要它在角色中表现出来。"
◆ "让它更蓝一些，因为蓝色会更神秘。"
◆ "你正准备给它添加口型同步，是不是？"
◆ "好的……那么，这并不够完全恶心。"
◆ "让它更像《星球大战》一些！"

你做完了吗？

使用Strip Generator软件制作的漫画 http://www.stripgenerator.com

◆ "我不确定我想要的是什么，但它肯定不是。"

◆ "我不能评价现在的动画；这是错误的颜色。"

◆ "它应该更嘭、嘭、嘭，而不是呜隆隆、呜隆隆、呜隆隆。"

◆ "修正它，否则当美国宇航局（NASA）看到它时，他们会取笑我们的。"

◆ "你能不能让这一切都……不那么生气勃勃？"

只需去做它

使用Strip Generator软件制作的漫画 http://www.stripgenerator.com

◆ "如果你安排了某个足够长的东西，你应该打破它。"

◆ "我喜欢耳朵上的力度变化。"
  回答："这部分力度还没有来得及加上去。"
  "哦……那么我想我们必须改变它。"

它的第16个版本

使用Strip Generator软件制作的漫画 http://www.stripgenerator.com

- ◆ "你的曲线上有太多的关键帧。删除掉一些，改变这种混乱局面。"
- ◆ "你能让这一帧的一半变得朝南边吗？"
- ◆ "你为什么要让它的身体不断前进？我只是希望他抬起他的腿。"
- ◆ "无需思考；只需照我说的去做。"

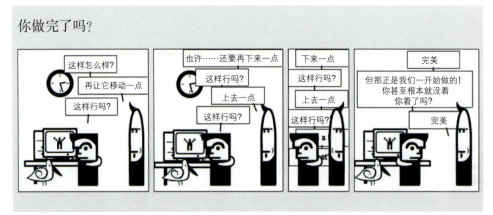

使用Strip Generator软件制作的漫画 http://www.stripgenerator.com

- ◆ "我希望它听起来就像没有任何东西通过真空。"
- ◆ "更多镜头光晕特效。镜头光晕使它看起来更真实。"
- ◆ "我知道导演是这么说的，但我在想……"
- ◆ "给我看有趣的东西！"
- ◆ "我知道你想让它看起来不错，但我希望它不但看起来不错，而且能被予以通过。"

使用Strip Generator软件制作的漫画 http://www.stripgenerator.com

- ◆ "让这里的动画更eeeeek一点。你知道eeeeek吗？"
- ◆ "让它更华丽。"
- ◆ "让它多于35帧，而少于36帧；搞定！"
- ◆ "相信我；我知道什么是有趣，但这幅画面没有让我发笑。"
- ◆ "你能不能给我更多的ERRRRRR！？"
- ◆ "你能将那只蹄子仅仅旋转3度吗？"
- ◆ "取出一帧，它就没问题了……"

附录D
动画原理

这里是动画的12条原理，由弗兰克·托马斯和奥利·约翰斯顿在他们的著作《生活的幻想：迪斯尼动画》中定义（由娜塔哈·莱特富特阐述）。这些资料是由弗兰克·托马斯和奥利·约翰斯顿的网站提供的：
http://www.frankanollie.com/PhysicalAnimation.html.

挤压（Squash）和拉伸（Stretch）

这一动作使角色在运动时，赋予它重量感和体积感。此外，挤压和拉伸对于动画中的对话和制作面部表情是很有用的。挤压和拉伸的使用幅度取决于制作动画时这一场景的需要。通常，它在动画短片中运用得更为广泛，而在长片中运用得较为微妙。它被运用在所有形式的角色动画中，从一个弹跳的球，到一个人行走时的身体重量的表现。这是你需要掌握的并将经常使用的最重要的元素。

预备（Anticipation）

这一动作提醒观众为一个角色即将执行的重要动作作出准备，诸如开始跑、跳或改变表情。一名舞者并不只是简单地跳离地板。一个向后的动作会发生在一个向前的动作执行之前。这个向后的动作便是预备动作。在一系列使用了预备动作的噱头之后，可以通过一次不使用预备动作而得到一个成功的喜剧效果。几乎所有的真实动作都有或大或小的预备，如棒球投手向上挥杆时身体的扭转，或是一个高尔夫球手击球前的向后摆臂动作。

分步（Staging）

一个关键姿势或动作应该清楚地将角色的态度、情绪、反应或想法传达给观众，因为它涉及到故事情节的连续性。对长镜头、中景或者特写镜头的有效利用，和摄影机角度一样，都对讲故事有很大帮助。一部电影有着时间上的限制，所以每组镜头、每场戏以及影片中的每一帧都必须与整体故事相联系。不要一次用过多的动作把观众弄迷糊。使用一个清楚表达的动作来让一个念头被理解，除非你制作动画的这场戏本来就是描写杂乱和混淆的。分步将引导观众对于你所讲述的故事或概念的注意力。在进行背景设计时必须特别小心，以防止它对动画部分造成干扰，或由于动画后面过度的细节而喧宾夺主。在一个场景中，背景和动画应作为一套图像单位而互相匹配。

直接动画法（Straight-Ahead）和关键张动画法（Pose-to-Pose）的两种动画画法

直接动画法（或译"逐张动画法"。译者注）的动画以第一张画面开始，并一张接一张地画下去直到一个场景结束。使用这种方法，你可能会弄错大小、数量和比例，但它确实有其自发性和时效性。快速、疯狂的动作场面通常这样做。而关键张画法更具计划性，并使用时间表标出整个场景中的关键画面之间的时间间隔。用这种方式，尺寸、体积和比例可以得到更好的控制，得到你想要的动作。原画师会将时间表和原画张交给他的助手。如果有一名动画助理的话，这种方法便可以被使用得更好，这使原画师不需要画出一个场景中每一张画面。使用这种方法，一名动画师可以画出更多的场景，并把精力集中在动画设计上。对于动画的这两种方法，许多场景都会同时使用。

跟随动作（Follow-Through）与重叠动作（Overlapping Action）

当角色的主体停止时，所有其他部分继续运动以赶上角色的主要部分，诸如武器、长头发、衣服、上衣后摆、衣裙、软耳朵，或长尾巴（这些部分跟随着动作的路径）。所有的物体不会一下子全都停止。这便是跟随动作。重叠动作是当角色改变方向时，而他的衣服、头发仍继续前进。角色将会在一个新的方向上运动，而他的衣服将会在许多帧之后才能转变到这个新方向上。动画中有"拖曳"（Drag）动作，例如，当高飞开始奔跑时，他的脑袋、耳朵、上身和衣服并没有与他的腿同步移动。在动画长片中，这种动作被完成得更为精细。例如：当白雪公主开始跳舞时，她的衣服并没有立即开始与她一起移动，而是在几帧过后才赶上来。长发和动物的尾巴也应以同样的方式进行处理。时间控制成为拖曳和重叠动作的最终效果的关键要素。

慢入（Slow-In）和慢出（Slow-Out）

随着动作的开始，你在初始关键帧处应加较多的动画，而动作的中间只需一张或两张，而在下一张关键姿势处也应加较多的动画。较少的画张使动作更快，而较多的画张使动作更慢。慢入和慢出能够软化动作，使其更加逼真。而对于一个搞笑的动作，我们可以忽略一些慢入或慢出，为了表现某种让人惊讶或引起人们注意力的元素。这将给场景中增添更多的突然性。

动作弧线（Arcs）

所有的动作，除了少数例外（如一个机械装置的动画），都遵循着一条弧形或略圆的动作路径。其中人类角色和动物的动作尤其如此。弧线赋予动画更加自然的动作和更好的流动感。将自然界中的动作理解为钟摆的摆动动作。所有的手臂运动、头部转动甚至眼睛的运动都在弧线路径上完成。

第二动作（Secondary Action）

这一动作补充并丰富了主要动作，并给角色动画增加了更多层次，补充或加强了主要动作。例如：一个角色正愤怒地走向另一个角色。此时的步伐是有力的、具侵略性的。腿部的动作只是一个跺脚式的走路。第二动作则是胳膊与走路相配合的强有力的几个姿态。此外，还有可能在表达对话的同时，利用头部的倾斜和转向来强调走路和对话，但还不足以分散对走路动作的注意力。所有这些动作应该互相配合并互相支撑。把走路动作当做主要动作，将手臂的摆动、头部的弹性和所有其他身体的动作作为次要和辅助性的动作。

时间控制（Timing）

时间控制中的专业知识最好和实践经验及个人试验相结合，在提炼技术时需使用屡败屡战的方法。基本原理如下：原画和原画之间的较多的画张能够使动作更加缓慢和平滑。较少的画张则使动作更加快速和干脆。在一个场景中，不同的或慢或快的时间控制给动作增添了各种质地和趣味性。大多数动画使用了"一拍二"（一张画面在电影中拍摄两帧）或"一拍一"（一张画面在电影中拍摄一帧）。大多数时间，使用的是"一拍二"，而"一拍一"使用于摄影机的移动中，诸如推拉、平移以及偶尔微妙而快速的对话动画。此外，当一个角色采取动作来建立情绪、情感以及对另一个角色或一个情境作出反应时，时间控制也能够发挥作用。学习舞台上和电影中的演员和表演者的运动对于制作人类或动物角色的动画是非常有用的。对于电影胶片的逐帧的检查，将有助于你理解动画中的时间控制。这是一个用来向别人学习的极好的方法。

夸张（Exaggeration）

夸张并非总是拉伸到极端的扭曲，或是极端的拉宽，或是暴力的动作。它就像面部特征、表情、姿势、态度和动作的漫画手法。动作如果完全遵循真人实拍动作，可以制作得非常精准，但也会显得僵硬和机械。在动画影片中，角色的动作幅度必须加大，这样看起来才会更加自然。在面部表情中同样如此，但此时的动作不应该像卡通短片风格中的动作幅度那样大。走路、眼睛的运动甚至是头部转动中夸张的运用，都会给你的影片带来更多的吸引力。但需要你使用良好的品味和保持合乎常理，以防止变得过分地戏剧化和极端地动画化。

坚实的绘画（Solid Drawing）

绘画的基本原则——形式、重量、坚实的体积感，以及三维空间的幻觉——和画学院派绘画时一样，也适用于动画。你在画传统意义上的漫画时，使用了铅笔素描和图纸来再现生命力。你将这些转换为颜色和运动，赋予角色三维和四维的生命。三维是空间中的运动。第四维是时间中的运动。

吸引力（Appeal）

　　一名真人表演者应具有魅力。而一个动画角色应具备吸引力。吸引人的动画并不仅仅意味着是可爱的和讨人喜欢的。所有角色都必须有吸引力，不论他是英雄还是流氓，是滑稽的还是可爱的。吸引力，当你使用它时，包括一个易于理解的设计，清晰的画面，和性格的成长，都将捕获并影响观众的兴趣。早期的卡通片基本上是一系列的笑话串成一个主题。多年来，艺术家们了解到，生产一部电影，需要有故事的连续性和角色的成长，以及贯穿在整个生产过程中的一个较高艺术水准。就像讲故事的任何一种形式那样，电影在吸引观众的眼球的同时，还必须能吸引观众的头脑。

附录E
角色动画术语

180度法则（180 Degree Rule）：180度法则是一条相对于摄影机来讲，有关分步或角色或演员的动作设计的规则。在简单的情况下，想象两个角色在一个镜头中彼此面对面，有一根轴线连接着角色A到角色B。摄影机可以在这条路线的任意一边，但要保持连续性，不应该越过轴线。这就是所谓的180度法则，因为这条轴线为摄影机创造了180度的自由度，但摄影机不能在角色周围的360度范围内移动。从镜头的角度来看，如果角色A在屏幕的左侧，角色B在屏幕的右侧，而此时摄影机越轴的话，这两个角色看起来就似乎交换了位置，从而导致观众产生迷惑。通常情况下，一个镜头或一组镜头中所有的摄影机应该停留在轴线的同一侧。如果一个新的角色进入或离开镜头，此时可能会有一个新的180度法则轴线被创建和使用。

表演（Acting）：动画就是表演。始终牢记这一点。你的角色的动机和情感状态是什么？这些信息都应该显示在你的表演中。如果这些角色只是简单地在场景中移动，而没有表现出任何目的性或个性的话，这个镜头中的故事就不能被表达清楚。学会总是问为什么。每一个动作都应该有一个目的。随心所欲的动作很难有助于一个角色的表演。在表演中，对比也同样是一项重要的元素。同一个角色，如果使用对比鲜明的时间控制来制作动画的话，可能意味着完全不同的个性和动机。

动态分镜（Animatic）：另见"故事板"（Storyboard）。有时候，故事板中的画面根据其对应的音频来确定时间，于是每幅画面被记录为适当的时长。这就产生了一种在关键点上有着硬性剪辑的"伪动画"（Pseudo-Animation）。这就是所谓的动态分镜。它也被称做为莱卡带（Leica Reel，最早的术语）、原画带（Pose Reel），或者更常见的，故事带（Story Reel）。

动画的一拍一/一拍二（Animating on 1s/2s）：另见"帧/秒"（Frames Per Second），即FPS。基本上，一拍一和一拍二，是指一幅画面在被拍摄时将停留多长时间。（这是一则传统动画术语。）例如，电影是每秒24格。如果每一帧都有一幅新的画面（即每秒24张），那么它便是被拍摄或被制作成为一拍一的动画。然而，人们可以只画12帧的动画，并且将每张画面拍摄两帧。这便是用一拍二来制作动画。其结果是，在大多数情况下，这两者是让观众难以识别的。

然而，一些快节奏的动作或其中包含平移背景的动作，通常需要用一拍一来制作动画。

动画（Animation）：生命和运动的幻觉通常是通过序列图像的快速连续播放而产生的。

动画赛璐珞片（Animation Gels）：单独的角色（或需要制作动画的道具）画在透明的赛璐珞片上，再与其他赛璐珞片和一幅背景放在一起，按照一定的方案进行拍摄，并最终产生出影片中一幅单帧的完整图像。

弧线（Arcs）：在自然界中，由于人类和其他生物的生理结构，几乎所有的动作在发生时都遵循着一条弧线轨迹。在创建动画时，应该设法让动作遵循一条曲线式路径而不是直线式路径。这将有助于消除早期CG动画中的那种随处可见的机器人外观。

预备（Anticipation）：另见跟随动作（Follow-Through）。动画中的动作通常分三个阶段发生：动作的准备，实际的动作，最后是动作中的跟随。第一部分被称做为预备。在某些情况下，预备是身体的需要。例如，在你能够把球扔出去之前，你必须首先将胳膊向后摆动。这个向后的动作便是预备；扔本身是动作主体。此外，预备被用来引导观众来为随后的动作作好心理准备。一般来说，较快的动作需要一个较大幅度的预备动作。

吸引力（Appeal）：吸引力意味着被人喜欢看到的任何事物。它可以是魅力、设计构思、简洁、交流或魅力等等。吸引力可以通过正确地利用其他原则，如设计中的夸张、避免孪生动作等而获得。人们应该尽量避免薄弱或笨拙的设计、形状和运动。

背景画面（Background Paintings）：背景画面指的是一幅描绘了角色所处环境的绘画或其他艺术作品。首先，背景设计师制作出小幅的色彩草图，被称做为背景图例（Key Background），它的创作是为了建立起配色方案和气氛。这些图例充当模板供其他背景艺术家作为参照。背景图例，也被称为初步背景。从影片中被弃用或删剪的背景被称为N.G.背景。虽然一个场景中往往需要数百张的动画图纸和赛璐珞胶片，但通常只有一张背景。将一张赛璐珞胶片和来自同一场景的背景合成在一起的一套方案，常常被错误地称做为关键背景方案（Key Background Setup），但更准确的表述应是匹配背景方案（Matching Background Setup）。

舞台调度（Blocking）：这条术语来源于传统戏剧，意思是找出演员将位于剧本中所指定的舞台上的什么位置。对于电脑动画而言，其定义基本相同。通常舞台调度指的是一种非常粗略的动画步骤，即用一套基本的关键姿势和时间控制来展现场景中的角色，以获得一种这个镜头即将呈现出的外观感受。

它可以非常非常地粗糙，比如是一些简单体块形状的四处移动，也可以是更详细的有着真实的关键姿势的动作，依据它可以用来完成更完善的动画。而Blocking这个词也可以被定义为：一名动画师在其工作被另一名动画师严厉地批评之后，他或她用来保护自己的行为。

动画的第三种方法，不同于直接动画法或关键张画法。这种方法（往往运用在CG中）将你的角色包括其整体关键姿势、时间排布和动作轨迹的初步建立作为"调度"阶段。在这些概括性的问题得到完善和审批之后，细节才被添加进去。这类似于（有时候）绘画中常常被首选的方法，其中整体结构和颜色先被较抽象地建立起来，然后用越来越小的笔刷让细节越来越完善，使画面形象作为一个整体，其各个局部慢慢地同时进行，而不是先完成画面的一个局部，再进行到下一个局部。这种调度/提炼的方法特别在CG中是非常可取的，这使得在对数量巨大的关键帧作出细微调整之前，概括的时间排布就可以得到充分的完善。

赛璐珞片（Gels）：一种透明的塑料薄片，被绘制上角色形象，再被放置于一张背景图像前，通过连续拍摄，在最终完成的影片中赋予其动作的幻觉。图像的轮廓，无论是通过手工描线还是静电复印技术，都被绘制于赛璐珞片的正面。而颜色被手工填色于赛璐珞胶片的背面，以消除笔触痕迹。

角色造型表（Character Model Sheets）：标准化的角色、表情、道具和服装的透视图。角色设计由概念艺术家或原画师创作出来，一旦它们获得审批，被称做造型表的图片复印件将被制作出来并分发给各个不同部门，以确保所有在同一个项目中工作的艺术家们的草图保持绝对的统一。数以百计的图片复印件是由一张拼贴图复印成的，包括被粘贴到同一张版面上的各种剪切下的画面。有时候，动画师会建立他们自己的造型表，其素材来源于他们自己的或其他艺术家们的绘画。

誊清（Cleanup）：根据原始的动画草稿绘制的描摹图，往往更为详细，而且比它们之前的图纸更为完善。它们由辅助部门制作完成，这些整洁的图纸代表了动画在其图像经由手工描线或通过静电复印技术被描摹到赛璐珞胶片上之前的最后阶段。这些草图通常包括：彩色的线条，以标示不同的墨水颜色；彩色标记，告诉上色人员哪些区域应涂什么颜色；以及一些标注，告诉描线和上色部门，角色的哪些局部需要与其他角色或背景元素进行对位处理。

颜色模板胶片（Color Model Gels）：由描线和上色部门制作的一张赛璐珞胶片，提供给描线人员和上色人员作为他们工作中应遵循的一个范例。颜色模板应该是呈现在胶片上的精确的赛璐胶片珞复印件，否则它们可能只是测试模板，用来探讨各种不同的描线技术或颜色方案。虽然许多收藏家认为颜色模板不如正式拍摄时的赛璐珞胶片那么有收藏价值，但事实并非总是如此。由于颜色模板胶片被描线人员和上色人员作为范例来遵循，因此须特别慎重仔细地对待而让它们绝无瑕疵。而摄影机底下的那些赛璐珞片，却会由于是在工作量最繁忙的时候被修改或矫正得过于迅速而偶尔出现问题。

构图（Composition）：另见"调度"（Staging）和"轮廓"（Silhouette）。动画的构图，就像一幅绘画的构图，需要一个正空间（你的主题）与负空间（你的背景）的有趣的组合，并为你的观众提供一个明确的焦点，以"发现"画面内的情节。作为一般规则来讲，构图中的对称是一个禁忌。打破平衡会显得更加有趣。

概念艺术（Concept Art）：受灵感启发的一些草图或绘画，用来建立画面布局、颜色选择或某组特定镜头的气氛。它们可以被呈现于各种广泛的媒介当中，从粉彩、石墨到水彩和电脑生成的图像。

切（Cut）：从一个场面（Scene）到另一个场面的一个干净、突然的转换。

样片（Dailies）：已被显影和快速洗印的动画或影片片段。许多CG公司会高速地渲染出一组镜头，然后在第二天早上的"样片"会议上讨论所需要的改动。

细节（Details）：有时，一部好的动画和一部伟大的动画之间的差异就在于它是否有效地注重了细节。你永远都无法知道观众的眼睛会在哪里徘徊。正是由于镜头的主要焦点集中在角色的脸上，所以别忘了脚趾的动画。细节——例如当脚击打地面时大腿肌肉的抖动——能够使表演更加地逼真自然，还能帮助叙事。引入一些真实自然的瑕疵也将给你的镜头添加可信度。但是要注意，通常不宜使用过多的细节而扰乱了动作本身。密切注意一些技术故障如几何交叉和"拉伸"（IK "pops"）。素材的真实性也是一项需要考虑的重要细节。挤压和拉伸一个僵硬的对象时是否适当，如一块石头？一些动画师出于审美的考虑会选择这么做。而另一些人则倾向于遵循物理学中的现实规律。不要试图使用过于精细的建模、光效、纹理贴图和粒子效果来掩盖动画中的错误。这是"注意细节"这一概念中的不良倾向。

慢入/慢出（Ease-In/Ease-Out）：这个术语是关于两张关键帧之间的物体的定位的。在大多数电脑软件中，你可以调整一个物体进入或离开一张关键帧的速度。当一个对象即将进入时让它逐渐减速（慢入），或者当它离开时让它逐渐加速（慢出），通过这种方法你可以使一个动作更加柔和。例如，当一个球弹跳时，它在上升到其路径顶部的过程中会逐渐停止（慢入），然后在其冲向地面时会逐渐加快（慢出）。显然，动作越慢画面的数量就会越庞大。当球耗尽了垂直方向上的能量时，其动作减慢，此处就需要对此关键帧设置一个慢入。

相反,当球开始由这张关键帧下降时,它就应该慢出。[译者注:有时Ease-in/Ease-Out与此处意思恰好相反,即Ease-In为加速(慢入),Ease-Out为减速(慢出),但其原理相同]

夸张(Exaggeration):夸张背后的意图是为了加强动作。它常常运用于观众希望看到喜剧效果的情况下。在卡通世界里,它类似于漫画手法,即强化面部或身体的某些特性。不过,它应该是合情合理的,而不能任意乱为。你应该为一个动作(甚至音效、角色设计等等)找到夸张的理由以及如何夸张你所需的部分。

摄影表(Exposure Sheet):一份动画师填写的表单,已为每一帧提供了详细的拍摄指示。它也可能与口型表(Bar Sheet)具备一些相同的信息。也称为X-Sheet。一些3D软件,特别是对话/口型同步的软件,其中包含了虚拟的摄影表。

12规格(Field, 12):一种赛璐珞片和背景图的行业标准尺寸,测量的话大约是10.5英寸×12.5英寸*。

16规格(Field, 16):一种赛璐珞片和背景图的行业标准尺寸,测量的话大约是12.5英寸×16.5英寸。

规格框(Fielding):是指一幅美术作品进入摄像机的视线范围内的区域大小。因此,12规格的宽度大约是12英寸,而9规格的宽度大约为9英寸。即使一张画稿或赛璐珞片可能是一个标准的12或16规格的大小,摄影机却可能已推近到8或9规格,而将重点放在美术作品的中部区域,以避免出现画面的外侧边缘。大多数的早期电影都遵守规格框的要求,被称为学院派格式。后期的影片由于被拍摄成了宽屏幕或西尼玛斯科普式宽银幕电影,便有了一个宽高比更大的显示区域。

平移镜头规格框(Fielding: Panning Shots):在移动摄影镜头中,应使用较宽的赛璐珞片和背景图。一个很好的平移背景的例子是在《摩登原始人》中,其中一个角色在原地奔跑,而背景部分向后退去。这实际上是循环的背景,因为平移的部分将被拉回去并重新拍摄(因此背景中的对象就循环起来)。在西尼玛斯科普式宽银幕电影或"特艺拉码"宽银幕电影(Technirama)的拍摄中(如《小姐与流浪汉》或《睡美人》),平移赛璐珞片被使用在许多场景当中,与之相适应的是宽银幕摄制过程中所需要的更宽的规格框。

跟随动作(Follow-Through):另见"预备"(Anticipation)。跟随动作是一个动作结束时的运动。在大多数情况下,物体不会突然停止,而是倾向于继续

---

*1英寸=2.54厘米

运动到超过它们动作的终点再远一点的距离。不同重量的物体会在不同的时间内停止。例如，你在扔一个球，当你扔出球之后，你的胳膊会继续向前移动一点。这就是所谓的跟随动作。布料和头发便是很明显的例子，它们的重量很轻，这意味着在身体的大部分其他部位已经停止下来之后，它们仍倾向于继续移动。

力（Forces）：当一个物体受到力的作用时，它的运动将发生变化。想一想这些力都来自何处。它们是从内部产生的（愿望、意图、肌肉运动），还是来自于外部（重力、风力、来自另一个角色的推力）？这些力的起源、大小、方向和作用时间决定着你的角色将如何运动。你的角色是如何受到这些力的影响的？你的角色是去抵制它们还是"顺其自然"？多个不同的力可以相互抵消吗？了解这股力量的"进攻和衰减"。这一力量的最初一击是多么强大？一件物体将对这个力作出多长时间的反应？这一物体的材料需考虑在内。橡胶要比布料减速得更慢。

帧（Frame）：帧是在制作动画中使用的时间单位。基本上每一帧就是一幅图像。每幅画面或帧被按照顺序进行播放，于是图像便好像移动起来。在录像或电影中，每一帧都是一幅单一的、完整的画面。

帧/秒（Frames Per Second, FPS）：这是动画中的画面帧播放的速度。在美国和加拿大使用的NTSC电视制式每秒钟显示30张图像，因此电视动画以30 FPS被播放。PAL制式被使用于欧洲，而SECAM制式被法国所使用，都为25FPS。电影使用的是24FPS。

停帧（Hold）：另见"移动停帧"（Moving Hold）。停帧指的是一个角色保持一个姿势不动的一段时间。一般来说，让一个角色保持完全的静止会破坏动画中那种活起来的幻觉。因此，停帧通常被处理为移动停帧——当然，除非你做的是便宜的电视有限动画，由于预算上的限制，其中一张画面可能会停留较长的一段时间。

统一性和连续性（Hookups and Continuity）：为了保持流动性和可读性，每一个镜头（Scene，或译"场景"）需要被恰当地"切"至下一个镜头。你的角色之间的空间关系，从这一镜头到下一镜头是一致的吗？在摄影机切到下一镜头之后，对象的路线看起来是否明显保持一致？新的摄像机位置是否扰乱了动作的明确性？如果你从某个特定的动作切到其他镜头，然后再切回来，那么这个场景中的变化会由于时间间隔的长度而变得合情合理吗？你的动作有重叠动作吗？应该这样处理吗？有时，有意打破这种连续性规则是可取的，但这样做的时候需特别小心。

中间画（In-Betweens，或译为"动画"），**动画员**（In-Betweener）：通常情况下，动画通过将一个对象在给定的时间内定位为特定的关键姿势而被创建。物体在任何两张"关键"姿势之间的姿势便是中间画姿势。大多数电脑软件由动画师创建出这些关键姿势，再由软件为剩下的帧创建出"中间画"。

在传统动画中，动画师通常会画出"关键"姿势/画稿，而中间画张则交由另一位动画师负责绘制，这位动画师又被称为"动画员"。

关键帧（Key Frame）：3D动画通常是通过对角色在给定的一帧上以一种特定的方式设置关键姿势而被创建的。这一帧被称为关键帧。通常你给一个对象在两个不同的帧处定位，再让电脑在这些关键姿势之间生成中间帧。在传统动画中，动画师通常会画出关键张胶片，再由动画员绘制出介于关键姿势之间的动作。

注意，这些关键姿势并非一定是极限姿态（虽然通常它们是这样）。例如，在将球抛出去的动作中，两个极限姿态可能是手臂绕回来和非常直地伸出去并同时被拉伸（为了做出跟随动作）。然后，手臂还有一张额外的关键帧，即回归到更自然的姿势，但仍然是伸出去的姿势（跟随动作的结束）。因此，这里有三张关键画面。但是，最极限的姿势是中间那张。

设计稿（Layout Drawing）：一份详细的铅笔画稿，标注有规格号、角色动作或作为角色身后场景的背景设计。有两种类型的设计稿：角色设计稿，其中概述了人物的运动轨迹、表情以及场景中的动作；背景设计稿，通常由描绘有角色生存环境的线稿构成。这两种设计稿作为参照分别被动画师和背景画家所使用。

莱卡带（Leica Reel）：见"动态分镜"（Animatic）。

移动停帧（Moving Hold）：移动停帧，是指一个角色基本停留在一个姿势上一段时间，但仍然让其身体的一部分或全身保持微妙的移动。这一动作能帮助保持"角色还活着"这一感觉。从呼吸时上下起伏的胸腔到眨眼，任何一种动画都可以用来创建一个移动停帧。一般来说，在加动画的时候，画出两个非常接近的姿势即可。其效果是一种轻微的移动，以防止角色看起来好像被冻僵了一般。

重叠动作（Overlapping Action）：如果物体有着较为松散的部分或者附属物，当它在移动时，这些部分往往与物体的主要部分有些许时间上的差异。这些松散的部分在时间上的差异被称为重叠动作。例如，如果一只狗从奔跑状态停下来，它的耳朵将倾向于继续向前摆动，然后再摆回来，并在狗本身已停止之后才会完全停下来。这种重叠会创造出更有趣和更真实的动画。

另一个须强调的要点是，在另一个动作开始之前，不要让所有动作都完全停止。即使我们有着将动作表达清晰的需要（另见"分步"），也应该有一些重叠动作以保持其生动性，以及一些保持连续性的动作。

铅笔测试（Pencil Test）：另见"毛坯"（Rough）。动画画好之后，通常会通过拍摄原始图纸对每组原动画进行检查。这能让动画师看到所有潜在的问题，并在赛璐珞片被实际描线上色之前对动画作出修改。这个概念与三维电脑图形学中的预览测试（即播放预览，Playblast）是相同的。

预先计划（Planning Ahead）：在开始工作之间先计划出一个表演方案，这永远是一个好主意。将动作先表演出来，并使用秒表记下一些数字。这在定格动画中是非常重要的，因为在那里你不可能回头重拍，或去修改演出中已拍摄的某个个别部分。当你有一个最后期限时，预先计划就变得尤为重要。我们大多数人都很少会有机会在做动画时能够不断试验返工。正如木匠所说的那样：测量两次，切割一次（Measure twice, cut once.即"三思而后行"）。

个性（Personality）：这个词其实不是一条动画中的原则，而是指对其他原则的正确应用。个性决定了动画的成功。这一观点指的是，被赋予动画的生命体真的鲜活起来，并进入角色的真正性格当中。两种不同的情感状态下，一个角色决不会以同样的方式执行某一个动作。没有两个角色会做出相同的行为。同样重要的是，一个角色既要有鲜明的个性，其个性也要同时让观众感到亲切熟悉。

姿势设计（Posing）："分步"中的一个部分。为了让动画看起来逼真和令人印象深刻，有趣的关键姿势是极为重要的。注意重心问题。（你的角色是否看起来好像要倒下来了？）这通常是一个好主意，能够避免在你的关键姿势中造成过多对称性。一侧的臀部通常比另一侧略高。重量很少均匀地分布在双脚上。轮廓是如何显示的？这或多或少属于"分步"和"吸引力"的范畴之内，但另一方面，它是如此的重要，以致我认为应单独列出。密切关注解剖学（理解内在的结构）和"具备吸引力"的关键姿势。仔细留意重心的设置和失衡问题，以及孪生姿势（Twinning Pose）或对称姿势。

关键张动画法（Pose-to-Pose Animation）：另见"直接动画法"（Straight-Ahead Animation）。动画的绘制有两种基本方法。关键张动画由绘制或设置关键张姿势、然后绘制或生成中间张画面而产生。这也是电脑动画中最基本的"关键帧"的方法。它对于调整时间和预先设计出动画是非常有效的。

转描机（Rotoscope）：这是一台机器，可以将胶片上的真人演员投影到动画碟片上。该设备由弗莱舍兄弟于19世纪20年代获得专利，设计它的目的是为了让动画与真人实拍动作相匹配。弗莱舍是布雷的最杰出的学生之一，他贡献了一部有着创新意义的小型系列片，叫做《墨水瓶人》（Out of the Inkwell）。可可（Koko，有时拼写为"Ko-Ko"）是片中的明星，在1916年的一部一分钟的放映中首次亮相。可可是第一个使用了转描技术的卡通角色，马克斯的哥哥大卫演出了小丑部分的动画以供动画师进行复描。但是，并非这一角色的所有动作都使用了转描，因为这一工序被证明并不完全像它的发明者马克斯所希望的那样节省劳力。

毛坯（Rough）：另见"铅笔测试"（Pencil Test）。传统上讲，一个毛坯是一张画面或一组原动画，它显示了概括的动作，但缺乏细节。有了电脑以后，一个毛坯通常是一种快速而初步的动画，一般来讲缺如手指、面部的动作或微妙的第二动作和重叠动作。

毛坯也是由动画师在创作一个场景中的动作时绘制的最早最原始的草图。毛坯可分为三种基本类型：关键张画面，这是由原画师自己绘制的；小原画，这些是由原画师和他的助手共同绘制完成的；以及中间画，这些是由助理动画师单独完成。一般来说，每隔五六帧，动画师就草拟出一个关键帧，并将关键帧之间的那些中间画留给助理们去加动画。一旦毛坯动画获得批准，这些图纸就被交付由辅助部门进行誊清。许多动画艺术收藏家喜爱毛坯甚于誊清稿，因为它们往往更生动自然、充满生机，而且它们更有可能是一名原画师的作品。

第二动作（Secondary Action）：第二动作指的是：因为另一个动作的发生而发生的动作。想想一个快乐的胖子轻快地走在大街上。他的下颌、腹部和任何其他松散部位的弹跳都可以被描述为第二动作。它为动画增添了趣味性和逼真性。此外，第二动作应该分步骤进行，这样可以让人们注意到它，但它仍然不能压倒主要行动。

轮廓（Silhouette）：另见"分步"（Staging）、"构图"（Composition）和"孪生"（Twins）。从镜头的角度看，轮廓是与背景形成鲜明对比的物体的形状。一个"清晰"的轮廓，是指你不仅可以区分镜头中角色的位置，而且能看出这是个什么样的动作。请记住，当你的摄影机相对于角色发生移动时，角色的轮廓也会发生变化。而在CG中，这一点通常并没有得到改善。

简单性（Simplicity）：不必让你的场景、角色或表演变得过于复杂。做到足以说好一个故事即可。过多的第二动作和过多的细节有时会混淆主题，使主旨不够明确。

慢入/慢出（Slow-in/Slow-out）：另见"慢入/慢出"（Ease-in/Ease-out）。

快动（Snap）：是一种发生得比人眼或帧速率更快的动作。它是一种时间控制，相对应于"快动时间"（"Snappy Timing"）。如果你盯着你的手指并快速移动它们，你会发现很难看清楚动作中间状态的手指。你最有可能看到的是一个介于快动位置之间的模糊的形状。为了有效地制作出这种快速发生的动画，需要用预备（Anticipation，也被称为Antic）和跟随动作来帮助表现主体动作。

另一种处理快动的方法，往往是让角色在短短的几帧内从一个关键姿势迅速移动到另一个关键姿势。电脑动画倾向于看上去非常地流畅，使用时间排布和编辑样条曲线来将一些快动添加到你的动画中是一个好主意。

一条警告！有时还会使用另外一个术语，即"快动和拖拽"。它指的由波形或鞭状运动产生的方向上的快速变化。例如一根鞭子的运动，在鞭子的末端有一个点向外运动，而根部则在另一方向上进行移动。鞭子的尖端基本上被拖在后面，直到它突然快动回另一个方向。这就被称为"快动和拖拽"。

分步（Staging）：另见"轮廓"（Silhouette）、"构图"（Composition）和"孪生"（Twins）。分步即呈现一个动作或其中一步，使之易于理解。一般情况下，动作应一次呈现一个小步骤。如果太多步骤同时进行，观众将不能确定该观看哪一部分，而你想要表达的信息就会变得不明确。分步的一个重要方面，是对轮廓的应用。这意味着一个物体或角色的关键姿势即使是用黑白剪影也可以被理解。在大多数情况下，如果你不能以剪影的方式"读懂"角色姿势的话，它便不是一个令人印象深刻的姿势，或许你应该对它作些改动。

直接动画法（Straight-Ahead Animation）：另见"关键张动画法"（Pose-to-Pose Animation）。有两个创建动画的基本方法。直接动画法，是指动画师一帧一帧地按照顺序绘制或设置出物体的姿态。例如，动画师绘制出动画的第一帧，然后绘制第二帧，以此类推，直到完成一组动作画面为止。用这样的方法，动画师必须在每一帧都建立一张画面或图像。这种方法往往会产生出更富创造性和新颖的作品外观，但也可能难以实现正确的时间控制，而且很难按照设计稿的指示完成预先目标。

故事板（Storyboard）：另见"动态分镜"（Animatic）。对于即将创建的故事和动画，故事板是一系列使之形象化的图纸。通常它会标示出任何的关键点以及摄影机角度的变化。通过顺序观看每幅画面，人们可以清晰地看明白将在动画中使用的镜头。每幅图可以自由地更改前后顺序和时长设置。根据作品的要求不同，其中表演和姿势的细节层次也将有所不同。电视的故事板通常更加详细，因为动画的实际生产通常是在海外完成的，而这就要求有一个目标更加明确的方式。

故事带（Story Reel）：见"动态分镜"（Animatic）。

连贯地弯曲关节（Successive Breaking of Joints）：另见"动作弧线"（Arcs）和"重叠动作"（Overlapping Action）。这一概念指的是将多个对象链结在一起时，应该一个接一个地陆续移动或旋转，而不是每一处都同时到位。这就类似于鞭状动作，其中基部先行动作，然后是中间部分，最后是末端动作。想象一下手臂伸出去抓东西的动作。其肩部或上臂将首先伸出，其次是前臂，然后紧接着手的动作。通过偏移各关键帧而不是让手臂的每个部分都具有相同的时间排布,动作将会更加流畅和逼真。

请注意,它和重叠动作有一些关联。在重叠动作中有许多的动作步骤,其动画将采用一种类似于弯曲关节的动作。为了说明这一含义,这里以狗耳朵的重叠动作为例,人们期待着耳朵能够平滑地弯曲,而耳朵根部的动作应该提前于耳稍的动作——换句话说,根据这一层级模式,耳朵"关节"的每一部分的关键帧都应逐级稍稍推迟。然而,连贯地弯曲关节同样适用于普通动作,正如我们刚才提到的那个伸手臂的例子。

挤压和拉伸(Squash and Stretch):挤压和拉伸是一种使物体变形的方式,例如,它显示了一个物体软硬和/或轻重的程度。例如,如果一个橡皮球弹起并摔在地上,当它砸到地面上时,它会趋向于底部变平,而且与其正常形状相比会发生变形。这便是挤压原理。当它开始弹起来时,它会在其前进的方向上发生拉伸。关于挤压和拉伸的一个重要注意事项是,无论一个物体的变形有多么严重,它都应该看上去仍然保持其体积。

时间控制(Timing):另见"快动"(Snap)。时间控制指的是一个动作的速度。除此之外,它还决定着角色将如何被感知。因此在动画中,时间控制是至关重要的。例如,一个角色快速地眨眼会显得清醒和警惕。而同样这个动作,如果是慢慢地进行的话,会令角色看起来似乎十分疲乏或昏昏欲睡。这显然是对时间控制的一个非常简单化的解释。它的影响是无处不在的,并且会对你进行的每一项工作都起到作用。时间控制——或者说,好的时间控制——对于你的镜头的成功是至关重要的。而糟糕的时间控制则会使最漂亮的画面也最终失败。简单来说,一个在时间速度上安排得不恰当的笑话是不会好笑的。

中间画(Tweening):见"中间画"(In-Betweens)。

孪生(Twins):另见"分步"(Staging)和"轮廓"(Silhouette)。在给一个角色设置关键姿势时,应注意确保此姿势不是对称的——换而言之,当一个角色站立时,不要让他的重心处于完全的正中间,两只手不要放在相同的位置,肩膀和脚不要完全水平,等等。如果一个关键姿势是对称的,它便会显得不够自然(令人乏味),这一问题被称为"孪生"。你应该尽量保持关键姿势的不对称,你甚至可以将它运用到如眨眼、嘴部曲线、其他各种细节和动作上去。例如,在一个角色跳跃的动画中,你应该让他的一只脚或腿在另一只之前先接触地面,这样它们就不会在同一时间落地了。问题在于,这与角色的关键姿势,和角色身体局部甚至多个角色动作的时间控制,都是密切相关的。

一个很好的例子是,一个自然的而非"孪生"的站立姿势将是对应的(Contrapposto)。这是一个古典艺术中的术语,尤其在古希腊雕塑中最为明显。站立时,一个人会将重量更多地放在其中一只脚上。在较重的一边,髋关节向上方倾斜，而这边的肩膀则朝着臀部方向往下倾斜，此时脊椎的形状略像一个弧形。这使得这一姿态看起来更加自然而不会显得僵硬。

为了保持自然的表演，打破身体个别部位的动作通常是可取的，这样它们就不会在完全一样的时间点上做出完全相同的动作。例如，当你让角色的手拍打到桌面上时，你可能想让左手比右手提前一至两帧击中桌面。孪生概念的一个引申意思是，一批人或一群人中的成员完全一样。当给成群的对象或角色制作动画时，注意其整体的"质地"。思考一下一群鸟或一片草地对风的反应。该群体是什么样的整体感觉？在个别元素的轨迹中是否有着足够的变化？每只鸟是否以完全相同的频率拍打着翅膀？风是否以完全相同的方式在完全相同的时间点上影响着每一根草？这些单个元素是否应共同合作？如果是的话，你是否使用了这些个体之间适当数量的变化？你的花样游泳选手是否表演得完全同步？如果是这样，它是有意而为之的吗？即使当一个群体中的个别成员尝试完全复制其他人的动作时，也经常会发生些小的变化。

重量（Weight）：表现出一个角色所蕴含的质量。这是对挤压和拉伸、预备、跟随、重叠、时间排布、夸张以及慢入/慢出正确应用而产生的一项功能。当一个角色从椅子上站起来时，不论他看起来特别沉重，还是特别轻巧，都取决于如何应用这些原则。一个较重的物体需要更大的力量使之开始运动。这往往可以通过增强预备动作而得到体现。同样，一个较重的物体也需要更大的力量来减速、停止或转向。角色的重心的安置是重量的一个重要方面。物理学决定了一个静态对象的重心必须恰好位于其悬挂点平均位置的正上方或正下方。例如，当你单脚站立时，你的重心需要恰好在你支撑的那只脚的正上方。否则，你将会摔倒。当然，当你在做动作时，这一切都会发生变化。同时还应注意轴心/杠杆支点。要当心孤立的身体各部位之间的运动。即使是最简单的手臂动作，也往往包括了从肩膀到躯干的相对应的动作。

摄影表（X-Sheet）：见"摄影表"（Exposure Sheet）。

附录F
电脑动画术语

锯齿（Aliasing，即"图形折叠失真"。译者注）：另见"抗锯齿"（Anti-Aliasing）。一种由于采样频率过低，而导致无法忠实地再现图像细节所造成的图像失真的形式。

其样例包括：

◆时域走样（Temporal Aliasing）。 例如，转动中的车轮辐条明显颠倒转动方向

◆光栅扫描失真（Raster Scan Aliasing）。 例如，锐利的水平线条上出现的闪烁或频闪效果

◆阶梯状图像边缘（Stair-Stepping）。 成角度线条的阶梯状或锯齿状边缘。 例如，字母的倾斜边缘上的锯齿

抗锯齿（Anti-Aliasing）：一种插值的形式，使用于组合影像当中；取两个图像之间过渡部分像素的平均值，以提供一个光滑的过渡。

A／B滚动剪辑（A/B Roll）：视频剪辑的安排方式，其中各场景的素材来源于两台录像机（A和B），再将其剪辑到第三台（正式录制）录像机上。通常，一个开关或混频器被用来在两个来源之间提供转换效果。通过使用一个编辑控制器，可以实现对各台机器和剪辑过程的手动或自动控制。

宽高比（Aspect Ratio）：宽度和高度上像素数量的比例关系。当一部影像在不同的屏幕上显示时，其宽高比必须保持相同，以避免无论是垂直方向还是水平方向上的拉伸变形。对于标准的电视或显示器来说，其宽高比为4∶3，所提供的尺寸有160×120，320×240，和640×480。高清电视的视频格式的宽高比为16∶9。

B样条（B-spline）：另见"样条曲线"。它们是一类样条曲线，其中曲线经过并靠近、但是不通过那些控制点或节点。它们是目前在样条曲线建模中被流行使用的样条曲线，类似于非均匀有理样条（NURBS）。有了这些样条曲线以后，你处理的对象其实是特征多边形（Hull），而并非真实的曲面。

贝塞尔曲线（Bezier Spline）：贝塞尔曲线和基数样条曲线（Cardinal Splines）相同的一点是，它们其中的曲线都通过实际控制点。贝塞尔曲线使用控制柄来实现它。控制柄在每个锚点上，控制着曲线的切线。

位图（Bitmap）：由单个像素按照行（水平）和列（垂直）的顺序组合而成的字符或图像。每个像素可以由一个比特（简单的黑色和白色）到32个比特（高清晰彩色）来表现。也被称为光栅图像。

蓝幕（Bluescreen）：一种电影或视频技术，其中一个对象或演出者被衬以一个蓝色的背景进行录制。在后期制作中，蓝色部分以电子方式被删除，使各图像相互合成。此外，在电影业，这项技术还有个术语叫做色度键（Chroma Key）。

振动（Chatter）：这个术语可以用来描述动作中的跳动。它通常发生在一个对象有太多不同的相互接近的关键帧时。这使得该对象出现振动。在没有使用反向动力学的情况下，如果试图手动设置脚部的关键帧，使之看上去被锁定在地面上，"振动"便可能发生。这些腿可能会有许多相互稍有不同的关键帧，所以它们看上去发生了"振动"。这个术语也可适用于数字绘画。如果在影片中一个对象不是被连贯地画出，它就会出现"振动"。

片段（Clip）：来自源带或源盘的一组连续的帧。也被称为片段（Scene）或取样（Take）。

D1/D2/D3/D5：数字视频录制和播放的格式。D1和D5系统使用的是分量视频信号（Component Video），而D2和D3系统使用的是复合视频信号（Composite Video）。通过在录制和播放中使用全数字化视频，很多问题如产生代损失（Generation Loss）和失真都将减少或消除。这些数字格式主要使用于19mm（3/4英寸）的宽磁带中。

◆D1 一种组成数字视频磁带录制格式，符合按照CCIR 601标准设置的规格参数

◆D2 一种8位的合成数字录像带录制格式，其中合成视频信号通过4倍于载频的采样率被进行数字化

◆D3 一个由松下电器公司发明的非官方术语，是一种合成数字录像带录制格式

◆D5 一种组成数字视频磁带录制格式，符合按照CCIR 601标准设置的规格参数；也是一种松下格式

DDR：数字硬盘录像机（Digital Disk Recorder）。一种高性能的磁盘录制设备，适用于实时的随机存取的数字视频的记录和播放。

剪辑（Edit）：组合或修改一个节目的音频和视频部分，剪掉不用的部分；重新排列场景；并添加效果、标题和音乐。

正向动力学（Forward Kinematics）：另见反向动力学（Inverse Kinematics）。正向动力学或FK，指的是一个基本的层次结构或对象链是怎样

被制作成动画的。使用FK，链中的每一个关节都将独立地旋转。为了在链的末端给一个部分摆好姿势或定位，每个上一级的链接都需要被手动地旋转到某个位置。过去的许多软件包只有FK，这意味着当角色移动时，必须通过手动旋转腿部，来保持人物的脚固定或锁定在地面上。目前，许多动画师使用反向动力学来制作脚的锁定。

万向节锁（Gimbal Lock）：使用电脑当中的某些特定类型的旋转，就有可能失去某个旋转的轴，换而言之，你可以绕着四周旋转，也就是说，在X和Y轴上旋转，但不能在Z轴上旋转。发生的问题是，这个对象最终排成了一条直线，以至于进一步的旋转变得贴近之前的旋转轴。用来解决这个问题的一个办法是，添加一个虚拟/空对象作为一个父对象被旋转。然后，你既可以旋转这个对象本身也可以旋转这个空对象来获取所需的方向。

图形用户界面（Graphical User Interface, GUI）：一个应用程序，如Microsoft Windows，它位于其他应用程序的顶层，并提供一个基于图形图标的用户界面。

反向动力学（Inverse Kinematics）：另见正向动力学（Forward Kinematics）。反向动力学，或IK，是一种用来给层次结构或对象链制作动画的方法，这样，链上的每个链接都会自动旋转，使得较低层级的部分处于某个特定位置或方向。例如，使用IK进行腿的设置时，动画师需要给一只脚设定位置。这些腿会自动弯曲以适应脚的位置。当角色的身体移动时，IK链（此处即这些腿）将适当地旋转，这使得链的末端，或者说脚，能够保持锁定。这是IK的一种用法。一些动画师更喜欢将IK使用于上身，如脊椎或手臂，等等。

遮罩（Matte）：一个纯色的信号，可调节其饱和度（Chrominance）、色调（Hue）和亮度（Luminance）。遮罩被用来填充关键值和边界之间的部分。

模型（Model）：在3D电脑动画中，模型是在电脑内部描绘的对象。本质上，它是一个虚拟的对象，但它可以被上色、设置材质和制作动画。

动作捕捉（Motion Capture）：动作捕捉（Mo-Cap）在电脑图形学中是一种以数字的方式记录来自现实世界的位置和运动信息的方法。一个真人演员可以做出动作，而其动作可以被运用于3D动画软件内部。其想法类似于转描机（Rotoscope），一台可以将真人演员投影到动画碟片的胶片上的机器。这一设备由弗莱舍兄弟在19世纪20年代获得专利，它被设计出来的目的，是允许动画与真人动作相匹配。后来它被用来生产价格低廉但却非常类似人类动作的动画，这一做法通常被传统动画师所痛斥。

然而，动作捕捉也并非没有争议。动画的目标不是去建立类似人类的动作，而是给予动画角色以独特的个性，赋予它们"生命的幻觉"。无论是转描机还是动作捕捉，都是将人类的动作强加于动画角色身上，这使它们与那些熟练的艺术家们绘制的或使用手动关键帧制作的动画相比，显得看起来较为扁平而无生命力。在使用转描机时，艺术家们追踪人类的动作，但使用动画角色模型对这些动作进行诠释。在使用动作捕捉时，人的动作被直接复制到动画角色身上。使用所捕捉的动作并称之为"动画"的诱惑，使得那些精通传统动画艺术的电脑动画师们将其称之为"撒旦的转描机"。

NURBS：另见样条（Spline）。这个首字母缩写代表着"非均匀有理B样条"（Non-Uniform Rational B-Splines）。它们是同一类样条曲线，其中曲线接近而并不通过控制点或节点。它们目前在基于样条曲线的建模中十分流行，类似于B样条。使用这些样条曲线，你可以处理特征多边形，而不是实际的曲面。NURBS比B样条更进一步，其中你可以有不同的"权重"分配给特征多边形节点（Hull-Knots），来让你更好地对你的样条中的曲线进行控制。

NTSC格式（NTSC Format）：一种彩色电视格式，它有525条扫描线，场频60赫兹，广播带宽4兆赫，行频15.75千赫，帧频每秒30帧，以及彩色副载波频率3.58兆赫。

覆盖（Overlay）：将电脑图像叠加在现场或录制好的视频信号上、并在录像带上存储合成后的视频图像。它经常被用来添加标题到录像带上。在视频中，覆盖过程需要同步来源以获得正确的运算。

过扫描（Overscan）：视频图像通常会超出物理屏幕的大小。图片的边缘可能会显示，也可能不会显示，以允许不同电视机的差异。超出屏幕的区域被称为过扫描区。视频在制作时被计划为关键的动作只发生在中心的安全区域内。专业显示器能够显示完整的视频图像，包括过扫描区。

像素（Pixel）：像素（Picture Element）的缩写。最小的光栅显示元素，显示为一个用规定的颜色或亮度级别表现的点。观察用来创建一幅图像的像素数量，是用来测量图像分辨率的方法之一。

多边形（Polygon）：另见样条（Spline）。在电脑图形学中，模型通常是通过多边形或者是样条曲线进行创建的。多边形是一个存在于3D电脑世界内部的2D形状。它们通常是三角形或正方形。通过在具体位置创建多边形，3D对象被创建出来。例如，6个正方形可以被排列创建出一个立方体形状的对象。

视觉预览（Pre-Visualization）：一个在电影长片的发展中被使用的方法，即通过将演员安置在场景的实物模型中，利用此虚拟布景来测试一个布景的可行性。

渲染（Rendering）：渲染是指计算机中从建模、布光、材质到动画信息的图像创建过程。

分辨率（Resolution）：一种对再现细节的能力的判定。一般来说，它指的是水平分辨率，根据其水平线的制定进行评定，在一个测试模式上它是很容易辨别的。分辨率的规格并没有很严格的标准，特别是在与显示器相关的方面。使用带宽每兆赫80线的规定，VHS（家用录像系统）和8毫米胶片通常能达到240线的分辨率，S-VHS录像机和Hi-8摄像机可达到400，而广播电视可达到330。

RGB：即红、绿、蓝（Red-Green-Blue）。一种电脑显示输出信号类型，由单独可控的红、绿、蓝三种信号组成。另一种输出显示技术是复合视频，它通常提供比RGB要小的分辨率。使用颜色编码器与同步信息相联合，一个由亮度、色度和同步信息组成的完整的复合视频信号便可以由RGB生成。

安全字幕区域（Safe Title Area）：一般来说，即整个过扫描视频图像区域中心的80%部分，或者无论电视监视器怎样调整，都将显示清晰字幕的区域。

样条曲线（Spline）：另见B样条（B-Spline）、NURBS、贝塞尔曲线（Bezier Spline）和基数样条（Cardinal Spline）。样条曲线是一种用数学表达式来描述曲线的方式。在电脑图形学中，样条曲线被用来控制动作，以及创造模型中所使用的样条曲面。

技术总监（Technical Director，即TD）：在大型动画机构中，工作通常被分解为许多部门。其中两个主要的工作是动画师和技术总监。当动画师处理动作时，技术总监往往处理的是建模、材质、布光、调试和渲染。在一些机构中，技术总监的工作被进一步细分至有些人员只处理建模或者场景布光等等。

时间码（Time Code）：一个逐帧的地址编码时间参照，记录在一盘录像带的备用轨道上，或插入到垂直的空白间隔中以备剪辑之需。在解码时，时间代码标识着录像带上的每一帧，它使用数字读数，即小时∶分钟∶秒∶帧（例如，02∶04∶48∶26）。每张单独的视频帧被分配以一个唯一的地址，为了精确的剪辑这么做是必须的。使用于视频的三种时间码系统分别为VITC、LTC和RC（用户系统，RC即Rewritable Consumer Time Code。译者注）。

欠扫描（Underscan）：过扫描的相反现象。在欠扫描时，视频或电脑图像发生缺损，以至四条边缘都能在屏幕上看见，使得它被一个黑色边框所包围。欠扫描被用来显示在空白期间内以及在扫描行和帧的开始和结束时所发生的问题。欠扫描可以发现潜在的图像问题，并予以识别和校正。

附录H
骨骼绑定博客

贾维尔·索尔索纳非常热心地为我们的小丑吉祥物创建了骨骼绑定。本附录包含了他在这个过程中所写的博客。因为不能保证此博客将保持在线，为了给后辈们作为参考，我们将其转载到了这里。

2005年7月24日，星期日：先期步骤

安琪·琼斯一直请我为她即将推出的新书中的角色创建骨骼绑定。我将要进行绑定的角色是这本书的吉祥物。我认为这将是个很好的主意，即展现我是如何发展这一角色的，以及研究与测试步骤，等等等等。我将毫无保留地与大家分享我的一切。根据具体情况，我会将脚本、一些测试文件、想法和剧照等分享给大家。这个角色是非常卡通化的，所以它会很大程度上依赖于挤压和拉伸，而我们的想法就是尽可能多地在一个3D的设置上做出2D类型的动画。

我们就从这里开始吧。它就是这个角色。

它的模型由丹·帕特森创建。他会细心处理模型以及各种融合变形（Blend Shapes），虽然这些可能需要增加某些类型的骨骼驱动（Bone-Driven）的设置。这个模型棒极了，而为它进行骨骼绑定将是一个不可多得的历程。有很大的潜力让你去做许多很酷的东西。这个特殊的文件是一个替身演员，而当我开始进行骨骼绑定时，丹仍会继续他的工作。我知道很多东西会发生改变，但这没关系。这

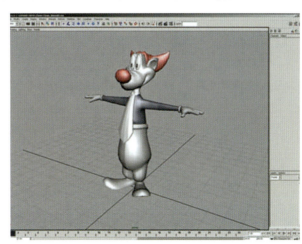

种方法让我的工作得以进展,而当最后的模型最终得以呈现时,我只需将两个文件合并在一起即可。

首先,我喜欢让角色建立在一种放松的姿势上。比如像45度角,肩膀放松,以及肘部略微弯曲向前。但这正是我喜欢的。我发现用那种方法更容易进行关节变形。不过,话虽如此,这是一个卡通的角色,所以我们可以更加方便地让它的手臂保持90度。

脚的设计在这里引起了我的注意。它们现在的方式有可能导致一个问题,因为它们的对齐方式将有一点怪异。但这取决于它如何运动。因此,我们暂不去改动它。(我们还可以在以后调整一些东西。)

它所绑定的骨架将以编程的方式建立。这意味着如果这些骨骼稍微改变一点位置、方向等等,那么所有需要的元素都将重新运行其脚本,产生出新的骨架。这种技术在生产中是非常、非常有用的,因为在这里需要不断地作出各种变化。我已经知道将会有几个变化(例如,我知道它的双手将进行相当大的改动),所以使用编程来进行骨骼的绑定势必是将来的发展趋势。

2005年7月24日,星期日:我的工作流程

我喜欢用尽可能最大的桌面显示来进行工作。这就是为什么我在很多工作中都会使用"热盒"(Hotbox)。一旦你习惯了它,它的速度将会极快。我也创建了自己的自定义标记菜单。这提供了很大的灵活性,我可以根据我工作的内容来改变它们。我也会尽可能地关掉我可以关闭的程序。我不使用工具架(Shelves)。我也不使用工具箱(Toolbox),同时我会关闭帮助栏(Help Bar)。这已经给了我一个大得多的屏幕进行工作。另外,我还大量地使用"大纲"(Outliner)来选择对象,以及使用"超图"(Hyper-Graph)来深入获取对象属性,并选择显示或不显示连接点,等等。

2005年7月25日,星期一:骨骼

我今天开始进行第一阶段:布置各个关节。

作为一名骨骼绑定师,关节的定位是关键,但对于这些不同类型的角色你必须能够设计出不同的方案,并看出哪个效果最好。由于骨骼绑定将由编程建立,所以很容易去调节几块骨骼,并重新运行脚本以重新获得骨架。

我经常发现铺设这些骨骼是一件棘手的事情,尤其是对于一个卡通角色来讲。在这次情况中,这个小丑有着很长的身体和超短的腿。这两条腿——目前我暂时把它们当做其他类型的腿,我稍后再来处理它们。它的身体十分有趣。它的髋部相当地低,但它的裤子被拉得极高,而这就导致了它最终有一个相当短的胸部。

我决定开始用一些相当轻松的想法,而且看结果将如何发展。在开始的时候,我尽量不让自己受到太多限制。我试着相当放松地工作,而跟随着进度不断

地进行调整。我也暂时没有去理会角色的面部，只是让它保持为一个主要的头骨。我将在后面处理这部分时添加整个面部的设置。无论如何，这部分只是蛋糕上的糖霜。

我知道手会有动作上的改变，但我仍然只是把一些关节添加进来，以帮助我的工作顺利进行。我知道即使我

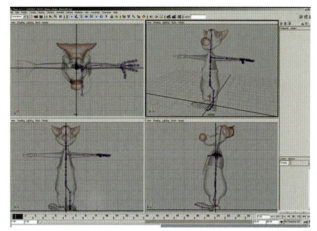

已经结束了对它们的绑定工作，今后对它们进行调整也将是超级容易的。它的脚也非常有意思。我将最终为它做一双反转脚。这个角色的脚在腿的基础上向外旋转了45度角。我引入了这只脚，并旋转它让其变成正常的方向。这样，使这些骨骼与脚对齐就变得更加方便了。而这些关节的方向也将变得更加容易控制。当我对它满意了，我会将脚旋转回原来的位置，并旋转关节来与脚相匹配。最后，我总是只进行一侧的工作，通常是左侧。当我对它满意时，我将对它镜像复制得到右边的关节。

2005年7月25日，星期一：灵活性、灵活性、灵活性

我最喜欢的关于骨骼绑定的东西之一是其初始阶段，我只需考虑我应该有一个怎样的骨架，我应该怎么去做并去接近我想要的东西等等。实际上，我并不会总是在电脑上工作。它更多的是一种思维的训练。我可能会走在大街上并努力在我的头脑里解决所有这些问题。如果我想出一个让我觉得可能是个很酷的东西，我会尝试将它快速调试出来，并看看效果如何。如果结果非常出色——那么我将试着执行这一方案。如果效果不甚理想，我便继续我的思考。对于这种特殊的设置，其关键是灵活性。最理想的情况是不受到任何限制。我希望能够按照我的想法随意控制物体的运动。我敢肯定还有一些像我这样的人，愿意成为不受限制的动画师。

2005年7月26日，星期二：网格的更新

我刚刚接到了来自丹（建模师）的小型快速更新。这个小丑开始获得越来越多的个性。

2005年7月27日，星期三：第一只胳膊的半成品

好吧。大约一个多月前，当我开始思考一个卡通角色时，我做了一个小方

案。它仍然需要相当大的调整，但其主要想法是在当时完成的。我想在允许的地方设置出一个常用的IK/FK切换方案，而且还可以让它进行自由地运动。我希望有弯曲肘部的能力，这样就不会出现扭曲变形（Sharp Bend）的现象。我希望有随时将曲线变平滑的能力，可以让某些地方看起来更像是2D动画。

此外，我希望这一方案能允许我去使用自由变形（Freeform）。它既要能够进行拉伸，还要使用一些额外的控制器来协助手臂进行弯曲或以任何方式被塑造成我想要的样子。它应该解放动画师的天性，让他的工作更像是在绘制一个二维角色。这个方案仍在准备中。仍然有许多问题需要研究。首先，现在假设肘部在肩膀和手腕的中间。IK/FK间的切换只是暂时的，而且有许多誊清工作要做。理想上，我希望对腿部使用相同的原则（应该与手臂非常相似），但我也想将它扩展至颈部，并最终至整个身体。能够让身体有这样的自由度应该是一种理想状态，而且它让动画师们摆脱了很多3D中的限制。

2005年7月28日，星期四：拉伸IK（Stretchy IK）

我一直在做一些"拉伸IK"的研究。在"骨骼创建工具"（Bonus Tools，一套非常有用的Maya脚本和插件的集合。译者注）中就有一个，但我不太相信它。首先，它使用缩放数值（Scale Values）来制作伸展，而我不喜欢这样的方式。我更愿意使用转换值（Translate Values）。我在网络上四处搜寻并找到了一个大卫·沃尔登（David Walden）的极棒的脚本。他有一些令人叫绝的工具，而他的拉伸IK的方案简直酷极了。所以我想让我的脚本以他的方案为基础进行设计。我想在很多地方做一些小的改动。但我必须承认，是他做了这个脚本中所有有难度的工作。

2005年7月28日，星期四：拉伸IK的实现

我稍微修改了这个拉伸IK方案，并把它提升到一个暂时让我非常满意的水准。

现在它可以做到：

◆以IK模式进行拉伸

◆骨骼可以有任意的长度（它们不再被限制在肩膀和手腕之间）

◆有一个上限的设定，以便它在一定距离之后不再拉伸
◆使用IK控制器进行每根骨骼的缩放
◆以FK模式进行缩放

将来，我想实施一些更多的想法，使用更好的控制来让它变得更加强大。但现在我需要的是将这一方案的剩余步骤继续完成。

2005年8月8日，星期一：易弯曲的腿的测试

我决定做一个快速测试，看看如果我将拉伸手臂的方案应用到腿部方案中，会发生些什么（因为我将使用几乎相同的方案）。我很高兴地看到，一切都进行顺利。现在，我知道手臂方案可以被重复应用于腿部方案中去，这化解了我本来需要在脚本中付诸的大量硬编码部分（Hard-Code，在计算机程序或文本编辑中，硬编码是指将可变变量用一个固定值来代替的方法。用这种方法编译后，如果以后需要更改此变量就非常困难了。通常情况下，都应该避免使用硬编码方法。译者注）。

一开始，我喜欢用最简单的路线，只是为了看看实际效果将会如何。当我对它十分满意时，我回到脚本并开始让它成为通用的版本，这样我可以在任何不同名称的骨骼上也能运行它，等等。我试着硬编码尽可能少的东西。任何东西都不应该是依赖名称的。我还会检查代码，来查看我是否在做重复的工作，以及我是否需要编写不同的程序来处理某些部分。因此，现在是时候深入到代码中去并处理所有这些小细节了。

2005年8月9日，星期二：拉伸IK的来龙去脉

下面是一个关于拉伸IK是如何被执行的高水平范例。正如我前面提到的，我的脚本是基于大卫·沃尔登的大量的脚本基础上建立的。

其工作方式如下（让我们假定Y轴在骨骼下方运行）：

有两种"缩放"骨骼的方法。一种方法是在Y轴上实际缩放，另一种是在Y轴上转换子骨骼（基本上是移动子骨骼开始处于的位置）。现在，即使它可能在视觉上看起来是一样的，我们却得到了骨骼蒙皮的不同结果。就个人而言，我会选择转换子骨骼的方法。这便是脚本所解决的问题。

因此，为了缩放一个IK链，我们要弄清的是，当所有的骨骼都是直的时候，其最大的距离是多少。一旦我们达到这个最大距离，我们就开始"缩放"骨骼（也即转换Y轴中的子骨骼）。因此，该脚本计算所绑定骨架中的所有骨骼，检查这些转换Y值，并将它们相加为一个存储为最大距离的变量。

一旦做到这一点，这个值便被插入一个条件节点。（顺便提一句，我从未使用过表达式。我不相信它们。它们使Maya速度变慢，而我喜欢用节点进行工作。）如果IK链的开始和结束之间的距离达到最大长度，则条件节点便成为真的，而且成为一个取决于这个新距离的百分比值，这个值被应用到转换Y轴链

中的每根骨骼中去。（我们通过用新的拉伸距离除以我们已经有的原始最大距离，可以得到这个百分比值。）就是这么简单。

除此之外，该脚本还允许在FK模式中缩放每根骨骼。这只是一个在已创建层之外的附加层，在新的距离实际被插入到转换Y值中之前，它由一个已完成的附加层构成（通过一个PlusMinusAv节点）。就是这样。我仍然想做几个小小的修改（如当骨骼在FK中缩放时，我需要更新最新的最大距离）。一旦这些都被完成，我的脚本便可以待价而沽了。

2005年8月9日，星期二：誊清和测试

今天，我刚刚做完很多誊清工作。这是一个混乱的卡通手臂的代码，所以我想将它作一点优化。我也有参数复杂的控制器，我也想让事情做得更漂亮。我还决定让它贯穿双臂和双腿。最初，它似乎已被完美地制订出来。但一个快速的蒙皮表明，当我在手臂的伸直和弯曲之间做调试时，右侧的骨骼像发了疯似的扭动着。

在某种程度上说，这也很奇怪，因为左侧工作地非常出色。因此，我不得不做一些调试，也许还要在某些方面返工，来将它构建得有些许不同。一旦我知道它已经可以正常工作了，我会写出一份关于这一方案如何工作的说明文字。我很高兴各部分正在慢慢形成。看起来问题在于，它不喜欢这里的骨骼被镜像复制。因此，我可能不得不将它们在右侧重新建立一遍。不过这应该是明天要做的试验了。

2005年8月11日，星期四：调试中的骨骼扭曲

正如预期的那样，当骨骼被镜像复制时，调试时出现的骨骼扭曲问题必须要我们去处理骨骼的方向。

手臂是很容易固定的，因为它们处于T形姿势中，对它们进行定向不是问题。我只是运行了一个方向关节脚本，就是这样。[看来，如今人人都有一个方向关节脚本。我最终主要使用了迈克尔·科密（Michael Comet）的一个脚本，因为它既简单又快速。不知怎么的，此刻它运行得不太理想，所以我使用了路易斯·约贝拉（Lluis Llobera）的一个脚本，它的速度更快，因为它会自动挑选出子骨骼，因此你可以在数秒以内检查整个层次架构。当然，这一专利必须给予杰森·施莱费尔（Jason Schleifer），因为我相信他是第一个关节脚本背后的决策者，顺便提一句，这也是我经常使用的一个脚本。]

无论如何，它的双脚有点不同，因为小丑的脚呈45度角。这会导致方向上的问题。因此我曾将它们转至正常角度，现在我重新调整它们回到原来的45度角。我想这样做过以后应该就没什么问题了，但不知为什么，我得到的结果仍然怪异。它们比以前好多了，但仍然出现了很多扭曲。

所以我决定再次将它们调整到朝前的方向，并确定其骨骼的轴向，但是这

一次我没有对它们进行旋转。我建立起这样的一个系统，之后再用脚部IK控制器将它旋转到正确的地方。这似乎行之有效。但在最低层级的关节处，仍然存在着一个小幅度的动作。它不是太明显，但它仍困扰着我，因此我好好研究一下，来看看这究竟可能是什么问题。

2005年8月11日，星期四：达·芬奇或放松的姿势？

是用达·芬奇（也称为T形姿势）给一个角色建模并进行骨骼绑定，还是用一个放松的姿势？这个问题一直是一个热门话题。有些人极其推崇其中一个，而其他人则热衷于另一个。

关于这一点我要强调的是：两个都需要。

我坚信，建模过程应处于放松的姿势当中。也即手臂呈45度弯曲（或贴近身体），肘部略微弯曲，而手指处于放松的状态。腿也应略微分开，并且有着轻微弯曲的膝盖。基本上，全身都处于放松状态。这样最适合于关节的变形。肩膀放松，不要设置成某些极端的姿势。

虽然建模是一项伟大的工作，但骨骼绑定是另一回事。通过试图建立正常状态下的物体，你遇到了很多奇怪的问题。因此在骨骼绑定阶段，我喜欢让角色处于标准的T形姿势。尤其是手臂，而脚应该伸直向下，与平常的姿态保持一致。当然，现在剩下的便是与网格模型的不同位置的绑定。

有两种可以采取的办法：

1）有两套不同的骨骼：一个被使用于蒙皮并处于一个轻松的45度角姿势，而另一个是T形姿势，被使用于骨骼绑定。一旦网格模型和骨骼绑定都获得通过，所有需要做的便是将两者都导入到同一个场景中，将蒙皮骨骼约束到控制骨骼中去（将骨骼架设和蒙皮工作在模型阶段完成，绑定工作是对蒙皮骨骼进行约束控制，译者注）。

2）只能使用一个绑定。一旦绑定完成，它可以被重新定位，以被匹配到模型中去，然后你可以从那里开始给角色制作蒙皮。（根据模型定位骨骼设置，然后进行蒙皮——这个方法是我们现在一般采用的，译者注）

我个人喜欢第一种。它意味着你得到场景中更多的骨骼，而且全都是独立的连接。但是，它提供了很大的自由度。两个人可以同时在同一个角色上工作。一个人可以建模和蒙皮，而另一个人可以进行骨骼绑定。此外，无论是绑定或是模型，如果有必要做任何改变，它都可以很容易地完成，而无需重做大量的工作，因为事情已经变得更加地模块化。

2005年8月13日，星期六：脚

经过在各处的一番调整，我终于设法让腿做出了与手臂同样方式的拉伸动作。

所以，现在只用一个脚本程序，我不但能够迅速创建出手臂的IK拉伸，而且还创建出了腿的IK拉伸。这对我帮助很大，因为这样我不必要为身体的不同部位写出不同的脚本。当涉及到控制器以及骨骼绑定将如何被使用时，它也允许使用一个相同的脚本。

我本来开始为双脚建立一个标准的反转脚。在开始的时候，我决定在脚上设置一个扩展骨骼，因为它们长度很长，所以我以为这将是一个不错的扩展骨骼。在尝试了这个想法并建立起一个反转脚之后，我意识到这是行不通的，于是我不得不回头重新思考解决的方法。

所以我决定再次重新使用手臂的方案。这一次，我不需要IK/FK 的切换，因为我知道我将要对它设置一个反转脚。因此，我删除了手臂（和腿）脚本的IK和拉伸IK部分，并使它运行。

现在，我通过使用腿部的易弯曲方案（使用IK/FK切换）成功地实现了目标，接下来另一个是脚部的易弯曲方案（只用FK）。因此，我把它当做没有被添加上任何特殊的弯曲方案。毕竟，弯曲方案中的主控制器只是原来的骨骼（脚>拇指球>多个脚趾头）。因此，我对它创建了这个超标准的反转脚，就是这样。

这给了我一个对脚部使用常用方案的自由度，而且如果我想的话，我可以打开弯曲选项（就像在手臂中的那样）。通过这样做，我便在脚部得到了大量的自由度——当你必须处理这些巨大的卡通风格的脚时，这是非常好用的。

2005年8月14日，星期日：缩放骨骼（在FK中）

我希望有一个能够在FK模式中缩放骨骼的快速方法。

正如我前面提到的，我不喜欢使用骨骼的缩放值，我宁愿使用子骨骼的转换值。所以我决定，最简单的方法是将子骨骼的转换（取决于骨骼的方向为X、Y或Z轴）连接到骨骼的自定义缩放属性。为此，我写了一个快速脚本。

如果你想缩放一根骨骼，你所需要做的仅仅就是输入gScaleBone（"joint1"，"translateX"）；

假设你要缩放的关节是"joint 1"，其属性需要与它的X方向位移相关联。

2005年8月15日，星期一：卡通脊柱

我决定开始处理让我有点担心的一个区域：脊椎。我最终建立一个主要由FK控制的、但是可以被一个IK系统所改写的系统，这个IK系统使用线性IK。这听起来比它的实际情况要复杂得多。

在Maya里直接创建它没有问题，不会太难。但是，这是一个受控制的环境。现在的问题是要用程序的方法来创建这一方案。有很多种可能发生的不同方案，我希望它能相当模块化，这样我就可以将它应用到任意数量的骨骼等对象上去，等等。这是一个真正的挑战。一旦它最终建成，我会做一个屏幕截图

来显示它是如何工作的。

2005年8月16日，星期二：脊柱方案

我今天退回一步，开始对脊柱全面地思考一遍。我知道我想获得的是什么样的结果，但似乎我正试图以一个非常复杂的方式来达到它。所以，我开始重新思考每个步骤，果然，有一些东西是完全累赘的。于是我清除了它们。

最后的方案是相当简单的：FK脊椎驱动一根可拉伸的样条曲线的CV控制点。这些CV控制点依次可以被定位器所改写，以便我们能够在任何我们想要的地方通过打破绑定得到卡通式的脚。

2005年8月17日，星期三：小丑的更新

下面是来自丹的最新更新。

他做了一项令人惊叹的工作！我爱它的头发，还有这张重新塑造的新面孔，这让它有了更多的个性！我喜欢它。

2005年8月18日，星期三：哎哟

昨天是那些没有任何工作成果的日子之一。

我决定将手臂的方案再扩大一点。我想拥有更大的控制权。我希望让它看起来就像我已经实施了的脚部样条线性IK系统。手臂的问题要更复杂一点，

因为你需要考虑到手部。经过多次尝试，我最终获得了让我满意的结果，IK样条曲线的手臂现在看起来不错。但是，当我尝试使用FK手臂或将其附加到身体上时，一切都混乱了。于是我决定回到上一步。恰巧，我没有对我的方案脚本进行备份，而我已经在很多地方做了许许多多小的改动。所以，我花了好一段时间才回到原来的那个版本。

因为当我将整个手臂方案连接到脊柱方案上时，我看到了一点爆破，于是我决定也这样对整个方案做一个快速测试。果然，各部分并没有协同合作。问题的症结在于一个事实，就是我是将拉伸IK建立在手臂上的。而手臂上有一个

IK弯曲，以便在IK和FK之间切换。当我将脊柱四处移动时，它们便无法很好地进行合作。（无论何时我移动脊柱，我的FK手臂都会进行缩放，因为脊柱之间的锁骨和IK控制器的距离将会变得越来越大。我认为不应该使用距离节点，而应使用迈克尔·科密的技术来找到手臂的距离，但我还不愿放弃所有希望。）一大早来工作之前，我认为我应该尝试一些不同的东西，于是我建立了一个良好的、常用的、值得信赖的3链的IK/FK方案。使用它，我得到的结果是，将拉伸IK与通常的FK手臂区分开来。有了这个，我可以将这个拉伸IK方案应用到IK骨骼中去，并为FK手臂做一个完全不同的方案。然后，我只需一个个地进行调试即可。所以，现在一切都按照它们应该的方式进行工作了。

我也采用了摩根（Morgan）的意见，将手臂从脊柱上隔离开。我仍然不确定我使用的办法是最好的。我希望能在上面再多下些功夫。它工作的方式是，我已经将锁骨关节设为父关节，这既不是对于易弯曲的脊柱也不是对于FK控制器，而是对于一个遵循FK控制的单独的关节，但可以通过无论哪种我想要的方法被操控。这允许我能够对锁骨手臂进行改写和调整——如果身体和手臂没有对齐准确的话。但这仍需要一些工作。我可以补充一个滑块，这样便能够遵循无论是FK或是易弯曲的脊椎，并仍然保有改写的选择权。我们将拭目以待。

2005年8月23日，星期二：一些誊清工作

我今天花了一点时间来清理所绑定的骨架。在这样一个复杂的绑定当中（即使在一个简单的绑定中），事情可能会变得非常混乱，屏幕后面的很多对象在场景内被创建——IK手柄、扩展骨骼、簇、定位器，等等。在一套绑定被交付给动画师们之前，所有的这些对象都应进行清理。只有其中可以制作动画的控制器或骨骼应该是可见的，即使如此，其中一些是否可以被隐藏将取决于这样一些因素，例如IK或FK是否处于活动状态、弯曲选项是否已被打开，等等。

通道面板中的属性应该被隐藏，只有那些可以被添加动画的对象才应该显示并提供给动画师。此外，如果有可能，一个直观的选择步行系统应被建立，这样动画师便可以轻松地选择控制器。在超图（Hypergraph）中，各对象会相应地集中，而最终只有一个节点，所以很容易找到所有不同的部分。

2005年8月25日，星期四：进展缓慢

最近进展一直比较缓慢。

目前，我正在等待最新的资讯，以便能够让我继续进行骨骼绑定的最后阶段。我等待着最后的模型，这样我就可以开始让角色负重并测试角色将如何进行动作，并了解我是否必须做出任何修改。我也在等待面部表情。这大概需要用几个步骤来完成，因为它必须为了这本书而很快完成。一旦它被完成，我

们将回去修改其表情，并使它们变得强大得多。在此之前，我将进行骨架的清理，并开始让它变得尽可能地像一个卡通风格的骨架。

2005年8月30日，星期二：仍然在等待

我仍然在等待更多的更新。

我一直希望在本月底之前完成一切工作，但现在看起来这是不可能的。由于我还在等，我开始思考可以补充一些别的什么东西，我想如果对每根手指做一个易弯曲的方案，这可能是很酷的。我不敢肯定这是否有一点过犹不及。这将几乎耗费和脚部相同的工作量，在那里你可以自由地工作。我有点担心，使用这么多的骨骼，等等，这会不会为了一个也不是很大的收益而稍微减慢这一方案的速度？我将试着摆弄一下，并观察其结果。

2005年9月6日，星期二：回到这项工作中来

在一周的休整之后，我又回来开始全速工作。我还没有得到最后的模型，但我希望能在本周内拿到。在此期间，我决定扩充手部方案。我想要每根手指都能够进入"弯曲"模式，这样动画师便可以对这些手指拥有完全的自由度。我知道这将意味着有更多的骨骼和额外的设置，因为对于每个"弯曲"系统来说，有很多事情发生在后台。我希望它不会将这一方案减慢得太多。我将稍后运行测试，看看这些被抱有希望的微小的表演问题与所需增加的控制器相比是否值得。这一方案应该像现在的脚部方案那样生效，但这里是针对单个的手指。

我将很快粘贴上一些更新。

2005年9月6日，星期二：灵活的手指

我将现成的脚上的易弯曲方案借用到这里，并略微对它进行了改进，使之与双手能够协调工作。其背后的想法是为了给予动画师最大限度的控制权。现在，他们可以在每根手指上进入灵活（易弯曲的）模式。使用最大的控制权，这将有助于使添加的额外的层有着更多的卡通特性和所需的灵活性。此外，动画师可以缩放每一根单个的手指关节。

我将这一方案分成了两部分。最主要的是手指的控制，它控制着手指的蜷曲，伸展和扭曲。在额外的控制器所在的位置，主控制器还有一个子控制器（实现每根手指的缩放，以及进入或退出弯曲模式的选项）。一旦处于弯曲模式当中，对于总是出现的同样的控制器，动画师便可以随心所欲地对它们进行设置。

2005年9月8日，星期四：时间不多了

我一直希望能在上月底之前完成这一方案；由于未能如愿，因此我定下了

本月底之前完成的最后期限。现在，这是个硬性的最后期限，因为关键姿势需要为这本书创建出来，它们需要尽快完成并被提交上去。因此，没有太多时间剩下了。

这意味着我可能要暂时删减几个细部，先把它整个弄出来。之后我还会回到这里（我保证会是下个月），并恰当地完成角色面部表情的工作。这是个关于最后期限的问题：有时候，你没有足够的时间来做你想要做的所有事情。好在经过这一次的最后期限之后，就不会有更多的最后期限了，所以我将有很多的时间来调整和改善绑定的骨架。

2005年9月21日，星期三：回到小丑这儿

好了，我又回到了小丑这里。

昨天丹送给我很多的融合变形图例，今天安琪给了我一份非常有用的面部表情图表［由杰米（Jamie）绘制］。对于试图获得这本书所需的适当的表情，它们将起到很大的帮助。当前，由于时间所限，我将快速做出一个面部方案。我甚至可能无法将所有东西都放到一个不错的图形用户界面（GUI）上。这些东西以及更大量的表情可能不得不稍迟些完成。

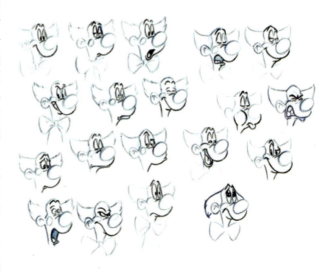

我将不得不返工重做这些表情，来得到我们想要的面部表情。我会暂时完成它的皱眉、悲伤和抬眉，并在这个月内完成一个平常的、快乐的和伤心的表情。这些表情都将有左右两侧。随着时间的推移，我将继续增加这些表情。

2005年10月4日，星期二：面部表情

我知道时间不多了。但是事情一直进展缓慢。现在我正处于这一课题的最后阶段。保罗·唐纳（Paul Tanner），游戏领域的伟大的建模师之一，对这些表情进行了细微的加工，为这之后的添加动画作好了准备。以后，我将建立一个更大、更强的系统。但是现在，我们需要将这本书完成，所以时间是至关重要的。

未来几天内，为了将所有的表情连接在一起，我将努力在GUI上工作。我将使用类似于现在为人们所熟知的"Osipa风格"（译者注：Jason Osipa为美国当代著名3D动画师）的一些东西。虽然我学习到的大部分知识来自麦克·费拉罗（Mike Ferraro），我认为他是个"Osipa风格"的沉默的拥护者，因为他们在杰森

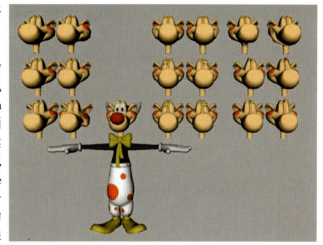

（Jason）的伟大著作《停止凝视》（*Stop Staring*）中发展了很多大型计算机上的技术。在我的知识发展体系中，麦克作为一名技术总监是一位关键人物，特别是在面部方案/动画领域当中。

目前所创建的表情是：

嘴：
◆宽
◆窄
◆微　笑（左右两侧）
◆悲　伤（左右两侧）
◆嘲　笑（左右两侧）
◆自　负（左右两侧）

眼睛：
◆激　动（左右两侧）
◆悲　伤（左右两侧）
◆向上看（左右两侧）
◆斜　视（左右两侧）

2005年10月5日，星期三：面部图形用户界面

我试图保持界面非常简单快捷。

这便是核心图形用户界面将要呈现的外观。我已经去掉了斜视和嘲笑，因为我感觉这两个表情没有其他的那些做得好。一旦我完成了略微调整之后，我将再把它们添加回来。眼睛将暂时通过一个简单的目标约束（Aim Constraint）进行控制，而眼皮会通过目标控制器里面的自定义属性得到控制。变形的其余部分将来自于骨骼。最终将有两种类型的骨骼变形。

1）结构性的。比如下颌、鼻子（其中有3块骨骼）、脸颊等部位。
2）变形。这些骨骼将附在皮肤上，被用于进一步的表情的变形。

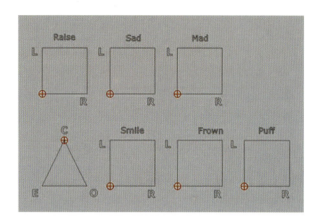

2005年10月7日，星期五：CEO三角

我估计这里的CEO三角需要多一点解释，所以就有了下面这些内容。

这是我从麦克·费拉罗那里学习到的技巧之一。它在这里的含义是，C（即Close，闭嘴），E（即Wide，宽），O（即Narrow，窄）。现在的问题是，比如，一份口型表，水平地（或者垂直地，没有任何分别）由窄到宽地发生动作时，你必须通过闭合才能达到目标。

```
|----|----|
E----C----O
```

但你可能想要直接从E到O，而不必经过闭合的表情。这是一个与上面那个不同的过渡，它给人的感觉更加顺畅。使用这个三角形便消除了这个问题。因为现在我可以从E到C或从C到O，而且也可以直接从E到O。

2005年10月12日，星期三：权重笔刷（Painting Weights）

现在，我正处于令人厌烦的权重笔刷的使用过程中。

我将完成一个快速测试，来检查是否一切就绪，以及是否需要作出任何重大的调整。最初的权重绘制得很快，只需查看一些大的动作。一旦我对骨骼处于正确的位置上感到满意，我便会开始作更详细的检查。

2005年10月17日，星期一：小丑绑定完成

小丑的绑定完成了！

刚刚过去的这个礼拜里，我把时间都用在了蒙皮以及在各处修复些小的东西上面。正如往常一样，在蒙皮过程中，我遇到了许多我以前没有遇到过的小问题。在这一工作进程中，我处理了其中的绝大部分。我还想继续调整许多地方。但时间已经到了，小丑得继续前进了。我也许会在我的空闲时间里继续完善这项工作—— 使这一绑定更加坚实有力，确保所有的要素都已就位并正常运作。目前，我很满意。至少，足够地满意。面部是需要加入更多工作量的部位。我想采用一个完全不同的办法。我将看看情况如何，以及我是否可以对它进行改进。

在做完骨骼绑定之后，我将把它交给动画师，让他们摆弄它一会儿并从他们那里得到一些反馈。(我应该在耗费长时间的蒙皮工作之前就完成它。我们通常使用代理或父物体，这使得绑定的骨架能够被快速地制作动画，而我们不必为蒙皮担心。)

一旦动画师们有时间来操纵骨架，我便会和他们交谈，看他们喜欢哪些地方和不喜欢哪些地方，以及我需要在哪里进行改进，等等。我会列出一张要点，然后这个骨骼绑定会退回给我，我将继续对它的工作，并将它再次返回给动画师。

这一进程将来回好几个回合，直到动画师和我本人双方都这一绑定感到满意为止。(当然，有时最后期限会妨碍这一过程，但通常人们会为这类数量繁多的修改给出足够的分配时间。)

优秀动漫游系列教材

　　本系列教材中的原创版由北京电影学院、北京大学、中央美术学院、中国人民大学、北京工商大学等高校的优秀教师执笔，从动漫游行业的实际需求出发，汇集国内最优秀的动漫游理念和教学经验，研发出一系列原创精品专业教材。引进版由日本、美国、英国、法国、德国、韩国、马来西亚等地的资深动漫游专业专家执笔，带来原汁原味的日式动漫及欧美卡通感觉。

　　本系列教材既包含动漫游创作基础理论知识，又融合了一线动漫游戏开发人员丰富的实战经验，以及市场最新的前沿技术知识，兼具严谨扎实的艺术专业性和贴近市场的实用性，以下为教材目录：

书　名	作　者
中外影视动漫名家讲坛	扶持动漫产业发展部际联席会议办公室　组织编写
中外影视导演名家讲坛	扶持动漫产业发展部际联席会议办公室　组织编写
动画设计稿	中央美术学院 晓　欧　舒　霄 等
Softimage 模型制作	中央美术学院 晓　欧　舒　霄 等
Softimage 动画短片制作	中央美术学院 晓　欧　舒　霄 等
角色动画——运用2D技术完善3D效果	[英]史蒂文·罗伯特
影视市场以案说法——影视市场法律要义及案例解析	北京电影学院 林晓霞 等
影视动画制片法务管理	上海东海职业技术学院 韩斌生
2D与3D人物情感动画制作	[美]赖斯·帕德鲁
动画设计师手册	[美]莱斯·帕德 等
Maya角色建模与动画	[美]特瑞拉·弗拉克斯斯曼
Flash 动画入门	[美]埃里克·葛雷布勒
二维手绘到CG动画	[美]安琪·琼斯 等
概念设计	[美]约瑟夫·康塞里克 等
动画专业入门1	郑俊皇 [韩]高庆日 [日]秋田孝宏
动画专业入门2	郑俊皇 [韩]高庆日 [日]秋田孝宏
动画制作流程实例	[法]卡里姆·特布日 等
动画故事板技巧	[马]史帝文·约那
Photoshop全掌握	[中国台湾]刘佳青 夏　娃
Illustrator平面与动画设计	[韩]崔连植 [中国台湾]陈数恩
Maya-Q版动画设计	中国台湾省岭东科大 苏英嘉 等
影视动画表演	北京电影学院 伍振国 齐小北
电视动画剧本创作	北京电影学院 葛　竞
日本动画全史	[日]山口康男
动画背景绘制基础	中国人民大学 赵　前
3D动画运动规律	北京工商大学 孙　进
影视动画制片	北京电影学院 卢　斌
交互式漫游动画——Virtools+3ds Max 虚拟技术整合	北京工商大学 罗建勤 张　明
Flash CS4 动画应用	北京工商大学 吴思淼
电子杂志设计与配色	北京工商大学 蒋永华

书　名	作　者
定格动画技巧	[美]苏珊娜·休
日本漫画创作技法——妖怪造型	[日]PLEX工作室
日本漫画创作技法——格斗动作	[日]中岛诚
日本漫画创作技法——肢体表情	[日]尾泽忠
日本漫画创作技法——色彩运用	[日]草野雄
日本漫画创作技法——神奇幻想	[日]坪田纪子
日本漫画创作技法——少女角色	[日]赤　浪
日本漫画创作技法——变形金刚	[日]新田康弘
日本漫画创作技法——嘻哈文化	[日]中岛诚
日本CG角色设计——动作人物	[美]克里斯·哈特
日本CG角色设计——百变少女	[美]克里斯·哈特
欧美漫画创作技法——大魔法师	[美]克里斯·哈特
欧美漫画创作技法——动作设计	[美]克里斯·哈特
欧美漫画创作技法——角色设计	[美]克里斯·哈特
漫画创作技巧	北京电影学院 聂　峻
动漫游产业经济管理	北京电影学院 卢　斌
游戏制作人生存手册	[英]丹·爱尔兰
游戏概论	北京工商大学 卢　虹
游戏角色设计	北京工商大学 卢　虹
多媒体的声音设计	[美]约瑟夫·塞西莉亚
Maya 3D 图形与动画设计	[美]亚当·沃特金斯
乐高组建和ROBOLAB软件在工程学中的应用	[美]艾里克·王 [美]伯纳德·卡特
3D游戏设计大全	[美]肯尼斯·C·芬尼
3D 游戏画面纹理——运用Photoshop创作专业游戏画面	[英]卢克·赫恩
游戏角色设计升级版	[英]凯瑟琳·伊斯比斯特
Maya游戏设计——运用Maya和Mudbox进行游戏建模和材质设计	[英]迈克尔·英格拉夏
2011中国动画企业发展报告	中国动画协会、北京大学文化产业研究院
卡通形象创作与产业运营	北京大学 邓丽丽

如需订购或投稿，请您填写以下信息，并按下方地址与我们联系。

联系人		联系地址	
学　校		电　话	
专　业		邮　箱	

★地　　址：北京市海淀区中关村南大街16号中国科学技术出版社

★邮政编码：100081　　★电　话：（010）62103145

★邮　　箱：bonnie_deng@163.com　　milipeach@126.com

北京电影学院动画艺术研究所推荐优秀动漫游系列教材

ANiMATiON
影视动画表演

中国科学技术出版社

北京电影学院动画艺术研究所推荐优秀动漫游系列教材

ANiMATiON
Illustrator动画设计

中国科学技术出版社

北京电影学院动画艺术研究所推荐优秀动漫游系列教材

ANiMATiON
Maya-Q版动画设计

中国科学技术出版社

北京电影学院动画艺术研究所推荐优秀动漫游系列教材

ANiMATiON
动画制作流程实例

中国科学技术出版社

北京电影学院中国动漫研究所推荐优秀动漫游系列教材

游戏制作人生存手册
GAME

中国科学技术出版社

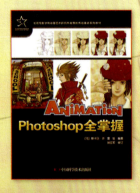

北京电影学院动画艺术研究所推荐优秀动漫游系列教材

ANiMATiON
Photoshop全掌握

中国科学技术出版社

北京电影学院动画艺术研究所推荐优秀动漫游系列教材

ANiMATiON
Flash 动画入门

中国科学技术出版社

北京电影学院动画艺术研究所推荐优秀动漫游系列教材

ANiMATiON
动画设计师手册

中国科学技术出版社

北京电影学院动画艺术研究所推荐优秀动漫游系列教材

ANiMATiON
2D与3D人物情感动画制作

中国科学技术出版社

CENGAGE Learning 优秀动漫游系列教材

3D游戏设计大全
（第二版）
GAME

中国科学技术出版社

北京电影学院动画艺术研究所推荐优秀动漫游系列教材

ANiMATiON
Flash 动画制作

中国科学技术出版社

北京电影学院中国动漫研究所推荐优秀动漫游系列教材

Maya游戏设计
——Maya和Mudbox建模与贴图技术
GAME

中国科学技术出版社

北京电影学院动画艺术研究所推荐优秀动漫游系列教材

ANiMATiON
定格动画技巧

中国科学技术出版社

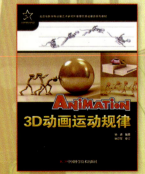

北京电影学院动画艺术研究所推荐优秀动漫游系列教材

ANiMATiON
3D动画运动规律

中国科学技术出版社

北京电影学院中国动漫研究所推荐优秀动漫游系列教材

ANiMATiON
交互式漫游动画
——Virtools+3ds Max虚拟技术整合

中国科学技术出版社